高等职业教育工学结合系列教材

塑料成型工艺与模具设计

主　编　杨占尧　崔风华

副主编　董海涛　聂福全　杨晓航

参　编　丁　海　原国森　朱兴林　杨彬彬

　　　　张小翠　李世杰　杨宏民　丁　鹏

U0321724

北京理工大学出版社
BEIJING INSTITUTE OF TECHNOLOGY PRESS

内 容 提 要

本书紧扣生产实际，以塑料成型工艺与模具设计技术为主线，根据本书4次修订、17年上百所高校使用体验，依托国家级精品课程、国家级精品资源共享课程建设成果，充分吸纳高等教育国家级模具设计与制造专业教学资源库精髓，将上一版"十二五"职业教育国家规划教材《塑料成型工艺与模具设计》的内容再次进行重构与优化，修订为9个综合性训练项目，分别是塑料原材料的选择与分析、塑料成型方法的确定、塑料制件的结构工艺性分析、塑料注射模设计、塑料侧向分型与抽芯注射模设计、塑料压缩成型模设计、塑料压注成型模设计、其他塑料成型模具设计和塑料模具课程设计。全书内容从塑料基础开始直至课程设计完成，形成了一个完整的闭环系统，既具有职业特征、体现任务综合性，又富有教学价值。

本书适合于高职高专模具专业、本科高校及成人高校设立的二级职业技术学院的模具专业、本科高校开设的材料成型及控制工程专业使用，也可供机械类其他专业选用，还可供模具企业有关工程技术人员参考。

图书在版编目（CIP）数据

塑料成型工艺与模具设计 / 杨占尧，崔凤华主编.
--北京：北京理工大学出版社，2021.8（2021.10重印）
ISBN 978-7-5763-0147-2

Ⅰ.①塑… Ⅱ.①杨…②崔… Ⅲ.①塑料成型－生产工艺－高等学校－教材②塑料模具－设计－高等学校－教材Ⅳ.①TQ320.66②TQ320.5

中国版本图书馆CIP数据核字（2021）第164318号

出版发行 / 北京理工大学出版社有限责任公司
社　　　址 / 北京市海淀区中关村南大街5号
邮　　　编 / 100081
电　　　话 / （010）68914775（总编室）
　　　　　　（010）82562903（教材售后服务热线）
　　　　　　（010）68944723（其他图书服务热线）
网　　　址 / http://www.bitpress.com.cn
经　　　销 / 全国各地新华书店
印　　　刷 / 河北鑫彩博图印刷有限公司
开　　　本 / 787毫米×1092毫米　1/16
印　　　张 / 18　　　　　　　　　　　　　　　　　　责任编辑 / 薛菲菲
字　　　数 / 433千字　　　　　　　　　　　　　　　文案编辑 / 薛菲菲
版　　　次 / 2021年8月第1版　2021年10月第2次印刷　责任校对 / 周瑞红
定　　　价 / 49.00元　　　　　　　　　　　　　　　责任印制 / 李志强

AR 内容资源获取说明

Step1   扫描下方二维码，下载安装"4D 书城"App；

Step2   打开"4D 书城"App，点击菜单栏中间的扫码图标，再次扫描二维码下载本书；

Step3   在"书架"上找到本书并打开，点击电子书页面的资源按钮或者点击电子书左下角的的扫码图标扫描实体书的页面，即可获取本书 AR 内容资源！

前言

　　"塑料成型工艺与模具设计"课程是模具设计与制造专业的核心课程，本书是在前4版的基础上，根据17年上百所高校的使用体验，吸收高等院校近年来模具设计与制造专业的教学改革和课程建设的成果，引入模具设计与制造专业国家级教学资源库建设成就，依照国家级精品课程"家电产品模具工艺与制造"和国家级精品资源共享课程"家电产品模具工艺与制造"相关内容，结合企业对模具专业人才的知识、能力、素质的要求和著作者从事教学所积累的经验，采用项目式编写的。

　　本书紧扣生产实际，以塑料成型工艺与模具设计技术为主线，吸收新知识、新技术、新工艺、新方法，以培养学生的职业技术、职业技能和创新能力为宗旨，精选项目载体，以工作过程为导向，重构课程结构和知识序列，将上一版"十二五"职业教育国家规划教材《塑料成型工艺与模具设计》内容再次进行重构与优化，修订为7个综合性训练项目，分别是塑料原材料的选择与分析、塑料成型方法的确定、塑料制件的结构工艺性分析、塑料注射模设计、塑料侧向分型与抽芯注射模设计、塑料压缩成型模设计、塑料压注成型模设计、其他塑料成型模具设计和塑料模具课程设计，更加符合生产实际和教学实际，既具有职业特征、体现任务综合性，又富有教学价值。本书是高职高专模具专业、本科高校及成人高校设立的二级职业技术学院的模具专业、本科高校开设的材料成型及控制工程专业的教学用书，也可供机械类其他专业选用，还可供模具企业有关工程技术人员参考。

　　本书在保持原有特色和体系基础上，还具有以下优势和亮点。

　　1. 打造教材精品

　　本书前后共进行过4次修订，经过17年的磨砺，为使本书建设能够更好地适应课程改革与发展，我们根据各方面的意见和建议，对教材进行了第4次修订和完善，非常有利于打造精品教材。

　　2. 围绕《高等职业教育模具设计与制造专业教学标准》进行编写，使本书针对性更强

　　此次修订，我们以培养学生塑料成形工艺与模具设计能力为核心，以教育部最新公布的《高等职业教育模具设计与制造专业教学标准》为准绳，根据模具专业毕业生的初始就业岗位和升迁就业岗位，对接职业标准和岗位要求，按照塑料模具设计的工作过程，重构课程结构和知识序列，以典型模具设计为载体，突出实用性、综合性和

先进性，综合训练学生的应用能力，使教材的针对性更强。

3. 以国家级精品课程和教学资源库建设成果创新教材形式

本书主编杨占尧教授是 2010 年度国家级精品课程和 2013 年度国家级精品资源共享课程"家电产品模具工艺与制造"建设的主持人、高等职业教育国家级模具专业教学资源库建设中的课程资源库建设主持人。此次修订，我们参照这些成果，并充分利用高等职业教育国家级模具专业教学资源库中的特色资源，如视频、案例、数字化教材等，形成立体化教材，并配套课程教学网站，创新教材形式。

4. 国家级教学名师领衔，行业企业专家共同编写教材

杨占尧教授在企业实际工作 14 年，在高校工作 22 年，是国家级教学名师、河南省优秀专家，连续三届河南省高等教育省级教学成果特等奖获得者，河南省特色专业建设主持人，河南省高等学校优秀教学团队建设主持人，河南省优秀教育管理人才。本书编写团队包括学校和行业企业的专家学者，成员构成合理，共同开发出对接职业标准和岗位要求，体现模具行业发展要求的高质量的职业教育教材，充分体现校企合作、产学融合，行业特点鲜明。

5. 信息化技术演示原理动画

采用新信息技术，将本书上的模具原理图、结构图等配上二维码，使学生随时随地使用手机就可以看到原理图、结构图的动画演示。

本书由河南工学院杨占尧和新乡职业技术学院崔风华担任主编，由山西机电职业技术学院董海涛、卫华集团有限公司聂福全、河南工学院杨晓航担任副主编，参加本书编写的还有河南工学院丁海、原国森、朱兴林，新乡职业技术学院杨彬彬、张小翠，河南万创技术服务有限公司李世杰、河南台冠电子科技股份有限公司杨宏民、新乡学院丁鹏等。全书由杨占尧统稿。本书编写过程中得到了河南新飞电器集团、北京理工大学出版社、河南工学院、卫华集团有限公司和河南台冠电子科技股份有限公司等单位的大力支持，在此一并表示感谢！

由于编者水平有限，技术资料收集困难，文字水平不足，所以本书定有许多不尽如人意的地方，恳切希望同行们不吝赐教，提出改进意见。

编　者

目 录

项目一 塑料原材料的选择与分析

知识目标

1. 掌握塑料的概念和其所具有的优良性能。
2. 熟悉塑料的组成。
3. 掌握热固性塑料、热塑性塑料的概念及二者的区别。
4. 了解热固性塑料和热塑性塑料的成型特性。
5. 掌握常用塑料的名称和代号。
6. 熟悉常用塑料的基本特性、成型特点和主要用途。

能力目标

1. 能分析并选择塑料种类。
2. 能分析给定塑料的使用性能和工艺性能。

一、项目引入

塑料是以树脂为主要成分的高分子材料，它在一定的温度和压力条件下具有流动性，可以被模塑成型为一定的几何形状和尺寸，并在成型固化后保持其既得的形状不发生变化。

树脂是指受热时通常有转化或熔融范围，转化时受外力作用具有流动性，常温下呈固态或半固态或液态的有机聚合物。其是塑料最基本的，也是最重要的成分。

树脂可分为天然树脂和合成树脂两大类。塑料大多采用合成树脂。各种合成树脂都是人工将低分子化合物单体通过合成方法生产出的高分子化合物，它们的相对分子质量一般都大于1万，有的甚至可以达到百万级，所以，化学上也常将它们称为聚合物或高聚物。聚合物虽然是塑料中的主要成分，但是单纯的聚合物性能往往不能满足成型生产中的工艺要求和成型后的使用要求。想要克服这一缺陷，必须在聚合物中添加一定数量的助剂，并通过这些助剂来改善聚合物的性能。例如，添加增塑剂可以改善聚合物的流动性能和成型性能；添加增强剂可以提高聚合物的强度等。因此，可以认为塑料是一种由聚合物和某些助剂结合而成的高分子化合物。

通常将塑料制品称为塑料制件或塑件。塑料制件各式各样，由于使用要求的不同，对于塑料原料的要求也不同。不同的原料，其使用性能、成型工艺特性和应用范围也不同。塑料成型原料的选取要综合考虑多方面的因素，但首先要了解塑料制品的用途、使用过程中的环境状况，如温度高低，是否有化学介质，是否要求有电性能等；还需要了解制件材

1

料的性能(塑料的组成、类型和特点),以及塑料的成型工艺特性(收缩率、流动性、结晶性、热敏性和水敏性、应力开裂和熔融破裂等);在满足使用性能和成型工艺特性后,再考虑原材料的成本,如原材料的价格、成型加工难易程度、相应模具造价等。

本项目以某企业大批量生产的塑料壳体为载体,如图 1-1 所示,训练学生合理选择与分析塑料原料的能力。要求塑料壳体具有较高的抗拉性能、抗压性能和耐疲劳强度,外表面无瑕疵、美观、性能可靠,要求设计一套成型该塑件的模具。通过本项目,完成对塑件材料的选择及对材料使用性能和成型工艺性能的分析。

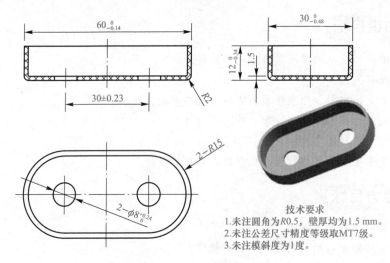

技术要求
1.未注圆角为R0.5,壁厚均为1.5 mm。
2.未注公差尺寸精度等级取MT7级。
3.未注模斜度为1度。

图 1-1　塑料壳体

二、相关知识

(一)塑料的特点

作为日常用品,塑料的用途已经广为人知,但由于它们的一些特殊优点,塑料在工业中的应用也已经非常普遍,主要有以下七个方面。

1. 密度小、质量轻

塑料的密度为 $0.9 \sim 2.3 \text{ g/cm}^3$,但大多数都在 $1.0 \sim 1.4 \text{ g/cm}^3$。其中,聚 4-甲基丁烯-1 的密度最小,大约为 0.83 g/cm^3,只相当于钢材密度的 0.11 和铝材密度的 0.5 倍左右,如果采用发泡工艺生产泡沫塑料,则塑料的密度将会更小,其数值可以小到 $0.01 \sim 0.5 \text{ g/cm}^3$。

塑料具有这样小的密度意味着在同样体积下,塑料制品要比金属制品轻得多。因此,若要减轻工业产品的质量,将金属制品改换成塑料制品是一个很重要的途径,即所谓的"以塑代钢"。例如,美国波音 747 客机有 2 500 个质量达 2 000 kg 的零部件是用塑料制造的。飞机和火箭使用塑料零件除减重外,还能满足其他一些特殊的性能要求。

2. 比强度高

按照单位质量计算的强度称为比强度。由于塑料的密度小,所以其比强度比较高,若按比强度大小来评价材料的使用性能,则一些特殊的塑料品种将会名列前茅。例如,以各种高强度的纤维状、片状和粉末状的金属或非金属为填料制成的增强塑料,其比强度和比刚度比金属还高，这些塑料就可以代替钢材作为工程材料使用，如碳纤维和硼纤维增强塑料可用于制造人造卫星、火箭、导弹上强度高、刚度好的结构零件。

3. 绝缘性能好、介电损耗低

金属导电是其原子结构中自由电子和离子作用的结果，而塑料原子内部一般都没有自由电子和离子，所以，大多数塑料都具有良好的绝缘性能及很低的介电损耗。某些塑料无论在高频还是低频，高压还是低压下，绝缘性都十分优良。尤其是在高频、超高频条件下，某些塑料的绝缘性是陶瓷、云母等其他绝缘材料所不能比的。因此，塑料是现代电工行业和电器行业不可缺少的原材料，许多电器使用的插头、插座、开关、手柄等，都是用塑料制成的。

4. 化学稳定性高

生产实践和科学试验已经表明，绝大多数塑料的化学稳定性都很高，它们对酸、碱和许多化学药物都具有良好的耐腐蚀能力，其中，聚四氟乙烯塑料的化学稳定性最高，它的抗腐蚀能力比黄金还要好，可以承受"王水"(硝基盐酸)的腐蚀，所以称为"塑料王"。由于塑料的化学稳定性高，所以它们在化学工业中应用很广泛，可以用来制作各种管道、密封件和换热器等。

5. 减摩、耐磨性能好

如果用塑料制作机械零件，并在摩擦磨损的工作条件下应用，那么大多数塑料都具有良好的减摩和耐磨性能，它们可以在水、油或带有腐蚀性的液体中工作，也可以在半干摩擦或完全干摩擦的条件下工作，这是一般金属零件无法与其相比的。因此，现代工业中已有许多齿轮、轴承和密封圈等机械零件开始采用塑料制造，特别是对塑料配方进行特殊设计后，还可以使用塑料制造自润滑轴承。

6. 减振、隔声性能好

塑料的减振和隔声性能来自聚合物大分子的柔韧性和弹性。一般来说，塑料的柔韧性要比金属大得多，所以，当其遭到频繁的机械冲击和振动时，内部将产生黏性内耗，这种内耗可以将塑料从外部吸收进来的机械能量转换成内部热能，从而起到吸振和减振的作用。塑料是现代工业中减振、隔声性能极好的材料，不仅可以用于高速运转机械，还可以用作汽车中的一些结构零部件(如保险杠和内装饰板等)，据报道，国外一些轿车已经开始采用碳纤维增强塑料制造板簧。

7. 加工方便

塑料的可塑性好，一般都可以利用模具一次成型出复杂的制品，有的塑料形状是用机械加工办法无法获得的。所以，使用模具成型塑料既省料、省时，又因塑料的重复精度较高，而易于组织大批量生产。由于塑料成型加工方便，因而塑料制品的成本较低。塑料还易于进行机械加工。

许多塑料都具有透光和绝热性能，或可以与金属一样进行电镀、着色和焊接，从而使得塑料制品能够具有丰富的色彩和各种各样的结构形式。另外，许多塑料还具有防水、防潮、防透气、防辐射及耐瞬时烧蚀等特殊性能。

塑料虽然具有以上诸多优点，但它们还有一些比较严重的缺陷至今未能克服，具体如下所述：

(1)绝对强度低；

(2)对温度的敏感性较高，不耐热，容易在阳光、大气、压力和某些介质作用下老化；

(3)收缩率波动范围较大，塑料制品的精度不容易控制；

(4)塑料若长期受载荷作用，即使温度不高，其形状也会产生"蠕变"。因为塑料这种渐渐产生的塑件流动是不可塑的，所以导致塑件尺寸精度丧失。

正是由于以上缺陷的存在，严重地影响了塑料的应用范围，使得塑料制品在许多领域还不能从根本上取代金属制品。

(二)塑料的组成

塑料是以聚合物为主体，添加各种助剂的多组分材料。根据不同的功能，塑料所用的助剂可分为增塑剂、稳定剂、润滑剂、填充剂、增强剂、交联剂、着色剂、发泡剂等。塑料组成中聚合物及各种助剂的作用如下。

1. 聚合物

聚合物是塑料配方中的主要成分。它在塑料制品中为均匀的连续相，其作用在于将各种助剂黏合成一个整体，使制品能获得预定的使用性能。在成型物料中，聚合物应能与所添加的各种助剂共同作用，使物料具有较好的成型性能。聚合物决定了塑料的类型和基本性能，如物理、化学、机械、电、热等方面的性能。在单一组分的塑料中，聚合物几乎是100%；在多组分塑料中，聚合物含量占30%～90%。

2. 增塑剂

为了改善聚合物熔体在注射成型过程中的流动性，常常需要在聚合物中添加一些能与聚合物相溶并且不易挥发的有机化合物，这些化合物统称为增塑剂。增塑剂加入聚合物后，其分子可插入到大分子链之间，并因此削弱聚合物大分子之间的作用力，从而导致聚合物的黏流温度和玻璃化温度下降，黏度也随之减小，故流动性可以提高。增塑剂加入聚合物后，还能提高塑料的伸长率、抗冲击性能及耐寒性能，但其硬度、强度和弹性模量却有所下降。

3. 稳定剂

为了防止或抑制不正常的降解和交联，需要在聚合物中添加一些能够稳定其化学性质的物质，这些物质称为稳定剂。根据发挥作用的不同可分为热稳定剂、抗氧化剂和光稳定剂。在生产中，稳定剂的添加量一般大于2%，也有少数情况下高达5%。

(1)热稳定剂。热稳定剂的主要作用是抑制注射成型过程中可能发生的热降解反应，以保证制品能顺利成型并获得良好的质量。除此之外，热稳定剂也能防止或延缓塑料制品在贮存使用过程中因光、热、氧化作用而引起的降解，这对提高制品使用寿命有一定作用。

(2)抗氧化剂。聚合物在高温下容易氧化降解，若同时还有光辐射或重金属化合物作用，它还会产生氧化脱氢和双键断裂反应，从而出现塑料变色、龟裂和强度下降等缺陷。所谓抗氧化剂，就是指添加在聚合物中预防或抑制上述缺陷的物质。

(3)光稳定剂。为了防止塑料在阳光、灯光和高能射线辐照下出现降解和性能变坏等现象，需要在聚合物中添加一些必要的物质，这些物质统称为光稳定剂。

4. 润滑剂

为了改善塑料在注射成型过程中的流动性能，并减少或避免塑料熔体对设备及模具的黏附和摩擦，常常需要在聚合物中添加一些必要的物质，这些物质统称为润滑剂。它还能使塑料表面保持光洁。

5. 填充剂

填充剂又称为填料，通常对聚合物呈惰性。在聚合物中添加填充剂的主要目的是改善塑料的成型性能、减小塑料中的聚合物用量及提高塑料的某些性能。

6. 增强剂

增强剂是填充剂中的一个类型，多用于热固性塑料，可以提高塑料制品的物理性能和力学强度。

7. 交联剂

交联剂也称为硬化剂，添加在聚合物中能促使聚合物进行交联反应或加快交联反应速度，一般多用在热固性塑料中。可以促使制品加速硬化。

8. 着色剂

添加在聚合物中可使塑料着色的物质统称为着色剂。其可分为无机颜料、有机颜料和染料三种类型。着色剂用量一般为 0.01%~0.02%，仅提高用量并不能加重色泽和鲜艳程度。

9. 发泡剂

添加在聚合物中可使塑料形成蜂窝状泡孔结构的物质叫作发泡剂。其主要用来增大塑料制品的体积和减轻质量，同时，也可以提高塑料制品的防震性能。发泡机理可分为物理发泡和化学发泡两种类型。物理发泡通过液体发泡剂蒸发膨胀实现；化学发泡通过发泡剂受热分解产生气体实现。

10. 其他助剂

(1)阻燃剂：添加在聚合物中可以阻止或延缓塑料燃烧的物质。

(2)驱避剂：添加在聚合物中防止老鼠、昆虫、细菌和霉菌危害的物质。

(3)防静电剂：添加在聚合物中能防止塑料遭静电危害的物质。

(4)偶联剂：添加在聚合物中能提高聚合物和增强剂、填充剂界面间结合力的化学物质。

(5)开口剂：添加在聚合物中防止塑料薄膜层之间黏连的物质。

(三)塑料的分类

塑料是一个庞大的家族，分支多，分类方法很多。最常用的分类方法有以下两种。

1. 按聚合物的热性能分类

按塑料中聚合物的分子结构和热性能可以将塑料分为热塑性塑料和热固性塑料两大类。

(1)热塑性塑料。热塑性塑料的聚合物的分子结构呈线型或支链状线型，因此，受热后比较容易活动，外征表现为变软。将该类塑料升温熔融为黏稠液体后施加高压，便可以充满一定形状的型腔，而后使其冷却固化定型成为制品。如果再将其加热又可进行另一次塑料成型，如此可以反复地进行多次。在成型过程中，该塑料主要是发生物理变化，仅有少量化学变化(热降解或少量交链)，其变化过程基本上是可逆的。一般的热塑性塑料在一定的溶剂中可以溶解。常见的热塑性塑料有聚乙烯、聚丙烯、聚苯乙烯、聚氯乙烯、ABS、聚甲基丙烯酸甲酯(有机玻璃)、聚甲醛、尼龙、聚碳酸酯、聚砜、SAN 等。

(2)热固性塑料。热固性塑料在尚未成型时，其聚合物为线型聚合物分子，但是它的线型聚合物分子与热塑性塑料中的线型聚合物不同，其分子链中都带有反应基因(如羟甲基等)或反应活点(如不饱和链等)。成型时，塑料在热和压力作用下充满型腔的同时，这些分子通过自带的反应活点与交联剂作用而发生交联反应，随着塑料温度的升高和交联反应程度的加深，原线型聚合物分子向三维发展而形成网状分子的结构量逐渐增多，最终形成巨型网状结构。所以，热固性塑料制品内部聚合物为体型分子，它是既不熔化又不溶解的物质，若被高温加热时只能烧焦。由此可见，热固性塑料耐热变形的性能比热塑性塑料的好。常见的热固性塑料有酚醛、脲醛、三聚氰胺甲醛和不饱和聚酯等。

2. 按塑料的用途分类

按用途分类，塑料可分为通用塑料和工程塑料两大类。

(1)通用塑料。通用塑料一般是指产量大、用途广、成型性能好、价格低廉的塑料。其包括聚乙烯、聚丙烯、聚氯乙烯、聚苯乙烯、酚醛塑料、氨基塑料六大品种。通用塑料一般不具有突出的综合性能和耐热性，不宜用于承载要求较高的构件和在较高温度下工作的耐热件。

(2)工程塑料。工程塑料一般是指机械强度高，可代替金属而用作工程材料的塑料，如制作机械零件、电子仪器仪表、设备结构件等。其包括尼龙、聚甲醛、ABS、聚砜等。

工程塑料又可分为通用工程塑料和特种工程塑料两种。一般将产量大的工程塑料称为通用工程塑料，如尼龙、聚碳酸酯、聚甲醛及其改性产品等，日常所说的工程塑料一般指通用工程塑料；将生产数量少、价格昂贵、性能优异，可作结构材料或特殊用途的塑料称为特种工程塑料，如氟塑料、聚酰亚胺塑料、聚四氟乙烯、环氧树脂、导电塑料、导磁塑料和导热塑料等。

其实，通用塑料和工程塑料的划分范围并不是很严格，如 ABS 是一种主要的工程塑料，但由于其产量大，所以也可划入通用塑料；聚丙烯是典型的通用塑料，而增强的聚丙烯因其有工程塑料的某些特性，故可划入工程塑料的范围。

(四)热塑性塑料成型工艺特性

热塑性塑料的成型工艺特性是其在成型加工过程中表现出来的特有性质，模具设计者必须对塑料的成型工艺特性有充分的了解。

1. 收缩性

塑件从温度较高的模具中取出冷却到室温后，其尺寸或体积会发生收缩变化，这种性质称为收缩性。收缩性的大小以单位长度塑件收缩量的百分数来表示，称为收缩率。由于成型模具与塑料的线膨胀系数不同，收缩率可分为实际收缩率和计算收缩率两种。其计算公式为

$$S_s = \frac{a-b}{b} \times 100\% \qquad (1-1)$$

$$S_j = \frac{c-b}{b} \times 100\% \qquad (1-2)$$

式中　S_s——实际收缩率；

　　　S_j——计算收缩率；

　　　a——模具或塑件在成型温度时的尺寸；

　　　b——塑件在室温时的尺寸；

　　　c——模具在室温时的尺寸。

实际收缩率表示塑件实际所发生的收缩。因成型温度下的塑件尺寸不便测量，以及实际收缩率和计算收缩率相差很小，所以生产中常采用计算收缩率，但在大型、精密模具成

型零件尺寸计算时则应采用实际收缩率。

影响塑件成型收缩的因素主要如下：

（1）塑料品种。塑料品种不同，其收缩率也各不同。同种塑料由于其各种组分的比例不同，分子量大小不同，收缩率也不同。

（2）塑件结构。塑件的形状、尺寸、壁厚、有无嵌件、嵌件数量及其分布对收缩率的大小都有很大的影响。一般来说，塑件的形状复杂、尺寸较小、壁薄、有嵌件、嵌件数量多且对称分布，其收缩率较小。

（3）模具结构。模具的分型面、浇口形式及尺寸等因素会直接影响料流方向、密度分布、保压补缩作用和成型时间。

1）采用直接浇口或大截面的浇口，可减少收缩，但各向异性大，沿料流方向收缩小，沿垂直料流方向收缩大。

2）采用小截面浇口时，浇口部分会过早凝结硬化，型腔内的塑料收缩后得不到及时补充，收缩较大。

3）采用点浇口时，浇口凝封快，在制件条件允许的情况下，可设多点浇口，有效延长保压时间和增大型腔压力，使收缩率减少。

（4）成型工艺条件。在注射成型时调整模温、压力、注射速度，以及冷却时间等因素可适当地改变塑件收缩情况。

由于影响塑料收缩率变化的因素很多，而且相当复杂，所以收缩率是在一定范围内变化的。在模具设计时，应根据以上因素综合考虑选取塑料的收缩率。

2. 流动性

塑料在一定的温度、压力作用下充填模具型腔的能力，称为塑料的流动性。塑料的流动性差，不容易充满型腔，还易产生缺料或熔接痕等缺陷，因此，需要较大的成型压力才能成型；相反，塑料的流动性好，可以用较小的成型压力即可充满型腔。但流动性太好，会在成型时产生严重的溢边，即通常所说的毛刺。

流动性的大小与塑料的分子结构有关。线型分子没有或很少有交联结构的聚合物流动性大。塑料中加入填料，会降低树脂的流动性，而加入增塑剂或润滑剂，则可增加塑料的流动性。在常用的热塑性塑料中，流动性好的有聚乙烯、聚丙烯、聚苯乙烯、尼龙和醋酸纤维素等；流动性中等的有改性聚苯乙烯、ABS、有机玻璃等；流动性差的有聚碳酸酯、硬聚氯乙烯、聚苯醚、聚砜和氟塑料等。

影响流动性的主要因素如下：

（1）温度。料温高，则流动性大，但不同塑料也各有差异。聚苯乙烯、聚丙烯、聚酰胺、有机玻璃、ABS、AS、聚碳酸酯、醋酸纤维素等塑料的流动性随温度变化的影响较大；聚乙烯、聚甲醛的流动性受温度变化的影响较小。

（2）压力。注射压力增大，则熔料受剪切作用大，流动性也增大，尤其是聚乙烯和聚甲醛较为敏感。

（3）模具结构。浇注系统的形式、尺寸、结构（如型腔表面粗糙度、流道截面厚度、型腔形式、排气系统）、冷却系统的设计和熔料的流动阻力等因素都会直接影响熔料的流动性。

凡促使料温降低、流动阻力增加的因素，都会使流动性降低。

对于热塑性塑料，常用熔融指数和螺旋线长度来表示其流动性。熔融指数采用图 1-2

所示的标准装置来测定。将被测塑料装入加热料筒中并进行加热，在一定的温度和压力下，测定塑料熔体在 10 min 内从出料孔挤出的重量，单位为 g，则该值称为熔融指数，简写为 MI。熔融指数越大，流动性越好。螺旋线长度实验法是将被测塑料在一定的温度与压力下注入图 1-3 所示的标准的阿基米德螺旋线模具内，用其所能达到的流动长度来表示该塑料的流动性。流动长度越长，流动性越好。

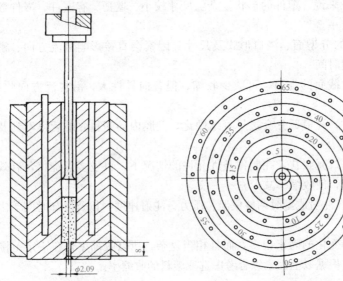

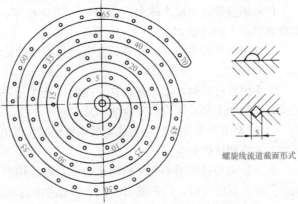

螺旋线流道截面形式

图 1-2 熔融指数测定仪结构　　　　图 1-3 螺旋流动试验模具流道(单位：cm)

3. 相容性

相容性是指两种或两种以上不同品种的塑料，在熔融状态不产生相分离现象的能力。如果两种塑料不相容，则混熔后塑件会出现分层、脱皮等表面缺陷。不同塑料的相容性与其分子结构有一定关系，分子结构相似者较易相容，如高压聚乙烯、低压聚乙烯、聚丙烯彼此之间的混熔等，分子结构不同时较难相容，如聚乙烯和聚苯乙烯之间的混熔。

塑料的相容性又称为共混性。通过塑料的这一性质，可得到类似共聚物的综合性能，这是改进塑料性能的重要途径之一，如聚碳酸酯和 ABS 塑料相溶，就能改善聚碳酸酯的工艺性。

4. 吸湿性

吸湿性是指塑料对水分的亲疏程度。按照吸湿或黏附水分能力的大小，可将塑料分为吸湿性塑料和不吸湿性塑料两大类。吸湿性塑料在注射成型过程中比较容易发生水降解，成型后塑件上会出现气泡、银丝与斑纹等缺陷。因此，在成型前必须进行干燥处理，必要时还应在注射机料斗内设置红外线加热装置，以免干燥后的塑料进入机筒前在料斗中再次吸湿或粘水。吸湿性塑料有聚酰胺、ABS、聚碳酸酯、聚苯醚和聚砜等；不吸湿性塑料有聚乙烯、聚丙烯、聚苯乙烯和氟塑料等。

5. 热敏性

热敏性是指塑料的化学性质对热量作用的敏感程度，热敏性很强的塑料称为热敏性塑料。常用的热敏性塑料有硬聚氯乙烯、聚氯乙烯、醋酸乙烯共聚物、聚甲醛和聚三氟氯乙烯等。

热敏性塑料在成型过程中很容易在不太高的温度下发生热分解、热降解，并释放出一些挥发性气体，从而影响塑件的性能、色泽和表面质量，对人体、模具和注射机有刺激、腐蚀作用或毒性。所以，应采取相应的措施避免以上缺陷，如在塑料中添加热稳定剂等。

(五)热固性塑料成型的工艺特性

热固性塑料的成型工艺特性是其在成型加工过程中表现出来的特有性质，模具设计者必须对塑料的成型工艺特性有充分的了解。

1. 收缩率

与热塑性塑料相同，热固性塑料经成型冷却后也会发生收缩，其收缩率的计算方法与热塑性塑料相同。产生收缩的原因主要有以下四个方面。

(1)热收缩。热收缩是由于热胀冷缩而使塑件成型冷却后所产生的收缩。热收缩与模具的温度成正比，是成型收缩中主要的收缩因素之一。

(2)结构变化引起的收缩。热固性塑料在成型过程中进行了交联反应，分子由线型结构变为网状结构，由于分子链间距的缩小，结构变得紧密，故产生了体积收缩。

(3)弹性恢复。塑件从模具中取出后，作用在塑件上的压力消失，由于弹性恢复，会造成塑件体积的负收缩(膨胀)。

(4)塑性变形。塑件脱模时，成型压力迅速降低，但模壁紧压在塑件的周围，使其产生塑性变形。发生变形部分的收缩率比没有发生变形部分的大，因此，塑件往往在平行加压方向收缩较小，在垂直加压方向收缩较大。为防止两个方向的收缩率相差过大，可采用迅速脱模的办法补救。

影响热固性塑料收缩率的因素与影响热塑性塑料收缩率的因素相同，即有原材料、模具结构或成型方法及成型工艺条件等方面的影响。塑料中聚合物和填料的种类及含量，也将直接影响收缩率的大小。当所用树脂在固化反应中放出的低分子挥发物较多时，收缩率较大；放出的低分子挥发物较少时，收缩率较小。在同类塑料中，填料含量较多或填料中无机填料增多时，收缩率较小。

凡有利于提高成型压力、增大塑料充模流动性和使塑件密实的模具结构，均能减少塑件的收缩率。凡能使塑件密实、在成型前使低分子挥发物溢出的工艺因素，都能使塑件收缩率减少，如成型前对酚醛塑料的预热、加压等。

2. 流动性

影响流动性的因素主要有塑料品种、模具结构和成型条件等。不同品种的塑料或同一品种不同组分及含量的塑料，其流动性不同。光滑模具成型表面、在低于塑料硬化温度的条件下提高成型温度等都能提高塑料的流动性。

热固性塑料的流动性通常以拉西格流动值来表示。图 1-4 所示为拉西格流动性测定模。将一定质量的欲测塑料预压成圆锭，将圆锭放入压模中，在一定的温度和压力下，测定它从模孔中挤出的长度(毛糙部分不计在内)，此即为拉西格流动值，以 mm 表示。数值大，则表明流动性好。

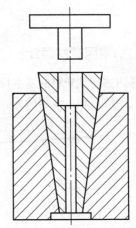

图 1-4 拉西格流动性测定模

每个塑料品种的流动性可分为三个不同的等级。第一级的拉西格流动值为 100～130 mm，适用于压制无嵌件的、形状简单的一般厚度塑件；第二级的拉西格流动值为 131～150 mm，适用于压制中等复杂程度的塑件；第三级的拉西格流动值为 151～180 mm，可用于压制结构复杂、型腔很深、嵌件较多的薄壁塑件或用于压注成型。注射成型时，一般要求热固性塑料的拉西格流动值大于 200 mm。

3. 比容和压缩率

比容是指单位质量的松散塑料所占的体积，单位为 cm^3/g；压缩率是指塑料的体积与塑件的体积之比，其值恒大于 1。比容和压缩率较大时，塑料内充气增多，排气困难，成型周期变长，生产率降低；比容和压缩率较小时，压锭和压缩、压注容易，而且压锭质量也较准确。但若比容太小，则会影响塑料的松散性，以容积法装料时还会出现塑件质量不准确的情况。

4. 硬化速度

硬化是指塑料成型时完成交联反应的过程。硬化速度通常以塑料试样硬化每 1 mm 厚度所需的秒数来表示，此值越小，硬化速度越快。硬化速度与塑料品种、塑件形状、壁厚、成型温度及是否预热、预压等有密切关系。注射成型时，要求在塑化、填充时化学反应慢、硬化慢，以保持长时间的流动状态，但当充满型腔后，在高温、高压下应快速硬化。硬化速度慢的塑料，会使成型周期变长，生产率降低；硬化速度快的塑料，则不能成型复杂的塑件。

5. 水分及挥发物含量

塑料中的水分及挥发物，一方面来自塑料自身；另一方面则来自成型过程中化学反应的副产物。塑料中水分及挥发物的含量，对塑件的物理、力学和介电性能都有很大的影响。塑料中水分及挥发物含量大时，塑件易产生气泡、内应力和龟裂等，使塑件容易发生翘曲、波纹及光泽不好等现象，使机械强度降低。水分及挥发物在成型时变成的气体，必须排出模外，因为有些气体对模具有腐蚀作用，对人体也有刺激作用。为此，在模具设计时应对这种特征有所了解，并采取相应措施加以预防。

水分及挥发物的测定，是采用 (15 ± 0.2) g 的试验用料，在烘箱中于 103 ℃～105 ℃干燥 30 min 后，测定其试验前后质量差 ΔM。设水分及挥发物的含量为 X，则：

$$X = \frac{\Delta M}{15} \times 100\% \tag{1-3}$$

(六)常用塑料简介

常用热塑性塑料的基本特性、成型特点和主要用途见表 1-1；常用热固性塑料的基本特性、成型特点和主要用途见表 1-2。

表 1-1　常用热塑性塑料的基本特性、成型特点和主要用途

名称	基本特性	成型特点	主要用途
聚乙烯	聚乙烯塑料的产量为塑料工业之冠，其中，以高压聚乙烯的产量最大。聚乙烯树脂无毒、无味，呈白色或乳白色，柔软、半透明的大理石状粒料，密度为 $0.91\sim0.96\ g/cm^3$，为结晶型塑料。 　　聚乙烯按聚合时所采用压力的不同，可分为高压聚乙烯、中压聚乙烯和低压聚乙烯。高压聚乙烯通常称为低密度聚乙烯（LDPE），其分子链中含有较多较长的支链，结晶度不高（仅为 45%～65%），密度低，相对分子质量较小，所以，耐热性、硬度、机械强度等都较低，但介电性能好，具有较好的柔软性、耐冲击性及透明度，成型加工性能也较好；低压聚乙烯常称为高密度聚乙烯（HDPE），其分子链中支链短且很少，结晶度较高（高达 85%～95%），密度大，相对分子质量大，所以，耐热性、硬度、机械强度等都较高，但柔软性、耐冲击性及透明性、成型加工性能都较差。 　　聚乙烯的吸水性较小，且介电性能与温度、湿度无关。因此，聚乙烯是最理想的高频电绝缘材料，在介电性能上只有聚苯乙烯、聚异丁烯及聚四氟乙烯可与之相比	成型收缩率范围及收缩值大，方向性明显，容易变形、翘曲。应控制模温，保持其冷却均匀、稳定；流动性好且对压力变化敏感，宜用高压注射，料温均匀，填充速度快，保压充分；因其冷却速度慢，且必须充分冷却，故而模具应设有冷却系统；质软易脱模，塑件有浅的侧凹槽时可强制脱模	低压聚乙烯可用于制造塑料管、塑料板、塑料绳及承载不高的零件，如齿轮、轴承等；中压聚乙烯最适宜的成型方法有高速吹塑成型，可制造瓶类、包装用的薄膜及各种注射成型塑件和旋转成型塑件，也可用在电线电缆上；高压聚乙烯常用于制作塑料薄膜（理想的包装材料）、软管、塑料瓶及电气工业的绝缘零件和电缆包覆等
聚氯乙烯	聚氯乙烯是世界上产量高的塑料品种之一。其原料来源丰富，价格低廉，性能优良，应用广泛。其树脂为白色或浅黄色粉末，形同面粉，造粒后为透明块状，类似明矾。 　　根据不同的用途加入不同的添加剂，聚氯乙烯塑料可呈现不同的物理性能和力学性能。在聚氯乙烯树脂中加入适量的增塑剂可制成多种硬质、软质塑料。纯聚氯乙烯的密度为 $1.40\ g/cm^3$，加入了增塑剂和填料等的聚氯乙烯塑件的密度范围一般为 $1.15\sim2.00\ g/cm^3$。 　　硬聚氯乙烯不含或含有少量增塑剂，有较好的抗拉、抗弯、抗压和抗冲击性能，可单独用作结构材料；其介电性能好，对酸碱的抗蚀能力极强，化学稳定性好；但成型比较困难。 　　软聚氯乙烯含有较多的增塑剂，柔软且富有弹性，类似橡胶，但比橡胶更耐光、更持久。在常温下其弹性不及橡胶，但耐蚀性优于橡胶，不怕浓酸、浓碱的破坏，不受氧气及臭氧的影响，耐寒且成型性好；但耐热性差，机械强度、耐磨性及介电性能等都不及硬聚氯乙烯，且易老化。 　　总的来说，聚氯乙烯有较好的电气绝缘性能，可以用作低频绝缘材料，其化学稳定性也较好。由于聚氯乙烯的热稳定性较差，长时间加热会导致分解，放出氯化氢（HCL）气体，使聚氯乙烯变色，所以其应用范围较窄，使用温度一般为 $-15\ ℃\sim55\ ℃$	聚氯乙烯的流动性差，过热时极易分解，所以必须加入稳定剂和润滑剂，并严格控制成型温度及熔融的滞留时间。成型温度范围小，必须严格控制料温，模具应有冷却装置；采用带预塑化装置的螺杆式注射机。模具浇注系统应粗短，浇口截面宜大，不得有死角滞料。模具应冷却，其表面应镀铬	由于聚氯乙烯的化学稳定性高，所以用于制作防腐管道、管件、输油管、离心泵和鼓风机等。聚氯乙烯的硬板广泛用于化学工业，制作各种储槽的衬里、建筑物的瓦楞板、门窗结构、墙壁装饰物等建筑用材。由于电绝缘性能良好，可在电气、电子工业中用于制作插座、插头、开关和电缆。在日常生活中，用于制作凉鞋、雨衣、玩具和人造革等

续表

名称	基本特性	成型特点	主要用途
聚丙烯	聚丙烯无色、无味、无毒。外观似聚乙烯，但比聚乙烯更透明、更轻。密度仅为 0.90～0.91 g/cm³。聚丙烯不吸水，光泽好，易着色。聚丙烯具有聚乙烯所有的优良性能，如卓越的介电性能、耐水性、化学稳定性，宜于成型加工等；还具有聚乙烯所没有的许多性能，如屈服强度、抗拉强度、抗压强度、硬度和弹性比聚乙烯好，特别是经定向后，聚丙烯具有极高的抗弯疲劳强度，可制作铰链。聚丙烯熔点为 164 ℃～170 ℃，耐热性好，能在 100 ℃以上的温度下进行消毒灭菌，其低温使用温度达 −15 ℃，低于 −35 ℃时会脆裂。聚乙烯的高频绝缘性能好，而且由于其不吸水，绝缘性能不受湿度的影响，但在氧、热、光的作用下极易降解、老化，所以必须加入防老化剂	聚丙烯成型收缩范围及收缩率大，易发生缩孔、凹痕、变形，方向性强；流动性极好，易于成型；热容量大，注射成型模具必须设计能充分进行冷却的冷却回路，注意控制成型温度。料温低时方向性明显，尤其是低温、高压时更明显。聚丙烯成型的适宜模温为 80 ℃左右，不可低于 50 ℃，否则会造成成型塑件表面光泽差或产生熔接痕等缺陷。温度过高会产生翘曲和变形	聚丙烯可用于制作各种机械零件如法兰、接头、泵叶轮、汽车零件和自行车零件；可作为水、蒸汽、各种酸碱等的输送管道、化工容器和其他设备的衬里、表面涂层等；可制造各种绝缘零件以及自带铰链的盖体合一的箱类塑件，并用于医药工业中
聚苯乙烯	聚苯乙烯是仅次于聚乙烯和聚氯乙烯的第三大塑料品种。聚苯乙烯无色、透明、有光泽、无毒无味，落地时发出清脆的金属声，密度为 1.05 g/cm³。聚苯乙烯是目前最理想的高频绝缘材料，可以与熔融的石英相媲美。 聚氯乙烯的化学稳定性良好，能耐碱、硫酸、磷酸、10%～30% 的盐酸、稀醋酸及其他有机酸的腐蚀，但不耐硝酸及氧化剂的腐蚀，对水、乙醇、汽油、植物油及各种盐溶液也有足够的抗腐蚀能力。但耐热性低，只能在不高的温度下使用，质地硬而脆，塑件由于内应力而易开裂。聚苯乙烯的透明性很好，透光率很高，光学性能仅次于有机玻璃；其着色能力优良，能染成各种鲜艳的色彩。 为了提高聚苯乙烯的耐热性和降低其脆性，常用改性聚苯乙烯和以聚苯乙烯为基体的共聚物，从而大大扩大了聚苯乙烯的用途	聚苯乙烯性脆易裂，易出现裂纹，所以成型塑件脱模斜度不宜过小，顶出要受力均匀；热胀系数大，塑件中不宜有嵌件，否则会因两者热胀系数相差太大而导致开裂；由于流动性好，应注意模具间隙，防止形成飞边，且模具设计中大多采用点浇口形式；宜用高料温、高模温、低注射压力成型，并延长注射时间，以防止缩孔及变形、降低内应力，但料温过高容易出现银丝；料温低或脱模剂多，则塑件透明性差	聚苯乙烯在工业上可用于制作仪表外壳、灯罩、化学仪器零件、透明模型等；在电气方面用作良好的绝缘材料，用于制作线盒、电池盒等；在日用品方面广泛用于制作包装材料、各种容器、玩具等

名称	基本特性	成型特点	主要用途
ABS	ABS是丙烯腈、丁二烯、苯乙烯的共聚物，原料易得，价格便宜，是目前产量最大、应用最广的工程塑料之一。ABS无毒、无味，为呈微黄色或白色不透明粒料，成型的塑件有较好的光泽，密度为1.02～1.05 g/cm³。 ABS是由三种组分组成的，故它有三种组分的综合力学性能，而每个组分又在其中起着固有的作用。丙烯腈使ABS具有良好的表面硬度、耐热性及耐化学腐蚀性，丁二烯使ABS坚韧，聚乙烯使ABS具有良好的成型加工性和着色性能。 ABS的热变形温度比聚苯乙烯、聚氯乙烯、尼龙等都高，尺寸稳定性较好，具有一定的化学稳定性和良好的介电性能，经过调色可配成任何颜色，其缺点是耐热性不高，连续工作温度为70 ℃左右，热变形温度为93 ℃左右。不透明，耐气候性差，在紫外线作用下易变硬发脆。 由于ABS中三种组分之间的比例可以在很大的范围内调节，故可由此得到性能和用途不一的多种ABS品种，如通用级、抗冲级、耐寒级、耐热级、阻燃级等，从而适应各种不同的应用	ABS易吸水，使成型塑件表面出现斑痕、云纹等缺陷。为此，成型加工前应进行干燥处理；在正常的成型条件下，壁厚、熔料温度对收缩率影响极小；要求塑件精度高时，模具温度可控制在50 ℃～60 ℃，要求塑件光泽和耐热时，应控制在60 ℃～80 ℃；ABS比热容低，塑化效率高，凝固也快，故成型周期短；ABS的表观黏度对剪切速率的依赖性很强，因此，在模具设计中大都采用点浇口形式	ABS在机械工业上用来制造齿轮、泵叶轮、轴承、把手、管道、电机外壳、仪表壳、仪表盘、水箱外壳、蓄电池槽、冷藏库和冰箱衬里等；汽车工业上用ABS制造汽车挡泥板、扶手、热空气调节导管、加热器等，还可用ABS夹层板制作小轿车车身；ABS还可用来制作水表壳、纺织器材、电器零件、文教体育用品、玩具、电子琴及收录机壳体、食品包装容器、农药喷雾器和家具等
聚酰胺	聚酰胺俗称尼龙(Nylon)。尼龙是含有酰胺基的线型热塑性树脂，是这一类塑料的总称。根据所用原料不同，常见的有尼龙1010、尼龙610、尼龙66、尼龙6、尼龙9、尼龙11等。 尼龙具有优良的力学性能，抗拉、抗压、耐磨。经过拉伸定向处理的尼龙，其抗拉强度很高，接近于钢的水平。因尼龙的结晶性很高，表面硬度大，摩擦系数小，故具有十分突出的耐磨性和自润滑性，它的耐磨性高于一般用作轴承材料的铜、铜合金、普通钢等。尼龙耐碱、弱酸，但强酸和氧化剂能侵蚀尼龙。尼龙的缺点是吸水性强、收缩率大，常常因吸水而引起尺寸变化。其稳定性较差，一般只能在80 ℃～100 ℃时使用。 为了进一步改善尼龙的性能，常在尼龙中加入减磨剂、稳定剂、润滑剂、玻璃纤维填料等，以克服尼龙存在的一些缺点，提高其机械强度	尼龙原料较易吸湿，因此，在成型加工前必须进行干燥处理。尼龙的热稳定性差，干燥时为了避免材料在高温时氧化，最好采用真空干燥法；尼龙的熔融黏度低，流动性好，有利于制成强度特别高的薄壁塑件，但容易产生飞边，故模具必须选用最小间隙；熔融状态的尼龙热稳定性较差，易发生降解，使塑件性能下降，因此，不允许尼龙在高温料筒内停留过长时间；尼龙成型收缩率范围及收缩率大，方向性明显，易产生缩孔、凹痕、变形等缺陷，因此，应严格控制成型工艺条件	尼龙广泛用于工业上制作各种机械、化学和电器零件，如轴承、齿轮、滚子、辊轴、滑轮、泵叶轮、风扇叶片、蜗轮、高压密封垫圈、垫片、阀门、输油管、储油容器、绳索、传动带、电池箱、电器线圈等零件，还可将粉状尼龙热喷到金属零件表面上，以提高耐磨性或作为修复磨损零件之用

13

名称	基本特性	成型特点	主要用途
聚甲醛	聚甲醛是继尼龙之后发展起来的一种性能良好的热塑性工程塑料,其性能不亚于尼龙,而价格却比尼龙低廉。聚甲醛树脂为白色粉末,经造粒后为淡黄色或白色半透明有光泽的硬粒。 聚甲醛有较高的抗拉、抗压性能和突出的耐疲劳强度,特别适用于长时间反复承受外力的齿轮材料;聚甲醛尺寸稳定,吸水率小,具有优良的减磨、耐磨性能;能耐扭变,有突出的回弹能力,可用于制造塑料弹簧;常温下一般不溶于有机溶剂,能耐醛、酯、醚、烃及弱酸、弱碱,也能耐汽油及润滑油,但不耐强酸;有较好的电气绝缘性能。 聚甲醛的缺点是成型收缩率大,在成型温度下的热稳定性较差	聚甲醛的收缩率大;其熔融温度范围小,热稳定性差,易产生分解,分解产物甲醛对人体和设备都有害。 聚甲醛的熔融或凝固十分迅速,熔融速度快有利于成型,缩短成型周期,但凝固速度快会使熔料结晶化速度快,塑件容易产生熔接痕等表面缺陷。所以,在成型时注射速度要快,注射压力不宜过高。其摩擦系数低、弹性高,浅侧凹槽可采用强制脱出,塑件表面可带有皱纹花样	聚甲醛特别适合制作轴承、凸轮、滚子、辊子、齿轮等耐磨传动零件,还可用于制造汽车仪表板、汽化器,各种仪器外壳、罩盖、箱体、化工容器、泵叶轮、鼓风机叶片、配电盘、线圈座,各种输油管、塑料弹簧等
聚碳酸酯	聚碳酸酯为无色透明粒料,密度为 $1.02 \sim 1.05 \text{ g/cm}^3$。聚碳酸酯是一种性能优良的热塑性工程塑料,韧而刚,抗冲击性能在热塑性塑料中名列前茅;成型塑件可达到很好的尺寸精度并在很宽的温度范围内保持其尺寸的稳定性;成型收缩率恒定为 $0.5\% \sim 0.8\%$;抗蠕变、耐磨、耐热、耐寒;脆化温度在 $-100 ℃$ 以下,长期工作温度达 $120 ℃$;聚碳酸酯吸水率很低,能在较宽的温度范围内保持较好的电性能。聚碳酸酯是透明材料,可见光的透光率接近 90%。 聚碳酸酯的缺点是耐疲劳强度较差,成型后塑件的内应力较大,容易开裂。用玻璃纤维增强聚碳酸酯则可克服上述缺点,使聚碳酸酯具有更好的力学性能、更好的尺寸稳定性、更小的成型收缩率,并可提高耐热性和耐药性,降低成本	聚碳酸酯虽然吸水性小,但高温时对水分比较敏感,会出现银丝、气泡及强度下降的现象,所以加工前必须进行干燥处理,并且最好采用真空干燥法;熔融温度高,熔体黏度大,流动性差,所以成型时要求有较高的温度和压力;熔体黏度对温度十分敏感,一般用提高温度的方法来增加熔融塑料的流动性	在机械工业上主要用于制作各种齿轮、蜗轮、蜗杆、齿条、凸轮、轴承、各种外壳、盖板、容器、冷冻和冷却装置零件等。在电气方面,用于制作电机零件、风扇部件、拨号盘、仪表壳、接线板等。聚碳酸酯还可用于制作照明灯、高温透镜、视孔镜、防护玻璃等光学零件

名称	基本特性	成型特点	主要用途
聚甲基丙烯酸甲酯	聚甲基丙烯酸甲酯俗称"玻璃"，是一种透明塑料，高度的透明性和优异的透光性是有机玻璃的特征，透光率达92%，优于普通硅玻璃。 　　有机玻璃的密度为1.18 g/cm³，比普通硅玻璃轻一半。机械强度为普通硅玻璃的10倍以上；它轻而坚韧，容易着色，有较好的电气绝缘性能；化学性能稳定，能耐一般的化学品腐蚀，但能溶于芳烃、氯代烃等有机溶剂；在一般条件下尺寸较稳定。有机玻璃可制成棒、管、板等型材，供二次加工成塑件；也可制成粉状物，供成型加工；其最大的缺点是表面硬度低，容易被硬物擦伤拉毛	为了防止塑件产生气泡、浑浊、银丝和发黄等缺陷，影响塑件质量，原料在成型前要保持干燥；为了得到良好的外观质量，防止塑件表面出现流动痕迹、熔接线痕和气泡等不良现象，成型时一般采用尽可能低的注射速度；模具浇注对料流的阻力应尽可能小，并应有足够的脱膜斜度	有机玻璃主要用于制造要求具有一定透明度和强度的防震、防爆和观察等方面的零件，如飞机和汽车的窗玻璃、飞机罩盖、油杯、光学镜片、透明模型、透明管道、车灯灯罩、油标及各种仪器零件，也可用作绝缘材料，用于制造广告铭牌等

表1-2　常用热固性塑料的基本特性、成型特点和主要用途

名称	基本特性	成型特点	主要用途
酚醛塑料	酚醛塑料是一种产量较大的热固性塑料，是以酚醛树脂为基础制得的。酚醛树脂本身很脆，呈琥珀玻璃态，必须加入各种纤维或粉末状填料后才能获得具有一定性能要求的酚醛塑料。酚醛塑料大致可分为层压塑料、压塑料、纤维状压塑料和碎屑状压塑料四类。 　　酚醛塑料与一般塑料相比，刚性好，变形小，耐热耐磨，能在120 ℃～150 ℃的温度范围内长期使用；在水润滑条件下，有极低的摩擦系数且电绝缘性能优良；其缺点是质脆，抗冲击强度差	酚醛塑料成型性能好，特别适用于压缩成型；模温对流动性影响较大，一般当温度超过160 ℃时流动性迅速下降；硬化时放出大量热，厚壁大型塑料内部温度过高，易发生硬化不均及过热现象	酚醛塑料可制成各种型材和板材。根据所用填料不同，有纸质、布质、木质、石棉玻璃布等多种压层塑料。布质及玻璃布酚醛层压塑料可用于制造齿轮、轴瓦、导向轮、无声齿轮、轴承及用于电工结构材料和电气绝缘材料；木质层压塑料使用与制造水润滑冷却下的轴承及齿轮等；石棉布层压塑料主要用于制作高温下工作的零件。 　　酚醛塑料可以加热模压成各种复杂的机械零件和电器零件，具有优良的电气绝缘性能，耐热、耐水、耐磨，可制作各种线圈架、接线板、电动工具外壳、风扇叶子、耐酸泵叶轮、齿轮和凸轮等

续表

名称	基本特性	成型特点	主要用途
环氧树脂	环氧树脂是含有环氧基的高分子化合物，未固化之前是线型的热塑性树脂，只有在加入固化剂（如胺类和酸酐等化合物）交联成不熔的体型结构的高聚物之后，才有作为塑料的实用价值。 环氧树脂种类繁多，应用广泛，有许多优良的性能，其最突出的特点是黏结能力很强，是人们熟悉的"万能胶"的主要成分。另外，环氧树脂还耐化学药品、耐热、电气绝缘性能良好，收缩率小，比酚醛树脂具有较好的力学性能；其缺点是耐气候性能差，耐冲击性能低，质地脆	环氧树脂流动性好，硬化速度快；热刚性差，硬化收缩小，难于脱膜，浇注前应加脱膜剂；固化时不析出任何副产物，成型时不需排气	环氧树脂可用作金属和非金属材料的胶粘剂，用于封装各种电子元件，配以石英粉等能浇铸各种模具，还可以作为各种产品的防腐涂料
氨基塑料	氨基塑料主要包括脲－甲醛塑料和三聚氰胺－甲醛塑料等。 脲－甲醛塑料（UF）由脲－甲醛树脂和漂白纸浆等制成的压缩粉。脲－甲醛塑料可染成各种鲜艳的色彩，外观光亮，部分透明，表面硬度较高，耐电弧性能好，耐矿物油、耐霉菌；但其耐水性较差，在水中长期浸泡后电气绝缘性能下降。 三聚氰胺－甲醛塑料（MF）由三聚氰胺－甲醛树脂与石棉滑石粉等制成，也称为密胺塑料。三聚氰胺－甲醛塑料可染上各种色彩，制成耐光、耐电弧、无毒的塑料，其在－20 ℃～100 ℃的温度内性能变化小，能耐沸水并且耐茶、咖啡等污染性强的物质，能像陶瓷一样方便地去除茶渍一类的污染物，且具有质量轻、不易碎的特点	氨基塑料常用压缩、压注成型。在压注成型时收缩率大，含水分及挥发物多，所以使用前需预热干燥；由于密胺塑料在成型时分解弱酸性物质及水分析出，故模具应镀铬防腐，并注意排气；由于流动性好，硬化速度快，因此，预热及成型时温度要适当，装料、合模及加工速度好快；带嵌件的密胺塑料易产生应力集中，故尺寸稳定性差	脲－甲醛塑料大量用于压制日用品及电气照明用设备的零件、电话机、收录机、钟表外壳、开关插座及电气绝缘零件。 密胺塑料主要用于制作餐具、航空茶杯及电器开关、灭弧罩及防爆电器的配件

三、项目实施

壳体为常用机械类零件，需要大批量生产，通过查询表 1-1 和表 1-2 并进行综合比较，材料品种可选择聚甲醛（POM）。

聚甲醛是一种高熔点、高结晶性的热塑性塑料。聚甲醛的吸水性比较差，成型前可不必进行干燥，制品尺寸稳定性好，可以制造较精密的零件。但聚甲醛熔融温度范围小，熔融和凝固速度快，制品容易产生毛斑、折皱、熔接痕等表面缺陷，并且收缩率大，热稳定性差。聚甲醛可以采用一般热塑性塑料的成型方法生产塑料制品，如注射、挤出、吹塑等。

聚甲醛强度高，质轻，常用来代替铜、锌、锡、铅等有色金属，广泛用于工业机械、汽车、电子电器、日用品、管道及配件、精密仪器和建材等部门。

（1）汽车工业：制造汽车泵、汽化器部件、输油管、动力阀、万向节轴承、马达齿轮、曲轴、把手、仪表板、汽车窗升降机装置、电开关、安全带扣等。

（2）机械制造业：广泛用作齿轮、驱动轴、链条、阀门、阀杆螺母、轴承、凸轮、叶轮、滚轮、喷头、导轨、衬套、管接头和机械结构件等传动部件。

（3）电子电气、家用电器领域：制造插头、开关、按钮、继电器、洗衣机滑轮、盒式磁带的轴和轮壳、电子计算机外壳及电视机、洗衣机、电冰箱、电话机、收录机、洗碟机的各种零件等。

（4）精密仪器方面：制造架子的支撑架、罩体、摩擦垫板及钟表、照相机和其他精密仪器的零件。

（5）聚甲醛还可以用于耐腐蚀的消防水龙头，钢笔的笔杆和笔套、玩具、梳子、拉链、睫毛油棒等消费品等。

聚甲醛还被广泛用来代替有色金属和合金，制造多种类型的机械零件。

四、项目拓展

（一）聚合物大分子的链状结构

聚合物大分子的链状结构有以下三种主要类型。

1. 线型大分子及其线型聚合物

如果整条大分子像一条长长的链条，旁边基本上没有分支，则这种大分子称为线型大分子，如图1-5(a)所示。由线型大分子构成的聚合物称为线型聚合物或热塑性聚合物，它们可以被反复加热和冷却。

2. 支链型大分子及其支链型聚合物

如果整条大分子具有一条线型主链，主链旁边带有一些支链，则这种结构的大分子称为支链型大分子，如图1-5(b)所示。由支链型大分子构成的聚合物称为支链型聚合物，一般也可以对它们进行反复加热和冷却。

3. 体型大分子及其体型聚合物

如果多个大分子之间发生交联化学反应，则它们彼此就会连接起来，形成一种网状的大分子结构，这种大分子结构称为体型大分子或网状大分子，如图1-5(c)所示。由体型大分子构成的聚合物称为体型聚合物或热固性聚合物，它们一般都是由相对分子质量较小的预聚合物经过化学反应之后生成的。这种聚合物只能在交联时进行一次加热，交联之后便会永远固化，即使再进行加热也不会软化，直到在很高的温度下被烧焦碳化为止。

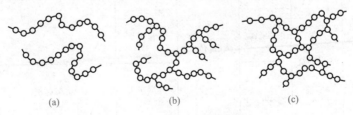

（a）　　　　　　　　（b）　　　　　　　　（c）

图1-5　大分子长链结构的类型

（a）线型大分子；（b）支链型大分子；（c）体型大分子

(二)塑料种类的火焰鉴别法

用户交给设计人员的设计依据多种多样，但主要为两种，一种是设计图样，直接标明有要求的材料种类；另一种是塑件样件，对此，设计人员可以采用不同的鉴别方法来判定塑料种类。表1-3所示就是运用燃烧和气味来判定塑料种类的简易分辨法。

表1-3　各种塑料的燃烧特性

塑料名称	燃烧易难	离火后是否自熄	火焰状态		塑料变化状态	气味
硝化纤维素	极易	继续燃烧	—		迅速燃烧完	—
聚酯树脂	容易	燃烧	黄色	黑烟	微微膨胀，有时开裂	苯乙烯气味
ABS		继续燃烧	黄色	黑烟	软化，烧焦	特殊
苯乙烯—丙烯腈共聚物(SAN)			黄色	浓黑烟	软化、气泡、比聚苯乙烯易焦	特殊聚丙烯腈味
乙基纤维素			上端蓝色		熔融滴落	特殊气味
聚乙烯			上端黄色，下端蓝色	—		石蜡燃烧味
聚甲醛			上端黄色，下端蓝色	—		强烈刺激性甲醛、鱼腥味
聚丙烯			上端黄色，下端蓝色			石油味
醋酸纤维素			暗黄色	有少量黑烟		醋酸味
醋酸丁酸纤维素			暗黄色	有少量黑烟		丁酸味
醋酸丙酸纤维素			暗黄色		熔融滴落燃烧	丙酸味
聚醋酸乙烯				黑烟	软化	醋酸味
聚乙烯醇缩丁醛			黑烟		熔融滴落	特殊气味
聚甲基丙烯酸甲酯			浅蓝色，顶端白色		融化起泡	蔬菜臭味
聚苯乙烯			橙黄色，浓黑烟呈炭束飞扬		软化、起泡	特殊、苯乙烯单体味
酚醛(木粉)	缓慢燃烧	自熄	—		膨胀、开裂	木材和苯酚味
酚醛(布基)		继续燃烧	黄色	少量黑烟	膨胀、开裂	布和苯酚味
酚醛(纸基)		继续燃烧	黄色	少量黑烟	膨胀、开裂	纸和苯酚味
聚碳酸酯			黄色	黑烟炭束	熔融起泡	特殊气味，花果臭
尼龙		缓慢自熄	蓝色，上端黄色		熔融滴落、起泡	羊毛烧焦味

续表

塑料名称	燃烧易难	离火后是否自熄	火焰状态	塑料变化状态	气味
尿素甲醛树脂		自熄	黄色，顶端淡黄色	膨胀、开裂、燃烧处变白色	特殊气味，甲醛味
三聚氰胺树脂			淡黄色		
氯化聚醚			飞溅，上端黄色，底蓝色，浓黑烟	熔融，不增长	特殊
聚苯醚	难	熄灭	浓黑烟	熔融	花果臭
聚砜			黄褐色烟		橡胶燃烧味
聚氯乙烯			黄色，下端绿色白烟		刺激性酸味
氯乙烯—醋酸乙烯共聚物		离火即灭	暗黄色	软化	特殊气味
聚偏氯乙烯	很难		黄色，端部绿色		
聚三氟氯乙烯	不燃		—	—	—

　　另外，产品样件上也有很多涉及信息，设计者应仔细观察，提取有用的设计信息，避免在设计时走弯路(能够生产出样件的面积必有其成功之处)，这些信息包括分型面的位置、浇口的位置和形式、推出形式或推杆位置等。

　　选择与分析塑料原料是模具设计的第一步，模具设计者要熟悉所要生产的塑件。首先要对设计依据——产品图进行必要的检查，检查投影、公差等信息是否表达清楚，技术要求是否合理；了解塑件的使用状态和用途，找出直接影响塑件质量的因素与应用的形状和相应的功能尺寸，明确表面质量的要求。另外，还应考虑到塑件设计者并不一定是制模专家，这点认识是非常重要的。有时对塑件本身性能毫无影响的外形尺寸，在装配线上由于特定夹具的限制就转化为一个关键尺寸，而这点塑件设计者往往会忽略。

　　对塑件所用材料的成型特性要有一定的了解，主要包括流动性如何、结晶性如何、有无应力开裂及熔融破裂的可能；是否属于热敏性，注射成型过程中有无腐蚀性气体逸出；热性能如何，对模具温度有无特殊要求，对浇注系统、浇口形式有无选择限制等。除此之外，随着对塑件尺寸精度要求越来越高，收缩率的选取对模具成败已成为一个重要因素。在确定塑件图和成型材料时，必须明确谁将承担选择收缩率的责任。现在流行的做法是由用户来选定材料和确定收缩率。由于目前的塑料牌号繁多，同一种类、不同牌号的塑料在收缩率上也略有差别，因而在选定材料时，切忌只定种类不定牌号。

(三)塑制制品材料选用的基本原则

1. 一般结构零件用塑料

　　一般结构零件通常只要求较低的强度和耐热性能，有时还要求外观漂亮。如罩壳、支架、连接件、手轮、手柄等。由于这类零件批量大，要求有较高的生产率和低廉成本，大致可选用的塑料有改性聚苯乙烯、低压聚乙烯、聚丙烯、ABS 等。其中，前三种材料经过玻璃纤维增强后能显著地提高力学强度和刚性，还能提高热变形温度。在精密塑件中，普遍使用 ABS，因为它具有优秀的综合性能。有时为了达到某一项较高性能指标，也采用一些较高品质的塑料，如尼龙 1010 和聚碳酸酯。

2. 耐磨损传动零件用塑料

耐磨损传动零件要求有较高的强度、刚性、韧性、耐磨损和耐疲劳性及较高的热变形温度。如各种轴承、齿轮、凸轮、蜗轮、蜗杆、齿条、辊子、联轴器等。广泛使用的塑料为各种尼龙、聚甲醛、聚碳酸酯，其次是氯化聚醚、线形聚酯等。其中，MC 尼龙可在常压下于模具内快速聚合成型，用来制造大型塑件；各种仪表中的小模数齿轮可用聚碳酸酯制造；而氯化聚醚可用于腐蚀性介质中工作的轴承、齿轮及摩擦传动零件与涂层。

3. 减摩自润滑零件用塑料

减摩自润滑零件一般受力较小，对力学强度要求通常不高，但运动速度较高，要求具有低的摩擦因数。如活塞环、机械运动密封圈、轴承和装卸用的箱柜等。这类零件选用的材料为聚四氟乙烯和各种填充的聚四氟乙烯，以及用聚四氟乙烯粉末或纤维填充的聚甲醛、低压聚乙烯等。

4. 耐腐蚀零部件用塑料

塑料一般要比金属耐腐蚀性好，但如果既要求耐强酸或强氧化性酸，同时又要求耐碱时，则首推各种氟塑料，如聚四氟乙烯、聚全氟乙丙烯、聚三氟乙烯及聚偏氟乙烯等。氯化聚醚既有较高的力学性能，同时又具有突出的耐腐蚀特性，这些塑料都优先适用于耐蚀零部件。

5. 耐高温零件用塑料

前面所讲的一般结构零件、耐磨损传动零件所选用的塑料，大都只能在 80 ℃～120 ℃温度下工作，当受力较大时，只能在 60 ℃～80 ℃温度下工作。工程需要的新型耐热材料除各种氟塑料外，还有聚苯醚、聚砜、聚酰亚胺、芳香尼龙等。它们大都可以在 150 ℃以上工作，有的还可以在 26 ℃～27 ℃温度以下长期工作。

五、实训与练习

(一)实训题

1. 搜集身边的各种塑料制件，然后按用途对其分类，归纳出塑料在国民经济和日常生活中的应用。

2. 在老师的带领下，到生产企业搜集、整理常用塑料的原料，观察其形状、颜色等。

3. 利用搜集、整理的常用塑料进行燃烧，对常用塑料进行鉴别。

4. 测量常用塑料的流动性。

(二)练习题

1. 什么是塑料？

2. 塑料与树脂是什么关系？

3. 塑料具有哪些优良性能？

4. 塑料的主要成分是什么？

5. 填充剂的作用有哪些？

6. 增塑剂的作用是什么？

7. 润滑剂的作用是什么？

8. 试述稳定剂的作用与种类。

9. 塑料按用途可分为哪几类？

10. 简述热塑性塑料和热固性塑料的主要区别。

11. 热固性塑料的成型工艺性能有哪些？

12. 热塑性塑料的成型工艺性能有哪些？

13. 什么是塑料的收缩性？影响收缩率的因素有哪些？

14. 什么是塑料的流动性？影响流动性的因素有哪些？

15. 什么是塑料的相容性？

16. 简述 PE 塑料的基本特性、成型特点和主要用途。

17. 简述 PVC 塑料的基本特性、成型特点和主要用途。

18. 简述 PP 塑料的基本特性、成型特点和主要用途。

19. 简述 ABS 塑料的基本特性、成型特点和主要用途。

项目二 塑料成型方法的确定

知识目标

1. 熟悉塑料制品的生产系统。
2. 了解塑料成型的方法。
3. 掌握注射成型原理。
4. 了解注射生产前的准备工作。
5. 掌握注射成型过程中主要阶段的特点。
6. 掌握注射成型主要工艺参数的选择和控制。
7. 了解其他各类塑料成型的工作原理、成型工艺过程及特点。
8. 了解塑件的后处理工序。

能力目标

1. 初步具有合理选择塑料成型方法的能力。
2. 能够正确确定注射成型的工艺参数。

一、项目引入

塑料已经渗透到人们生活和生产的各个领域，并成为不可或缺的材料。在机械制造、汽车工业、仪器仪表、家用电器、化工、医疗卫生、建筑器材、农用器械、日用五金及兵器、航空航天和原子能工业中，塑料已成为金属材料、皮革和木材的良好替代品。

塑料制品成型方式有很多，确定塑料制品成型方式应考虑所选择塑料的种类、制品生产批量、模具成本及不同成型方式的特点、应用范围等因素，然后根据塑料的成型工艺特点和不同成型方式的工艺过程确定所生产制品的成型方式和工艺过程。本项目以图 1-1 所示的塑料壳体为载体，训练学生合理确定该塑件的成型方式及成型工艺过程。

二、相关知识

（一）塑料制品生产系统的组成

塑料制品生产系统的功能为：根据各种塑料的固有性能，利用一切可以实施的方法，使其成为具有一定形状又有使用价值的塑料制品。塑料制品的生产系统主要是由塑料的成型、机械加工、修饰和装配四个连续过程组成的，如图 2-1 所示。有些塑料在成型前需进行预处理（预压、预热、干燥等），因此，塑料制品生产的完整工序顺序为：塑料原料→预处理→成型→机械加工→修饰→装配→塑料制品。

在基本工序（成型→机械加工→修饰→装配）中，塑料的成型是最重要的，是一切塑料制品和生产型材的必经过程。其他工序通常都根据制品的要求来定。后三个工序（机械加工、修饰、装配）统称为二次加工。

塑料成型是一种先进的加工方法。经塑料成型出来的制品，具有质量轻、强度好、耐腐蚀、绝缘性能好、色泽鲜艳、外观漂亮等优点；成型过程中设备操作简便，生产率高，生产过程易于实现机械化、自动化；塑料可加工成任意形状的塑料制品，在大批量生产条件下，成本较低。由于塑料成型在技术上和经济上的优良特点，因此，塑料成型在塑料制品的生产乃至塑料工业中占有重要的地位。

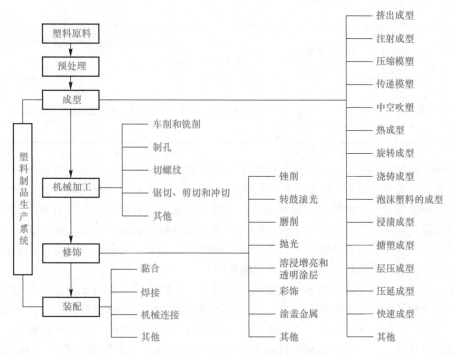

图 2-1 塑料制品生产系统的组成

(二)塑料成型方法简介

塑料成型的种类很多，主要包括各种模塑成型、层压成型和压延成型等。其中，模塑成型种类较多，表 2-1 列出的常用的模塑成型加工方法如注射成型、压缩模塑、传递模塑、挤出成型、气动成型等，占全部塑料制品加工数量的 90% 以上。它们的共同特点是利用模具来成型，具有一定形状和尺寸的塑料制品（简称为塑件或制品）。成型塑料制品的模具叫作塑料成型模具（简称为塑料模）。

表 2-1　常用的塑料成型加工方法与模具

序号	成型方法	成型模具	用途
1	注射成型	注射模	电视机外壳、食品周转箱、塑料盆、桶、汽车仪表盘等
2	挤出成型	口模(机头)	棒、管、板、薄膜、电缆护套、异形型材(百叶窗叶片、扶手)等
3	压缩成型	压缩模	适合生产复杂的制品,如含有凹槽、侧抽芯、小孔、嵌件等,不适合生产精度高的制品
4	传递模塑	传递模	设备和模具成本高,原料损失大,生产大尺寸制品受到限制
5	中空吹塑	口模、吹塑模具	适合生产中空或管状制品,如瓶子、容器及形状较复杂的中空制品(如玩具等)
6	热成型	真空成型模具 压缩空气成型模具	适合生产形状简单的制品,此方法可供选择的原料较少

在现代塑料制品的生产中,正确的加工工艺、高效率的设备、先进的模具是影响塑料制品质量的三大重要因素,而塑料模具对塑料加工工艺的实现,保证塑料制品的形状、尺寸及公差起着极其重要的作用。高效率、全自动的设备也只有配备了适应自动化生产的塑料模具才有可能发挥其效能,产品的生产和更新都是以模具制造和更新为前提的。由于工业塑料制品和日用塑料制品的品种和产量需求量的日益增大,对塑料模具也提出了越来越高的要求,从而促使塑料模具生产不断向前发展。

不同的塑料成型方法需要不同的塑料成型模具,不同的模具需要安装在不同的成型设备上生产。塑料成型设备的类型很多,主要有各种模塑成型设备和压延机等。模塑成型设备有注射机、塑料机械压力机、挤出机、中空成型机、发泡成型机、塑料液压机及与之配套的辅助设备等。生产中应用最广泛的是注射机和挤出机,其次是塑料液压机和压延机。据统计,全世界注射机的产量近10年来增加了10倍,每年生产的台数约占整个塑料设备产量的50%,成为塑料设备生产中增长最快、产量最多的机种。

塑料的成型方法除表2-1列举的6种外,还有压延成型、浇铸成型、玻璃纤维热固性塑料的低压成型、滚塑(旋转)成型、泡沫塑料成型、快速成型等。

(三)注射成型

1. 注射成型原理及过程

注射成型是根据金属压铸成型原理发展而来的,其基本原理就是利用塑料的可挤压性与可模塑性,首先将松散的粒状或粉状成型物料从注射机的料斗送入高温的机筒内加热、熔融、塑化,使之成为黏流熔体,然后在柱塞或螺杆的高压推动下,以较大流速通过机筒前端的喷嘴注射进入温度较低的闭合模具中,经过一段保压冷却定型时间后,即可保持模具型腔所赋予的形状和尺寸。开合模机构将模具打开，在推出机构的作用下，即可取出注射成型的塑料制件。注射成型原理及其对应的生产工艺过程如图 2-2 和图 2-3 所示。

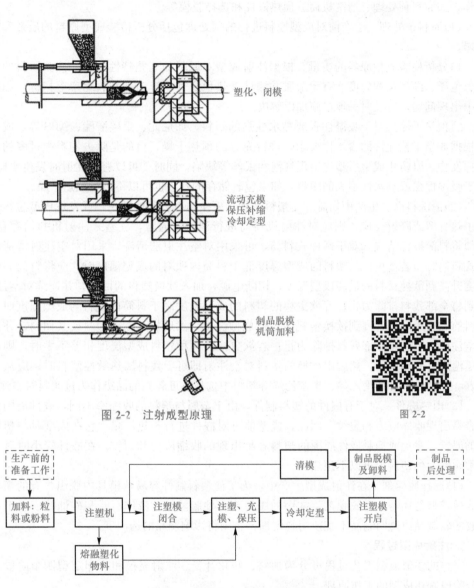

塑化、闭模

流动充模
保压补缩
冷却定型

制品脱模
机筒加料

图 2-2　注射成型原理

图 2-2

图 2-3　注射成型生产工艺过程图

注射成型是热塑性塑料成型的重要方法之一，到目前为止，除氟塑料外，几乎所有的热塑性塑料都可以使用注射成型的方法成型，同时，该方法也广泛应用于各种塑料制件的生产。注射成型的优点是：成型周期短；能一次成型形状复杂、尺寸精确、带有金属或非金属嵌件的塑料制件；注射成型的生产率高，易实现自动化生产。其缺点是：所用的注射设备价格较高，注射模具的结构复杂，生产成本高，生产周期长，不适合单件小批量的塑件生产。除热塑性塑料外，一些流动性好的热固性塑料也可用注射方法成型，其原因是该方法生产效率高，产品质量稳定。

2. 注射成型生产前的准备

为了使注射成型和生产顺利进行，同时保证制品质量，在注射成型前应做一定的准备工作，如原料预处理、清洗机筒、预热嵌件和选择脱模等。

（1）原料预处理。生产前对成型原料进行的预处理包括分析检验成型原料的质量和预热干燥。

1）分析检验成型原料的质量。根据注射成型对原料的工艺特性要求，检验原料的含水量、色泽、细度及均匀度、有无杂质并测试其热稳定性、流动性和收缩率等指标。如果检验中出现问题，应及时采取措施加以解决。

2）预热干燥。对于吸湿性强或黏水性强的塑料，如尼龙、聚碳酸酯、ABS 等，成型前应根据成型工艺允许的含水性要求，进行充分的预热干燥，目的是除去物料中过多的水分和挥发物，以防止成型后塑件出现气泡和银丝等缺陷，同时，可以避免注射时发生水降解。对于吸湿性强或黏水性不大的塑料，如果包装储存的好，也可以不进行预热干燥。

（2）清洗料筒。生产中如需改变塑料品种、更换物料、调换颜色，或发现成型过程中出现了热分解或降解反应，则应对注射机料筒进行清洗。通常，柱塞式注射机料筒存量大，必须将料筒拆卸清洗。对于螺杆式料筒，可采用对空注射法清洗。采用对空注射法清洗螺杆式料筒时，若欲更换的塑料的成型温度低于料筒内残料的成型温度时，应将料筒和喷嘴温度升高到欲换塑料的最高成型温度，切断电源，加入欲换塑料的回料，并连续对空注射，直到将全部残料排除为止；若欲更换的塑料的成型温度高于料筒内残料的成型温度时，应将料筒和喷嘴温度升高到欲换塑料的最低成型温度，然后加入欲换塑料或其回料，并连续对空注射，直到将全部残料排除为止；若欲更换的两种塑料成型温度相差不大时，则不必变更温度，先用回料，然后用欲换的塑料对空注射即可。残料属热敏性塑料时，应从流动性好、热稳定性好的聚乙烯、聚苯乙烯等塑料中选择黏度较高的品级作为过渡料对空注射。

（3）预热嵌件。对于有嵌件的塑料制件，由于金属与塑料的收缩率不同，嵌件周围的塑料容易出现收缩应力和裂纹，因此，成型前可对嵌件进行预热，减小它在成型时与塑料熔体的温差，避免或抑制嵌件周围的塑料容易出现的收缩应力和裂纹。在嵌件较小时对分子链柔顺性大的塑料也可以不预热。

（4）选择脱模剂。在注射成型生产中，为了使塑料制件容易从模具内脱出，有的模具型腔或模具型芯还需涂上脱膜剂，常用的脱模剂有硬脂酸锌、液体石蜡和硅油等。对于含有橡胶的软制品或透明制品不宜使用脱模剂，否则将影响制品的透明度。

3. 注射成型过程

完整的注射成型工艺过程可分为加料、塑化计量、注射充模和冷却定型四个阶段。下面分阶段阐述成型的工作原理。

（1）加料。将粒状或粉状塑料加入注射机料斗，由柱塞或螺杆带入料筒进行加热。

（2）塑化计量。成型物料在注射机机筒内经过加热、压实及混合等作用后，由松散的粉状或粒状固态转变成连续的均化熔体的过程称为塑化。所谓均化包含四个方面的内容，即物料经过塑化之后，其熔体内必须组分均匀、密度均匀、黏度均匀和温度分布均匀；所谓计量是指能够保证注射机通过柱塞或螺杆，将塑化好的熔体定温、定压、定量地输出机筒所进行的准备动作，这些动作均需注射机控制柱塞或螺杆在塑化过程中完成。

（3）注射充模。柱塞或螺杆从机筒内的计量开始，通过注射油缸和活塞施加高压，将塑化好的塑料熔体经过机筒前端的喷嘴与模具中的浇注系统快速送入封闭模腔的过程称为注射充模。注射充模又可细分为流动充模、保压补缩和倒流三个阶段。

1)流动充模。塑化好的塑料熔体在注射机柱塞或螺杆的推进作用下，以一定的压力和速度经过喷嘴与模具的浇注系统进入并充满模具型腔，这一阶段称为充模。显然，熔体在注射过程中会遭到一系列的流动阻力，这些阻力一部分来源于机筒、喷嘴、模具浇注系统和模腔表壁对熔体的外摩擦；另一部分来源于熔体自身内部产生的黏性内摩擦。为了克服流动阻力，注射机必须通过螺杆或柱塞向熔体施加较大的注射压力。

2)保压补缩。保压补缩阶段是指从熔体充满模腔至柱塞或螺杆在机筒中开始后退为止的阶段。其中，保压是指注射压力对模腔内的熔体继续进行压实的过程，而补缩则是指保压过程中，注射机对模腔内逐渐开始冷却的熔体因成型收缩而出现的空隙进行补料的动作。保压补缩时间应适当，时间过长容易使塑料件产生应力，引起塑件翘曲或开裂。

3)倒流。倒流是指柱塞或螺杆在机筒中向后倒退时，模腔内熔体朝着浇口和流道进行的反方向流动。整个倒流过程将从注射压力撤退开始，至浇口处熔体冻结时为止。引起倒流的原因主要是注射压力撤退后，模腔压力大于倒流压力，且熔体与大气相通所造成的结果。由此可见，倒流是否发生或倒流的程度如何，均与保压时间有关。一般来说，保压时间较长时，保压压力对模腔内的熔体作用时间也越长，倒流较小，塑件的收缩情况会有所减轻。而保压时间短时，情况则刚好相反。

(4)冷却定型。冷却定型是从浇口冻结时间开始，到制品脱模为止，是注射成型工艺过程的最后一个阶段。在此阶段，补缩或倒流均不再继续进行，型腔内的塑料继续冷却、硬化和定型。当脱模时，塑料制件具有足够的刚度，不致产生翘曲和变形。随着冷却过程的进行，温度继续下降，型腔内塑料收缩，压力下降，到开模时，型腔内的压力下降到最低值(但不一定等于外界大气压)。型腔内压力与外界大气压力之差值称为残余压力。残余压力大小与塑件保压阶段的长短有关。残余压力为正值时，脱模较困难，塑件易刮伤或崩裂；残余压力为负值时，塑件表面有缺陷或内部有真空泡。所以，只有在残余压力接近零时，脱模才较便利，并能获得满意的塑件。

塑件冷却定型后即可开模，在推出机构的作用下，将塑料制件推出模外，完成注射成型过程。

4. 塑件的后处理

由于成型过程中塑料熔体在温度和压力作用下的变形流动行为非常复杂，再加上流动前塑化不均及充模后冷却速度不同，制品内会经常出现不均匀的结晶、取向和收缩，导致制品内产生相应的结晶、取向和收缩应力，脱模后除引起时效变形外，还会使制品的力学性能、光学性能及表观质量变坏，严重时还会开裂。为了解决这些问题，可对制品进行一些适当的后处理，常用的后处理方法有退火和调湿两种。

(1)退火是将塑件放在定温的加热介质(如热水、热油、热空气和液体石蜡等)中保温一段时间的热处理过程。利用退火时的热量，能加速塑料中大分子松弛，从而消除或降低制品成型后的残余应力。生产中的退火温度一般都在制品的使用温度以上(10 ℃～20 ℃)至热变形温度以下(10 ℃～20 ℃)进行选择和控制。保温时间与塑料品种和制品厚度有关，如无数据资料，也可按每毫米厚度约需半小时的原则估算。退火冷却时，冷却速度不易过快，否则还有可能重新产生温度应力。

(2)调湿处理是一种调整制品含水量的后处理工序，主要用于吸湿性很强且又容易氧化的聚酰胺等塑料制品，它除能在加热和保温条件下消除残余应力外，还能促使制品在加热介质中达到吸湿平衡，以防它们在使用过程中发生尺寸变化。调湿处理所用的加热介质一般为沸水或醋酸钾溶液（沸点为121 ℃），加热温度为100 ℃～121 ℃（热变形温度高时取上限；反之取下限），保温时间与制品厚度有关，通常取2～9 h。

需要注意的是，并非所有塑料制品都要进行后处理，通常，只是对于带有金属嵌件、使用温度范围变化较大、尺寸精度要求高和壁厚大的制品才有必要进行后处理。

5. 注射成型的主要工艺参数

在塑料原材料、注射机和模具结构确定之后，注射成型工艺条件的选择与控制便是决定成型质量的主要因素。一般来说，注射成型具有三大主要工艺参数，即温度、压力和时间。下面分别予以阐述。

（1）温度。注射成型时的温度条件主要是指料温和模温两个方面内容。其中，料温影响塑化和注射充模；而模温则同时影响充模与冷却定型。

1）料温。料温是指塑化物料的温度和从喷嘴注射出的熔体温度。其中，前者称为塑化温度；后者称为注射温度。因此，料温主要取决于料筒和喷嘴两部分的温度。使物料具有良好的流动性且不产生变质的温度为最佳料温。

①料筒温度。使用注射机时，需对注射机的料筒按照后段、中段和前段三个不同区域进行分别加热与控制。后段是指加料料斗附近，该段加热的温度要求最低，是对物料起始加热，若过热则会使物料黏结，影响顺利加料；前段是指靠近料筒内螺杆（或螺杆）前端的一段区域，一般这段温度为最高；中段是指前段与后段之间的区域，对该段温度控制介于前、后段温度之间。总的来说，料筒加热是由后段至前段温度逐渐升高，以实现塑料逐渐升温达到良好的熔融状态要求。

为了避免熔料在料筒里过热降解，除必须严格控制熔体的最高温度外，还必须控制熔料在料筒里的滞留时间。通常，提高料筒温度以后，都要适当缩短熔体在料筒里的滞留时间。螺杆式和柱塞式注射机由于其塑化过程不同，因而，选择的料筒温度也不同。在注射同一种塑料时，螺杆式料筒温度可比柱塞式料筒温度低10 ℃～20 ℃。

判断料筒温度是否合适，可采用对空注射法观察或直接观察塑件质量的好坏。对空注射时，如果料流均匀、光滑、无泡、色阵均匀，则说明料温合适；如果料流毛糙、有银丝或变色现象，则说明料温不合适。

②喷嘴温度。为了防止喷嘴处的塑料熔体发生冷凝而阻塞喷嘴或冷料被注入模腔内影响制品质量，喷嘴温度不能过低，只可略低于料筒前段温度，否则会使熔体产生早凝，其结果不是堵塞喷嘴孔，就是将冷料充入模具型腔，最终导致成品缺陷。喷嘴温度也不能过高，否则会发生"流涎"现象。

2）模具温度。模具温度是指与制品接触的模腔表壁温度，它直接影响熔体的充模流动性、制品的冷却速度和成型后的制品性能等。模具温度的高低取决于塑料是否结晶和结晶程度、塑件的结构和尺寸、性能要求和其他工艺条件（熔料温度、注射速度、注射压力和模塑周期等）。

一般来说，提高模具温度可以改善熔体在模内的流动性、增加制品的密度和结晶度，以及减小充模压力和制品中的应力。但制品的冷却时间、收缩率和脱模后的翘曲变形将延长或增大，且生产率也会因冷却时间延长而下降。反之，若降低模温，虽能缩短冷却时间和提高生产率，但在温度过低的情况下，熔体在模内的流动性能将会变差，并使制品产生较大的应力或明显的熔接痕迹等缺陷。另外，除模腔表壁的粗糙度外，模温还是影响制品表面质量的因素，适当地提高模温，制品的表面粗糙度也会随之下降。

模具温度通常是由通入定温的冷却介质来控制的，也可靠熔料注入模具自然升温和自然散热达到平衡的方式来保持一定的温度。在特殊情况下，也可用电阻加热丝和电阻加热棒对模具加热来保持模具的定温。但无论采用何种方式对模具保持定温，对塑料熔体来说，都是冷却的过程，其保持的定温都低于塑料的玻璃化温度或工业上常用的热变形温度，这样才能使塑料成型和脱模。

采用较高模具温度的塑料品种有聚碳酸酯、聚砜和聚苯醚等；采用较低模具温度的塑料品种有聚乙烯、聚丙烯、聚氯乙烯、聚苯乙烯和聚酰胺等。

为了缩短成型周期，确定模具温度时可采用两种方法。一种方法是将模具温度取得尽可能低，以加快冷却速度缩短冷却时间；另一种方法则需要模温保持在比热变形温度稍低的状态下，以求在比较高的温度下将塑件脱模，然后由其自然冷却，这样做也可以缩短塑件在模内的冷却时间。具体采用何种方法，需要根据塑料品种和塑件的复杂程度确定。

3）脱模温度。制品由模内脱出即测得的温度称为脱模温度。它应低于成型塑料的热变形温度。

（2）压力。注射成型时需要选择与控制的压力包括注射压力、保压力和塑化压力。其中，注射压力又与注射速度相辅相成，对塑料熔体的流动和充模具有决定作用；保压力和保压时间密切相关，主要影响模腔压力及最终的成型质量；塑化压力的大小影响物料的塑化过程、塑化效果和塑化能力，并与螺杆转速有关。

1）注射压力。注射压力是指注射时在螺杆头部产生的熔体压强。其作用是克服塑料流经喷嘴、流道、交口及模腔内的流动阻力，并使型腔内塑料受到一定压力的压实作用。注射压力不仅是熔体充模的必要条件，同时，还影响制品质量，如制品成型尺寸、性能等，且对模具工作顺利和安全性方面造成影响。注射压力过高易产生溢料或使模具的强度或刚性不足。注射压力还与料温有紧密联系。料温高时需较低注射压力，料温低时需较高的注射压力，彼此经过恰当的组合才能获得满意的效果。

注射压力的大小取决于注射机的类型、塑料的品种、模具浇注系统的结构、尺寸与表面粗糙度、模具温度、塑件的壁厚及流程的大小等，关系十分复杂，目前难以作出具有定量关系的结论。在注射机上常用表压指示注射压力的大小，一般为 $40\sim130$ MPa，压力的大小可通过注射机的控制系统来调整。

2）保压力。在注射成型的保压补缩阶段，为了对模腔内的塑料熔体进行压实及为了维持向模腔内进行补料流动所需要的注射压力叫作保压力。在保压阶段，模腔内的塑料因冷却收缩而让出些许空间，这时，若交口未冻结，螺杆在保压力的作用下缓慢前进，使塑料可继续注入型腔进行补缩。一般取保压力等于或略低于注射压力。

保压力的大小取决于模具对熔体的静水压力，并与制品的形状、壁厚有关。一般来说，对形状复杂和薄壁的制品，为了保证成型质量，采用的注射压力往往比较大，即保压力稍低于注射压力。对于厚壁制品，保压力的选择比较复杂，需要根据制品使用要求灵活处理保压力的选择与控制问题。

3）塑化压力。塑化压力（也称为背压）是指采用螺杆式注射机生产时，注射机螺杆顶部的熔体在螺杆转动后退时所受到的压力。塑化压力是通过调节注射液压缸的回油阻力来控制的。塑化压力增加了熔体的内压力，加强了剪切效果，由于塑料的剪切发热，因而，提高了熔体的温度。塑化压力的增加使螺杆退回速度减慢，延长了塑料在料筒中的受热时间，塑化质量可以得到改善。但塑化压力不能过大，否则会产生熔体反流和漏流的现象，从而降低了熔体的输送能力，减少塑化量，增加功率消耗。同时，塑化压力过高可能造成物料剪切发热或切应力过大，以致熔体发生降解。一般操作中，在保证塑件质量的前提下，塑化压力应越低越好，其具体数值随所用塑料的品种而定，一般为 6 MPa 左右，通常很少超过 20 MPa。

（3）成型周期。注射成型周期是指一次注射成型工艺过程所需的时间。其包含注射成型过程中所有的时间问题，直接关系到生产效率的高低。注射成型周期的时间组成如图 2-4 所示，下面主要阐述成型周期中最重要的注射时间和模内冷却时间，至于其他操作时间，可根据生产条件灵活掌握。

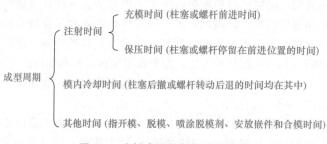

图 2-4　注射成型周期的时间组成

1）注射时间。注射时间是指注射活塞在注射油缸内开始向前运动至保压补缩结束为止所经历的全部时间，它的长短与塑料的流动性能、制品的几何形状和尺寸大小、模具浇注系统的形式、成型所用的注射速度和其他工艺条件等许多因素有关。注射时间由流动充模时间和保压时间两部分组成。对于普通制品，注射时间为 5～130 s，特厚制品可长达 10～15 min，其中主要花费在保压上，而流动充模时间所占比例很小，如普通制品的流动充模时间仅为 2～10 s。

①流动充模时间。注射机螺杆完成一次推进动作，将塑料注满型腔所用的时间叫作流动充模时间。在生产中流动充模时间极短，一般为 3～5 s，大型塑件在 10 s 以内也能结束。

②保压时间。从塑料充满型腔开始至注射螺杆后退为止的这一段时间叫作保压时间。保压时间应恰当，过长对提高制品密度非但无用，反而易使制品产生内应力，引起制品翘曲或开裂；过短会引起模腔的塑料倒流，从而使制品产生缩陷、中空等缺陷。

保压时间一般取 20～120 s，大型和厚壁制品可达 1～5 min，甚至更长。保压时间与料温、模温、制品壁厚及模具的流道和浇口大小有关。合理恰当的保压时间应在保压力和注射温度条件确定以后，根据制品的使用要求试验确定。确定保压时间的具体方法为：先用较短的保压时间成型制品，脱模后检验制品的体积质量，然后逐次延长保压时间继续进行试验，直到制品体积质量达到制品的使用要求或不再随保压时间延长而增大时为止，然后就以此时的保压时间为最佳值进行选取。

2）模内冷却时间。模内冷却时间是指注射结束到开启模具这一阶段所经历的时间，它的长短受注进模腔的熔体温度、模具温度、脱模温度和制品厚度等因素的影响，对于一般制品取 30～120 s。确定闭模冷却时间终点的原则为：制品脱模时应具有一定刚度，不得因温度过高发生翘曲和变形。在保证此原则的条件下，冷却时间应尽量取短一些。

常用塑料的注射成型工艺参数可参考表 2-2 进行选取。

表2-2　常用塑料的注射工艺参数

项目\塑料	LDPE	HDPE	乙丙共聚PP	PP	玻纤增强PP	软PVC	硬PVC	PS	HIPS	ABS	高抗冲ABS	耐热ABS	电镀级ABS	阻燃ABS	透明ABS	ACS
注射机类型（形式）	柱塞式	螺杆式	柱塞式	螺杆式	螺杆式	柱塞式	螺杆式	柱塞式	螺杆式	螺杆式	螺杆式	螺杆式	螺杆式	螺杆式	螺杆式	螺杆式
螺杆转速/(r·min⁻¹)	—	30~60	—	30~60	30~60	—	20~30	—	30~60	30~60	30~60	30~60	20~60	20~50	30~60	20~30
喷嘴 形式	直通式	直通式	直通式	直通式	直通式	直通式	直通式	直通式	直通式	直通式	直通式	直通式	直通式	直通式	直通式	直通式
喷嘴 温度/℃	150~170	150~180	170~190	170~190	180~190	140~150	150~170	160~170	160~170	180~190	190~200	190~200	190~210	180~190	190~200	160~170
料筒温度/℃ 前段	170~200	180~190	180~200	180~220	190~200	160~190	170~190	170~190	170~190	200~210	200~210	200~220	210~230	190~220	200~220	170~180
料筒温度/℃ 中段	—	180~200	190~220	200~220	210~220	—	165~180	—	170~190	210~230	210~230	220~240	230~250	200~220	220~240	180~190
料筒温度/℃ 后段	140~160	140~160	150~170	160~170	160~170	140~150	160~170	140~160	140~160	180~200	180~200	190~200	200~210	170~190	190~200	160~170
模具温度/℃	30~45	30~60	50~70	40~80	70~90	30~40	30~60	20~60	20~50	50~70	50~80	60~85	40~80	50~70	50~70	50~60
注射压力/MPa	60~100	70~100	70~100	70~120	90~130	40~80	80~120	60~100	60~100	70~90	70~120	85~120	70~120	60~100	70~100	80~120
保压压力/MPa	40~50	40~50	40~50	50~60	40~50	20~30	40~60	30~40	30~40	50~70	50~70	50~80	50~70	30~60	50~60	40~50
注射时间/s	0~5	0~5	0~5	0~5	2~5	0~8	2~5	0~3	0~3	3~5	3~5	3~5	0~4	3~5	0~4	0~5
保压时间/s	15~60	15~60	15~60	20~60	15~40	15~40	15~40	15~40	15~40	15~30	15~30	15~30	20~50	15~30	15~40	15~30
冷却时间/s	15~60	15~60	15~50	15~50	15~40	15~30	15~40	15~30	10~30	15~30	15~30	15~30	15~30	10~30	10~30	15~30
成型周期/s	40~140	40~140	40~120	40~120	40~100	40~80	40~90	40~90	40~90	40~70	40~70	40~70	40~90	30~70	30~80	40~70

续表

项目 / 塑料		SAN (AS)	PMMA 螺杆式	PMMA 柱塞式	PMMA /PC	氯化聚醚	均聚 POM	共聚 POM	PET	PBT	玻纤增强 PBT	PA-6	玻纤增强 PA-6	PA-11	玻纤增强 PA-11	PA-12	PA-66
注射机类型		螺杆式	螺杆式	柱塞式	螺杆式	螺杆式	螺杆式	螺杆式	螺杆式	螺杆式	螺杆式	螺杆式	螺杆式	螺杆式	螺杆式	螺杆式	螺杆式
螺杆转速/(r·min⁻¹)		20~50	20~30	—	20~30	20~40	20~40	20~40	20~40	20~40	20~40	20~50	20~40	20~50	20~40	20~50	20~50
喷嘴	形式	直通式	直通式	直通式	直通式	直通式	直通式	直通式	直通式	直通式	直通式	直通式	直通式	直通式	直通式	直通式	直通式
喷嘴	温度/℃	180~190	180~200	180~200	220~240	170~180	170~180	170~180	250~260	200~220	210~230	200~210	200~210	180~190	190~200	170~180	250~260
料筒温度/℃	前段	200~210	180~210	210~240	230~250	180~200	170~190	170~190	260~270	230~240	230~240	220~230	220~240	185~200	200~220	185~220	255~265
料筒温度/℃	中段	210~230	190~210	—	240~260	180~200	170~190	180~200	260~280	230~25	240~260	230~240	230~250	190~220	220~250	190~240	260~280
料筒温度/℃	后段	170~180	180~200	180~200	210~230	180~190	170~180	170~190	240~260	200~220	210~220	200~210	200~210	170~180	180~190	160~170	240~250
模具温度/℃		50~70	40~80	40~80	60~80	80~110	90~120	90~100	100~140	60~70	65~75	60~100	80~120	60~90	60~90	70~110	60~120
注射压力/MPa		80~120	50~120	80~130	80~130	80~110	80~130	80~120	80~120	60~90	80~100	80~110	90~130	90~120	90~130	90~130	80~130
保压压力/MPa		40~50	40~60	40~60	40~60	30~40	30~50	30~50	30~50	30~40	40~50	30~50	30~50	30~50	40~50	50~60	40~50
注射时间/s		0~5	0~5	0~5	0~5	0~5	2~5	2~5	0~5	0~3	2~5	0~4	2~5	0~4	2~5	2~5	0~5
保压时间/s		15~30	20~40	20~40	20~40	15~50	20~80	20~90	20~30	10~30	10~20	15~50	15~40	15~50	15~40	20~60	20~50
冷却时间/s		15~30	20~40	20~40	20~40	20~50	20~60	20~60	20~30	15~30	15~30	20~60	20~60	20~40	20~40	20~40	20~40
成型周期/s		40~70	50~90	50~90	50~90	40~110	50~150	50~160	50~90	30~70	30~60	40~100	40~90	40~100	40~90	50~110	50~100

续表

项目	玻纤增强PA-66	PA610	PA612	PA1010	PA1010	玻纤增强PA1010	玻纤增强PA1010	透明PA	PC	PC	PC/PE	PC/PE	玻纤增强PC	PSU	改性PSU	玻纤增强PSU
注射机类型	螺杆式	螺杆式	螺杆式	螺杆式	柱塞式	螺杆式	柱塞式	螺杆式	螺杆式	柱塞式	螺杆式	柱塞式	螺杆式	螺杆式	螺杆式	螺杆式
螺杆转速/(r·min⁻¹)	20~40	20~50	20~50	20~50	—	20~40	—	20~50	20~40	—	20~40	—	20~30	20~30	20~30	20~30
喷嘴 形式	直通式	自锁式	自锁式	自锁式	自锁式	直通式	直通式	直通式	直通式	直通式	直通式	直通式	直通式	直通式	直通式	直通式
喷嘴 温度/℃	250~260	200~210	200~210	190~200	190~210	180~190	180~190	220~240	230~250	240~250	220~230	230~240	240~260	280~290	250~260	280~300
料筒温度/℃ 前段	260~270	220~230	210~220	200~210	230~250	210~230	240~260	240~250	240~280	270~300	230~250	250~280	260~290	290~310	260~280	300~320
料筒温度/℃ 中段	260~290	230~250	210~230	220~240	—	230~260	—	250~270	260~290	—	240~260	—	270~310	300~330	280~300	310~330
料筒温度/℃ 后段	230~260	200~210	200~205	190~200	180~200	190~200	190~200	220~240	240~270	260~290	230~240	240~260	260~280	280~300	260~270	290~300
模具温度/℃	100~120	60~90	40~70	40~80	40~80	40~80	40~80	40~60	90~110	90~110	80~100	80~100	90~110	130~150	80~100	130~150
注射压力/MPa	80~130	70~110	70~120	70~100	70~120	90~130	100~130	80~130	80~130	110~140	80~120	80~130	100~140	100~140	100~140	100~140
保压压力/MPa	40~50	20~40	30~50	20~40	30~40	40~50	40~50	40~50	40~50	40~50	40~50	40~50	40~50	40~50	40~50	40~50
注射时间/s	3~5	0~5	0~5	0~5	0~5	2~5	2~5	0~5	0~5	0~5	0~5	0~5	2~5	0~5	0~5	2~7
保压时间/s	20~50	20~50	20~50	20~50	20~50	20~40	20~40	20~60	20~80	20~80	20~80	20~80	20~60	20~80	20~70	20~50
冷却时间/s	20~40	20~40	20~50	20~40	20~40	20~40	20~40	20~40	20~50	20~50	20~50	20~50	20~50	20~50	20~50	20~50
成型周期/s	50~100	50~100	50~110	50~100	50~100	50~90	50~90	50~110	50~130	50~130	50~140	50~140	50~110	50~140	50~130	50~110

续表

项目 \ 塑料	聚芳砜	聚醚砜	PPO	改性PPO	聚芳酯	聚氨酯	聚苯硫醚	聚酰亚胺	醋酸纤维素	醋酸丁酸纤维素	醋酸丙酸纤维素	乙基纤维素	F46
注射机类型	螺杆式	螺杆式	螺杆式	螺杆式	螺杆式	螺杆式	螺杆式	螺杆式	柱塞式	柱塞式	柱塞式	柱塞式	螺杆式
螺杆转速/(r·min⁻¹)	20~30	20~30	20~30	20~50	20~50	20~70	20~30	20~30	—	—	—	—	20~30
喷嘴 形式	直通式	直通式	直通式	直通式	直通式	直通式	直通式	直通式	直通式	直通式	直通式	直通式	直通式
喷嘴 温度/℃	380~410	240~270	250~280	220~240	230~250	170~180	280~300	290~300	150~180	150~170	160~180	160~180	290~300
料筒温度/℃ 前段	385~420	260~290	260~280	230~250	240~260	175~185	300~310	290~310	170~200	170~200	180~210	180~220	300~330
料筒温度/℃ 中段	345~385	280~310	260~290	240~270	250~280	180~200	320~340	300~330	—	—	—	—	270~290
料筒温度/℃ 后段	320~370	260~290	230~240	230~240	230~240	150~170	260~280	280~300	150~170	150~170	150~170	150~170	170~200
模具温度/℃	230~260	90~120	110~150	60~80	100~130	20~40	120~150	120~150	40~70	40~70	40~70	40~70	110~130
注射压力/MPa	100~200	100~140	100~140	70~110	100~130	80~100	80~130	100~150	60~130	80~130	80~120	80~130	80~130
保压压力/MPa	50~70	50~70	50~70	40~60	50~60	30~40	40~50	40~50	40~50	40~50	40~50	40~50	50~60
注射时间/s	0~5	0~5	0~5	0~8	2~8	2~6	0~5	0~5	0~3	0~5	0~5	0~5	0~8
保压时间/s	15~40	15~40	30~70	30~70	15~40	30~40	10~30	20~60	15~40	15~40	15~40	15~40	20~60
冷却时间/s	12~20	15~30	20~60	20~50	15~40	30~60	20~50	30~60	15~40	15~40	15~40	15~40	20~60
成型周期/s	40~50	40~80	60~140	60~130	40~90	70~110	40~90	60~130	40~90	40~90	40~90	40~90	50~130

(四)压缩成型

压缩成型又称为压制成型、压塑成型、模压成型等。其基本原理是将粉状或松散状的固态成型物料直接加入到模具中，通过加热、加压方法使它们逐渐软化熔融，然后根据模腔形状进行流动成型，最终经过固化转变为塑料塑件，主要用于热固性塑料制件的生产。

1. 压缩成型原理及特点

压缩成型原理如图 2-5 所示。压缩成型时，将粉状、粒状、碎屑状或纤维状的热固性塑料原料直接加入敞开的模具加料室内，如图 2-5(a) 所示；然后合模加热，使塑料熔化，在合模压力的作用下，熔融塑料充满型腔各处，如图 2-5(b) 所示；这时，型腔中的塑料产生化学交联反应，使熔融塑料逐步转变为不熔的硬化定型的塑料制件，最后将塑件从模具中取出，如图 2-5(c) 所示。

图 2-5

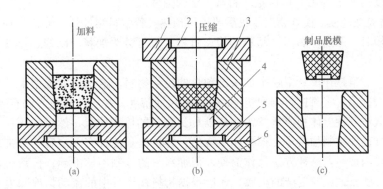

图 2-5 压缩成型原理图

1—上模座(兼起固定板作用)；2—上凸模；3—凹模；4—下凸模，5—下模板；6—下模座(兼起垫板作用)

压缩成型的缺点是：成型周期长，劳动强度大，生产环境差，生产操作多用手工而不易实现自动化；塑件经常带有溢料飞边，高度方向的尺寸精度不易控制；模具易磨损，因此使用寿命较短。但是，它也有一些注射成型所不及的优点：使用普通压力机就可以进行生产；没有浇注系统，结构比较简单；塑件内取向组织少，取向程度低，性能比较均匀；成型收缩率小等。利用压缩方法还可以生产一些带有碎屑状、片状或长纤维状填充剂、流动性很差且难以用注射方法成型的塑料制件和面积很大、厚度较小的大型扁平塑料制件。

2. 压缩成型工艺过程

压缩成型工艺过程包括压缩成型前的准备、压缩成型和压后处理等。其流程分解图如图 2-6 所示。

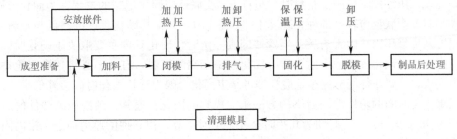

图 2-6 压缩成型工艺过程

（1）压塑成型前的准备。热固性塑料比较容易吸湿，贮存时易受潮，所以，在对塑料进行加工前应对其进行预热和干燥处理。同时，又由于热固性塑料的比容比较大，因此，为了使成型过程顺利进行，有时要先对塑料进行预压处理。

1）预热与干燥。在成型前，应对热固性塑料进行加热。加热的目的有两个：一是对塑料进行预热，以便对压缩模提供具有一定温度的热料，使塑料在模内受热均匀，缩短模压成型周期；二是对塑料进行干燥，防止塑料中带有过多的水分和低分子挥发物，确保塑料制件的成型质量。预热与干燥的常用设备是烘箱和红外线加热炉。

2）预压。预压是指压缩成型前，在室温或稍高于室温的条件下，将松散的粉状、粒状、碎屑状、片状或长纤维状的成型物料压实成质量一定、形状一致的塑料型坯，使其能比较容易地被放入压缩模加料室。预压坯料的形状一般为圆片形或圆盘形，也可以压成与塑件相似的形状。预压压力通常可在 40～200 MPa 范围内选择，经过预压后的坯料密度最好能达到塑件密度的 80% 左右，以保证坯料有一定的强度。

（2）压缩成型过程。模具装上压机后要进行预热。若塑料制件带有嵌件，加料前应将预热嵌件放入模具型腔内。热固性塑料的模压过程一般可分为加料、闭模、排气、固化和脱模五个阶段。

1）加料。加料是在模具型腔中加入已预热的定量物料，这是压缩成型生产中的重要环节。加料是否准确，将直接影响到塑件的密度和尺寸精度。常用的加料方法有体积质量法、容量法和记数法三种。体积质量法需用衡器称量物料的体积质量，然后加入模具内，采用该方法可以准确地控制加料量，但操作不方便；容量法是使具有一定容积或带有容积标度的容器向模具内加料，这种方法操作简便，但加料量的控制不够准确；记数法适用于预压坯料。对于形状较大或较复杂的模腔，还应根据物料在模具中的流动情况和模腔中各部位用料量的多少，合理地堆放物料，以免造成塑件密度不均或缺料现象。

2）闭模。加料完成后进行闭模，即通过压力使模具内成型零部件闭合成与塑件形状一致的模腔。当凸模尚未接触物料之前，应尽量使闭模速度加快，以缩短模塑周期和塑料过早固化和过多降解。而在凸模接触物料以后，闭模速度应放慢，以避免模具中嵌件和成型杆件的位移和损坏，同时，也有利于空气的顺利排放，避免物料被空气排出模外而造成缺料。闭模时间一般为几秒至几十秒不等。

3）排气。压缩热固性塑料时，成型物料在模腔中会放出相当数量的水蒸气、低分子挥发物及在交联反应和体积收缩时产生的气体，因此，模具闭模后有时还需卸压，以排出模腔中的气体，否则，会延长物料传热过程，延长熔料固化时间，且塑件表面还会出现烧糊、烧焦和气泡等现象，表面光泽也不好。排气的次数和时间应按需要而定，通常为 1～3 次，每次时间为 3～20 s。

4）固化。压缩成型热固性塑料时，塑料依靠交联反应固化定型的过程称为固化或硬化。热固性塑料的交联反应程度即硬化程度不一定达到 100%，其硬化程度的高低与塑料品种、模具温度及成型压力等因素有关。当这些因素一定时，硬化程度主要取决于硬化时间。最佳硬化时间应以硬化程度适中时为准。固化速率不高的塑料，有时不必将整个固化过程放在模内完成，只要塑件能够完整地脱模即可结束固化，因为延长固化时间会降低生产效率。提前结束固化时间的塑件需用后烘的方法来完成它的固化。通常，酚醛压缩塑件的后烘温度范围为 90 ℃～150 ℃，时间为几小时至几十小时不等，视塑件的厚薄而定。模内固化时间取决于塑料的种类、塑件的厚度、物料的形状以及预热和成型的温度等，一般为 30 s 至

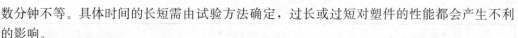

数分钟不等。具体时间的长短需由试验方法确定，过长或过短对塑件的性能都会产生不利的影响。

5）脱模。固化过程完成以后，压力机将卸载回程，并将模具开启，推出机构将塑件推出模外。带有侧向型芯或嵌件时，必须先用专用工具将它们拧脱，才能脱模。

热固性塑料制件与热塑性塑料制件的脱模条件不同。对于热塑性塑料制件，必须使其在模具中冷却到其自身具有一定强度和刚度之后，才能脱模；但对于热固性塑料制件，其脱模条件应以其在热模中的硬化程度达到适中时为准。在大批量生产中为了缩短成型周期，提高生产效率，也可在制件尚未达到硬化程度适中的情况下进行脱模，但此时必须注意制件应有足够的强度和刚度，以保证它在脱模过程中不会发生变形和损坏。对于硬化程度不足而提前脱模的制件，必须将它们集中起来进行后烘处理。

（3）压塑后处理。塑件脱模以后，对模具应进行清理，有时还要对塑件进行后处理。

1）模具的清理。脱模后，要用铜签或铜刷去除留在模内的碎屑、飞边等，然后再用压缩空气将其吹净。如果这些杂物留在下次成型的塑件中，将会严重影响塑件的质量。

2）塑件的后处理。塑件的后处理主要是指退火处理，其主要作用是清除应力，提高尺寸稳定性，减少塑件的变形与开裂。进一步交联固化，可以提高塑件电性能和力学性能。退火规范应根据塑件材料、形状、嵌件等情况确定。厚壁和壁厚相差悬殊，易变形的塑件以采用较低温度和较长时间为宜；形状复杂、薄壁、面积大的塑件，为防止变形，退火处理时最好在夹具上进行。常用的热固性塑件退火处理规范可参考表 2-3。

表 2-3　常用热固性塑件退火处理规范

塑料种类	退火温度/℃	保温时间/h
酚醛塑料制件	80～130	4～24
酚醛纤维塑料制件	130～160	2～24
氨基塑料制件	70～80	10～12

3. 压缩成型的工艺参数

压缩成型的工艺参数主要是指压缩成型压力、压缩成型温度和压缩时间。

（1）压缩成型压力。压缩成型压力是指压缩时压力机通过凸模对塑料熔体在充满型腔和固化时在分型面单位投影面积上施加的压力，简称成型压力。施加成型压力的目的是促使物料流动充模，提高塑件的密度和内在质量，克服塑料树脂在成型过程中因化学变化释放的低分子物质及塑料中的水分等产生的胀模力，使模具闭合，保证塑件具有稳定的尺寸、形状，减少飞边，防止变形，但过大的成型压力会降低模具寿命。

压缩成型压力的大小与塑料种类、塑件结构及模具温度等因素有关，一般情况下，塑料的流动性越小，塑件越厚及形状越复杂，塑料固化速度和压缩比越大，所需的成型压力也越大。常用塑料成型压力见表 2-4。

表 2-4　热固性塑料的压缩成型温度和成型压力

塑料类型	压缩成型温度/℃	压缩成型压力/MPa
酚醛塑料（PF）	146～180	7～42

续表

塑料类型	压缩成型温度/℃	压缩成型压力/MPa
三聚氰胺甲醛塑料（MF）	140～180	14～56
脲-甲醛塑料（UF）	135～155	14～56
聚酯塑料（UF）	85～150	0.35～3.5
邻苯二甲酸二丙烯酯塑料（PDAP）	120～160	3.5～14
环氧树脂塑料（EP）	145～200	0.7～14
有机硅塑料（DSMC）	150～190	7～56

（2）压缩成型温度。压缩成型温度是指压缩成型时所需的模具温度。显然，成型物料在模具温度作用下，必须经由玻璃态熔融成黏流态之后才能流动充模，最后还要经过交联才能固化定型为塑料制件，所以，在压缩过程中的模具温度对塑件成型过程和成型质量的影响，比注射成型显得更为重要。

压缩成型温度高低影响模内塑料熔体的充模是否顺利，也会影响成型时的硬化速度，进而影响塑件质量。随着温度的升高，塑料固体粉末逐渐融化，黏度由大到小，开始交联反应，当其流动性随温度的升高而出现峰值时，迅速增大成型压力，使塑料在温度还不高而流动性又较大时充满型腔的各部分。在一定温度范围内，模具温度升高，成型周期缩短，生产效率提高。如果模具温度太高，将使树脂和有机物分解，塑件表面颜色就会暗淡。由于塑件外层首先硬化，影响物料的流动，将引起充模不满，特别是模压形状复杂、薄壁、深度大的塑件最为明显。同时，由于水分和挥发物难以排除，塑件应力大，模具开启时，塑件易发生肿胀、开裂、翘曲等。如果模具温度过低，硬化周期过长，硬化不足，塑件表面将会无光，其物理性能和力学性能下降。常见的热固性塑料的压缩成型温度和压缩成型压力列于表 2-4 中。

（3）压缩时间。热固性塑料压缩成型时，要在一定温度和一定压力下保持一定时间，才能使其充分地交联固化，成为性能优良的塑件，这一时间称为压缩时间。压缩时间与塑料的种类（树脂种类、挥发物含量等）、塑件形状、压缩成型的工艺条件（温度、压力）以及操作步骤（是否排气、预压、预热）等有关。压缩成型温度升高，塑料固化速度加快，所需压缩时间减少，因而压缩周期随模具温度提高也会减小。压缩成型压力对模压时间的影响不及模压温度那么明显，但随着压力增大，压缩时间也会略有减少。由于预热减少了塑料充模和开模时间，所以压缩时间比不预热时要短，通常压缩时间还会随塑件厚度的增加而增加。

压缩时间的长短对塑件的性能影响很大。压缩时间过短，塑料硬化不足，将使塑件的外观性能变差，力学性能下降，易变形。适当增加压缩时间，可以减小塑件收缩率，提高其耐热性能和其他物理、力学性能。但如果压缩时间过长，不仅会降低生产率，而且会因树脂交联过度使塑件收缩率增加，产生应力，导致塑件力学性能下降，严重时会使塑件破裂。一般的酚醛塑料，压缩时间为 1～2 min，有机硅塑料达 2～7 min。表 2-5 列出了酚醛塑料和氨基塑料的压缩成型工艺参数。

表 2-5　热固性塑料压缩成型的工艺参数

工艺参数	酚醛塑料			氨基塑料
	一般工业用①	高电绝缘用②	耐高频电绝缘用③	
压缩成型温度/℃	150～165	150～170	180～190	140～155
压缩成型压力/MPa	25～35	25～35	>30	25～35
压缩时间/(min·mm⁻¹)	0.8～1.2	1.5～2.5	2.5	0.7～1.0

①以苯酚—甲醛线型树脂和粉末为基础的压缩粉；
②以甲酚—甲醛可溶性树脂的粉末为基础的压缩粉；
③以苯酚—苯胺—甲醛树脂和无机矿物为基础的压缩粉。

(五)压注成型

压注成型又称为传递成型，是在压缩成型基础上发展起来的一种热固性塑料的成型方法。

1. 压注成型原理及特点

压注成型原理如图 2-7 所示。模具中带有一个加料腔，该腔通过模内浇注系统与闭合的压注模腔相连，工作时需要先将固态成型物料添加到加料腔内进行加热，使其转变为粘流态，然后利用专用柱塞在压力机滑块作用下对加料腔内塑料熔体进行加压，使熔体通过模内的浇注系统进入闭合模腔并进行流动充模，当熔体充满模腔以后，再经适当保压和固化，便可开启模具脱取制品。当前，压注成型主要用于热固性塑料制品。

图 2-7

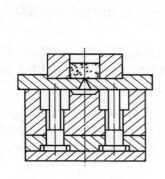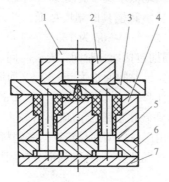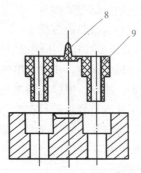

图 2-7　压注成型原理
1—压注柱塞；2—加料腔；3—上模座；4—凹模；5—凸模；
6—凸模固定板；7—下模座；8—浇注系统凝料；9—制品

压注成型与压缩成型相比较，压注成型时，塑料在进入型腔前已经塑化，因此，成型周期短，生产效率高，塑件的尺寸精度高，表面质量好　塑料高度方向的尺寸精度较高，飞边很薄；可以成型带有细小嵌件、较深的侧孔及较复杂的塑件；消耗原材料较多；压注成型收缩率大于压缩成型收缩率，会影响塑件的精度，但对于用粉状填料填充的塑件则影响不大；压注模的结构比压缩模复杂，成型压力较高，成型时操作的难度较大。只有用压缩成型无法达到要求时才可用压注成型。

压注成型适用于形状复杂、带有较多嵌件的热固性塑料制件的成型。

2. 压注成型工艺过程

压注成型工艺过程和压缩成型基本相似，它们的主要区别在于：压缩成型过程是先加料后闭模，而压注成型则一般要求先闭模后加料。压注成型的工艺过程如图 2-8 所示。

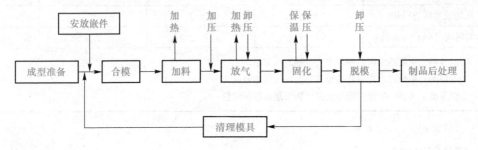

图 2-8 压注成型的工艺过程

3. 压注成型的工艺参数

压注成型的主要工艺参数包括成型压力、成型温度和成型周期等。它们均与塑料品种、模具结构、塑件情况等因素有关。

（1）成型压力。成型压力是指压力机通过压柱或柱塞对加料室熔体施加的压力。由于熔体通过浇注系统时会有压力损失，故压注时的成型压力一般为压缩成型时的 2～3 倍。酚醛塑料粉和氨基塑料粉的成型压力通常为 50～80 MPa，更高的压力可达 100～200 MPa；纤维填料的塑料为 80～160 MPa；环氧树脂、硅酮等低压封装塑料为 2～10 MPa。

（2）成型温度。成型温度包括加料室内的物料温度和模具本身的温度。为了保证物料具有良好的流动性，料温必须适当地低于交联温度 10 ℃～20 ℃。由于塑料通过浇注系统时能从中获取一部分摩擦热，故加料室和模具的温度可低一些。压注成型的模具温度通常要比压缩成型的模具温度低 15 ℃～30 ℃，一般为 130 ℃～190 ℃。

（3）成型周期。压注成型周期包括加料时间、充模时间、交联固化时间、脱模取塑件时间和清模时间等。压注成型的充模时间通常为 5～50 s，而固化时间取决于塑料品种、塑件的大小、形状、壁厚、预热条件和模具结构等，通常可取 30～180 s。

压注成型要求塑料在未达到硬化温度以前应具有较大的流动性，而达到硬化温度后，又要具有较快的硬化速度。常用压注成型的材料有酚醛塑料、三聚氰胺和环氧树脂等塑料。酚醛塑料压注成型的主要工艺参数见表 2-6；其他部分热固性塑料压注成型的主要工艺参数见表 2-7。

表 2-6 酚醛塑料压注成型的主要工艺参数

模具 工艺参数	罐 式		柱塞式
	未预热	高频预热	高频预热
预热温度/℃	—	100～110	100～110
压型压力/MPa	160	80～100	80～100
充模时间/min	4～5	1～1.5	0.25～0.33
固化时间/min	8	3	3
成型周期/min	12～13	4～4.5	3.5

表 2-7　其他部分热固性塑料压注成型的主要工艺参数

塑料	填料	成型温度/℃	成型压力/MPa	压缩率	成型收缩率/%
环氧双酚 A 模塑料	玻璃纤维	138~193	7~34	8.0~7.0	0.001~0.008
	矿物填料	121~193	0.7~21	2.0~3.0	0.002~0.001
环氧酚醛模塑料	矿物和玻纤	121~193	1.7~21	—	0.004~0.008
	矿物和玻纤	190~196	2~17.2	1.5~2.5	0.003~0.006
	玻璃纤维	148~165	17~34	6~7	0.000 2
三聚氰胺	纤维素	149	55~188	2.1~8.1	0.005~0.15
酚醛	织物和回收料	149~182	18.8~138	1.0~1.5	0.003~0.009
聚酯(BMC、TMC①)	玻璃纤维	138~160	—	—	0.004~0.005
聚酯(SMC、TMC)	导电护套料②	138~160	3.4~1.4	1.0	0.000 2~0.001
聚酯(BMC)	导电护套料	138~160	—	—	0.000 5~0.004
醇酸树脂	矿物质	160~182	13.8~138	1.8~2.5	0.003~0.003
聚酰亚胺	50%玻纤	199	20.7~69		0.002
脲醛塑料	α-纤维素	182~182	18.8~138	2.2~8.0	0.006~0.014

①TMC 指黏稠状模塑料；
②在聚酯中添加导电性填料和增强材料的电子材料，用于工业用护套料。

(六)挤出成型

挤出成型是热塑性塑料制件重要的生产方法之一。其适用于所有的热塑性塑料及部分热固性塑料的加工，主要用于生产管材、棒料、板材、片材、线材和薄膜等连续型材的生产，在塑料成型加工工业中占有很重要的地位。

1. 挤出成型原理及工艺特点

热塑性塑料的挤出成型原理如图 2-9 所示(以管材的挤出为例)。首先将粒状或粉状的热塑性塑料加入料斗中，在旋转的挤出机螺杆的作用下，加热的塑料通过沿螺杆的螺旋槽向前方输送。在此过程中，塑料不断地接受外加热和螺杆与物料之间、物料与物料之间及物料与料筒之间的剪切摩擦热，逐渐熔融呈粘流态，然后在挤压系统的作用下，塑料熔体通过具有一定形状的挤出模具(机头)口模及一系列辅助主要用于生产装置(定型、冷却、牵引、切割等装置)，从而获得截面形状一定的塑料型材。

图 2-9

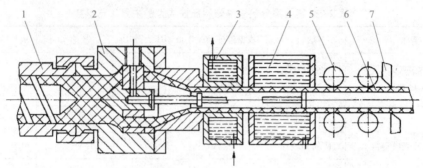

图 2-9　热塑性塑料挤出成型原理

1—挤出机料筒；2—机头；3—定径装置；

4—冷却装置；5—牵引装置；6—塑料管；7—切割装置

挤出成型主要用于生产热塑性塑料制件，所用的设备为挤出机，其所成型的塑件均为具有恒定截面形状的连续型材。挤出成型工艺还可以用于塑料的着色、造粒和共混等。挤出成型方法具有以下特点：

(1)塑件的几何形状简单，横截面形状不变，模具结构简单，制造维修方便。

(2)连续成型，产量大，生产率高，成本低，经济效益显著。

(3)塑件内部组织均衡紧密，尺寸比较稳定准确。

(4)适应性强，除氟塑料外，所有的热塑性塑料都可采用挤出成型工艺，部分热固性塑料也可采用挤出成型工艺。变更机头口模，产品的截面形状和尺寸可相应改变，这样就能生产出不同规格的各种塑料制件。挤出成型工艺所用设备结构简单，操作方便，应用广泛。

2. 挤出成型工艺过程

热塑性塑料挤出成型工艺过程可分为以下三个阶段。

第一阶段：塑化。塑料原料在挤出机的机筒温度和螺杆的旋转压实及混合作用下由粉状或粒状转变成黏流态物质(通常称为干法塑化)或固体塑料在机外溶解于有机溶剂中而成为黏流态物质(通常称为湿法塑化)，然后加入挤出机的料筒中。生产中，通常采用干法塑化方式。

第二阶段：成型。黏流态塑料熔体在挤出机螺杆螺旋力的推挤作用下，通过具有一定形状的口模即可得到截面与口模形状一致的连续型材。

第三阶段：定型。通过适当的处理方法，如定径处理、冷却处理等，使已挤出的塑料连续型材固化为塑料制件。

下面详细地介绍热塑性塑料挤出成型工艺过程。

(1)原料的准备。挤出成型用的大部分塑料是粒状塑料，粉状塑料用得很少。由于粉状塑料含有较多的水分，所以会影响挤出成型的顺利进行，同时影响塑件的质量。例如，塑件出现气泡、表面灰暗无光、皱纹、流痕等，其物理性能和力学性能也会随之下降，而且粉状物料的压缩比大，不利于输送。当然，无论是粉状物料还是粒状物料，都会吸收一定的水分，所以，在成型之前都应进行干燥处理，将原料的水分控制在 0.5% 以下。原料的干燥一般是在烘箱或烘房中进行的，另外，在准备阶段还要尽可能除去塑料中存在的杂质。

（2）挤出成型。将挤出机预热到规定温度后，启动电动机，带动螺杆旋转输送物料，同时向料筒中加入塑料。料筒中的塑料在外加热和剪切摩擦热作用下熔融塑化。由于螺杆旋转时对塑料不断推挤，迫使塑料经过滤板上的过滤网，再通过机头成型为一定口模形状的连续型材。

初期的挤出塑件质量较差，外观也欠佳，要调整工艺条件及设备装置直到正常状态后才能投入正式生产。在挤出成型过程中，要特别注意温度和剪切摩擦热两个因素对塑件质量的影响。

（3）塑件的定型与冷却。热塑性塑料制件在离开机头口模以后，应该立即进行定型和冷却，否则，塑件在自重力作用下就会变形，出现凹陷或扭曲现象。在通常情况下，定型和冷却是同时进行的。只有在挤出各种棒料和管材时，才有一个独立的定径过程，而挤出薄膜、单丝等无须定型，仅通过冷却即可。挤出板材与片材，有时还需通过一对压辊压平，这对压辊实际上也是起定型与冷却作用。管材的定型方法可用定径套、定径环等，也有采用能通水冷却的特殊口模来定径的，但无论何种方法，都是使管坯内外形成压力差，使其紧贴在定径套上从而冷却定型。

冷却一般采用空气冷却或水冷却，冷却速度对塑件性能有很大影响。硬质塑件（如聚苯乙烯、低密度聚乙烯和硬聚氯乙烯等）不能冷却得过快，否则容易造成残余应力，并影响塑件的外观质量；软质或结晶型塑件则要求及时冷却，以免塑件变形。

（4）塑件的牵引、卷取和切割。塑件自口模挤出后，一般都会因压力突然解除而发生离模膨胀现象，而冷却后又会发生收缩现象，从而使塑件的尺寸和形状发生改变。另外，由于塑件被连续不断地挤出，自重量越来越大，如果不加以引导，会造成塑件停滞，使塑件不能顺利地挤出。因此，在冷却的同时，要连续均匀地将塑件引出，这就是牵引。牵引过程由挤出机辅机之一的牵引装置来完成，牵引速度要与挤出速度相适应。

通过牵引的塑件可根据使用要求在切割装置上裁剪（如棒、管、板、片等），或在卷取装置上绕制成卷（如薄膜、单丝、电线电缆等）。另外，某些塑件，如薄膜等有时还需进行后处理，以提高尺寸稳定性。

（七）气动挤出成型

气动成型是借助压缩空气或抽真空的方法来成型塑料瓶、罐、盒类塑件。其主要包括中空吹塑成型、真空成型及压缩空气成型。

1. 中空吹塑造成型

中空吹塑成型是制造管筒形中空制件的方法。成型时，先用挤出机或注射机挤出或注射出处于高弹性状态管筒形状型坯，然后将其放入吹塑模具内，向坯料内吹入压缩空气，使中空的坯料均匀膨胀直到紧贴模具内壁，冷却定型后开启模具则可获得具有一定形状和尺寸的中空吹塑制品。中空成型通常用于成型瓶、桶、球、壶类的热塑性塑料制件，如图 2-10 所示为注射吹塑中空成型图。

图 2-10

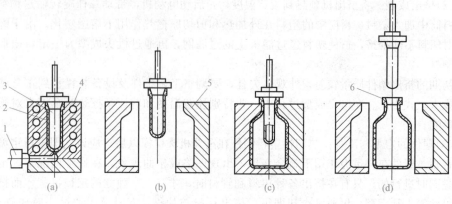

图 2-10　注射吹塑中空成型

(a)成型空心型坯；(b)将空心型坯移入吹塑模内；(c)吹塑成型；(d)取出吹塑成型制品

1—注射机喷嘴；2—注射型坯；3—空心凸模；4—加热器；5—吹塑模；6—塑件

2. 真空成型

真空成型是将加热的塑料片材与模具型腔表面所构成的封闭空腔内抽真空，使片材在大气压力下发生塑性变形而紧贴于模具型面上成为塑料制件的成型方法。

3. 压缩空气成型

压缩空气成型是利用压缩空气，使加热软化的塑料片材发生塑性变形并紧贴在模具型面上成为塑料制件的成型方法。有时，可同时采用真空和压缩空气成型，生产大深度的形状复杂的塑件。由于真空成型和压缩空气成型是使用已成型的片材生产塑料制件，因此属于塑料制品的二次加工。

由于气动成型是利用气体的动力作用代替部分模具的成型零件(凸模或凹模)成型塑件的一种方法，与注射、压缩、压注成型相比，气动成型压力低，因此，对模具材料要求不高、模具结构简单、成本低、寿命长。采用气动成型方法成型，利用较简单的成型设备就可获得大尺寸的塑料制件，其生产费用低、生产效率较高，是一种比较经济的二次成型方法。

(八)塑料模具的功用与分类

1. 塑料模具的功用

在高分子材料加工领域中，用于塑料制品成型的模具，称为塑料成型模具，简称塑料模。在塑料材料、制品设计及加工工艺确定以后，塑料模设计对制品质量与产量就具有决定性的影响。首先，模具结构对制品尺寸精度和形状精度，以及塑件的物理力学性能、内应力大小、表观质量与内在质量等均有着十分重要的影响；其次，在塑件加工过程中，塑料模结构的合理性对操作的难易程度具有重要的影响；最后，塑料模对塑件成本也有相当大的影响，除简易模具外，一般来说制模费用是十分昂贵的，大型塑料模更是如此。

在现代塑料制品生产中，合理的加工工艺、高效率的设备和先进的模具，被誉为塑料制品成型技术的"三大支柱"。尤其是塑料模对实现塑件加工工艺要求、塑件使用要求和塑件外观造型要求起着无可替代的作用。高效全自动化设备也只有在装上能自动化生产的模具时才能发挥其应有的效能。另外，塑件生产与产品更新均以模具制造和更新为前提。

我国塑料工业的高速发展对模具工业提出了越来越高的要求，国内塑料模具市场以注射模具需求量最大。近年来，人们对各种设备和用品轻量化要求越来越高，这就为塑料制品提供了更为广阔的市场。塑料制品要发展，必然要求塑料模具随之发展。汽车、家电、办公用品、工业电器、建筑材料、电子通信等塑料制品主要用户行业近年来都高位运行，发展迅速，这些都导致模具的需求量大幅度增长，促进塑料模具快速发展。

2. 塑料模具的分类

按照塑料制品成型主要方法的不同，塑料模具的类型很多，如图 2-11 所示。

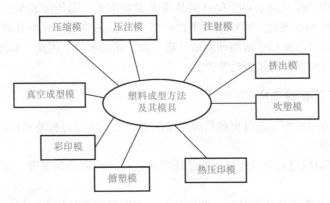

图 2-11 塑料成型模具的主要类型

（1）注射模。通过注射机的螺杆或活塞，使料筒内塑化熔融的塑料经喷嘴与浇注系统注入型腔，并固化成型所用的模具，称为注射模。注射模主要用于热塑性塑料制品成型，近年来也越来越多地用于热固性塑料制品成型。这是一类用途广、占有比重大、技术较为成熟的塑料模具。因材料或塑件结构或成型过程不同，可分为热固性塑料注射模、结构泡沫注射模和反应成型注射模及气辅注射模等。

（2）压缩模。使直接放入型腔内的塑料熔融，并固化成型所用的模具，称为压缩模。压缩模主要用于热固性塑料制品的成型，也可用于热塑性塑料制品成型。另外，还可用于冷压成型为聚四氟乙烯塑件，此种模具称为压锭模。

（3）压注模。通过柱塞，使加料腔内塑化熔融的塑料经浇注系统注入闭合型腔，并固化成型所用的模具，称为压注模。压注模多用于热固性塑料制品的成型。

（4）挤出模。用于连续挤出成型塑料型材的模具，统称为挤出模，也称为挤出机头。这是又一大类用途很广、品种繁多的塑料模具。其主要用于塑料棒材、管材、板材、片材、蒲膜、电线电缆包段、网材、单丝、复合型材及异型材等的成型加工。也用于中空制品的型坯成型，此种模具称为型坯模或型坯机头。

（5）中空吹塑模。将挤出或注射出来的、尚处于塑化状态的管状型坯，趁热放置于模具型腔内，立即在管状型坯中心通以压缩空气，致使型坯膨胀而紧贴于模腔壁上，经冷却固化后即可得到一个中空制品。凡此种塑料制品成型方法所用的模具，称为中空吹塑模。中空吹塑模主要用于热固性塑料的中空容器类的制品成型。

（6）气压成型模。气压成型模通常以单一的阴模或阳模形式构成。将预先制备的塑料片材周边紧压于模具周边，并加热使之软化，然后于紧靠模具一侧抽真空，或在其反面充以压缩空气，使塑料片材紧贴于模具上，经冷却定型后即得一热成型制品。凡此类制品成型所用的模具，统称为气压成型模。

三、项目实施

(一)塑料壳体成型方法的选择

根据项目一，塑料壳体选择的聚甲醛（POM）塑料属于热塑性塑料，制品需要大批量生产。虽然注射成型模具结构较为复杂，成本较高，但生产周期短、效率高，容易实现自动化生产，大批量生产模具成本对于单件制品成本影响不大。而压缩成型、压注成型主要用于生产热固性塑料和小批量生产热塑性塑料；挤出成型主要用于成型具有恒定截面形状的连续型材；气动成型主要用于成型塑料瓶、罐、盒、箱类塑件。因此，如图1-1所示的塑料壳体塑件应选择注射成型方法进行生产。

(二)成型工艺参数选择

一个完整的注射成型工艺过程包括成型前准备、注射成型过程及塑件后处理三个过程。

1. 成型前准备

(1)对聚甲醛原料进行外观检验：检查原料的色泽、粒度均匀度等，要求色泽均匀、颗粒均匀。

(2)生产开始如需改变塑料品种、调换颜色，或发现成型过程中出现了热分解或降解反应，则应对注射机料筒进行清洗。

(3)聚甲醛吸水性小，一般为0.2%～0.5%。在通常情况下，聚甲醛不需干燥就能加工，但对潮湿原料必须进行干燥。干燥温度为80℃以上，时间为2h以上，具体应按供应商资料进行。

(4)为了使塑料制件容易从模具内脱出，模具型腔或模具型芯还需涂上脱膜剂，根据生产现场实际条件选用硬脂酸锌、液体石蜡或硅油等。

2. 注射成型过程

注射成型过程一般包括加料、塑化、充模、保压补缩、冷却定型和脱模等步骤。

聚甲醛除要求螺杆无滞料区外，对注射机没有特别要求，一般注射即可。塑料壳体注射成型工艺参数见表2-8。

表2-8　塑料壳体注射成型工艺参数

序号	成型参数	取值范围
1	喷嘴温度/℃	170～180
2	料筒温度/℃	170～190
3	模具温度/℃	90～120
4	注射压力/MPa	80～130
5	保压压力/MPa	30～50
6	注射时间/s	2～5
7	保压时间/s	20～80
8	冷却时间/s	20～60
9	成型周期/s	50～150

聚甲醛的熔融范围很窄，表现出热稳定性较差。当料筒温度超过 240 ℃或在允许温度下长时间受热，均会引起分解，甚至焦化变黑。在 200 ℃时，聚甲醛在料筒内滞留 60 min 分解；而在 210 ℃时，30 min 就会分解。因此，若成型中断时，应置换料筒内塑料，降低料筒温度。如果发生过热现象时，应立即降低料筒温度，使用新塑料置换过热的料。切勿将手或脸靠近喷嘴前端。聚甲醛熔点敏感，在成型加工时，要想提高聚甲醛充模流动性，应采取提高注射压力的方法。

3. 塑件后处理

对于非常温使用的制件且质量要求较高的，须进行热处理，可将制品放入浓度为 30%的盐酸溶液中浸泡 30 min 后检查，然后用肉眼观察是否有残余应力的裂纹产生。

如图 1-1 所示的塑料壳体是在常温下使用的，可不进行后处理。

四、实训与练习

(一)实训题

1. 列举日常生活中常用塑料制品，并根据塑料种类、塑件结构等初步确定成型方式、成型工艺过程，并简述成型原理。

2. 在老师的带领下，到生产企业实地参观塑件注射成型的全过程。

(二)练习题

1. 阐述塑料制品生产系统的组成。

2. 阐述注射成型的原理。

3. 阐述注射成型的工艺过程。

4. 注射成型工艺参数中的温度控制包括哪些？如何加以控制？

5. 注射成型过程中的压力包括哪两部分？一般选取范围是什么？

6. 阐述注射成型周期包括哪几部分？

7. 阐述压注成型、压缩成型与挤出成型的原理。

8. 压注成型与压缩成型相比较，在工艺参数的选取上有何区别？

9. 塑料成型模具有哪几大类？

项目三　塑料制件的结构工艺性分析

知识目标

1. 掌握塑料制件结构设计的基本原则。
2. 理解塑件的尺寸公差、国标的使用方法及相关规定。
3. 正确选择塑件的尺寸精度和表面粗糙。
4. 熟悉螺纹塑件、齿轮塑件的结构设计。

能力目标

1. 具有合理确定塑件精度，并按照相应标准标注注射件尺寸公差的能力。
2. 能够分析塑件的结构工艺性。
3. 初步具有根据塑件结构工艺性优化塑件结构的能力。

一、项目引入

塑料制品的形状结构、尺寸大小、精度和表面质量要求，与塑料成型工艺和模具结构的适应性，称为制品的工艺性。如果制品的形状结构简单、尺寸适中、精度低、表面质量要求不高，则制品成型起来就比较容易，所需的成型工艺条件比较宽松，模具结构比较简单，这时可以认为制品的工艺性比较好；反之，则可以认为制品的工艺性较差。塑件结构工艺性能较好，既可使成型工艺性能稳定，保证塑件质量，提高生产率，又可使模具结构简单，降低模具设计与制造成本。由于塑件使用要求不同，其种类繁多、形状各异，如图3-1所示，因此，塑件的结构工艺性的各自要求也不同，在进行塑件设计时应充分考虑其结构工艺性。

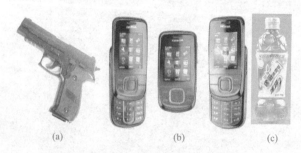

(a)　　　　　　　　(b)　　　　　　　(c)

图 3-1　各类形状与要求的塑料制品

(a)塑料手枪；(b)手机配件；(c)饮料瓶

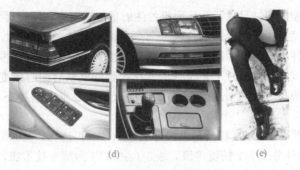

图 3-1　各类形状与要求的塑料制品(续)

(d)汽车配件；(e)丝袜、鞋子

　　通过本项目的学习，掌握塑件的结构工艺性，进而能够对图 1-1 所示的塑料壳体的结构工艺性进行判断，并能对塑件结构不合理的地方进行修改。

二、相关知识

(一)塑料制件设计的基本原则

　　由于塑料的物理性能、化学性能与其他材料不同，因此，塑料制品的设计与成型加工及模具设计也有它独特的一面，要设计出结构合理、造型优美、经济耐用的塑料制品，不但要考虑塑料本身的特性，还要考虑塑料成型的工艺、模具结构、制品使用环境及制品的经济效益。若想设计出工艺性良好且满足使用要求的塑料制件，必须遵守以下基本原则：

　　(1)在设计塑件时，应考虑原材料的成型工艺性，如流动性、收缩率等。

　　(2)在保证制品使用要求(如使用性能、物理性能与力学性能、电性能、耐化学腐蚀性能和耐热性能等)的前提下，应力求制件形状、结构简单和壁厚均匀。

　　(3)设计制品形状和结构时，应考虑如何使它们容易成型，考虑其模具的总体结构，使模具结构简单、易于制造。

　　(4)设计出的制品形状应有利于模具分型、排气、补缩和冷却。

　　(5)制品成型前后的辅助工作量应尽量减小，技术要求应尽量放低，同时，在成型后最好不再进行机械加工。

　　(6)设计制品时还应注意成型时的取向问题，除非特殊要求，应尽量避免制品出现明显的各向异性。否则，除影响制品实用性能外，各个方向的收缩差异很容易导致制品翘曲变形。

(二)塑件的尺寸与尺寸精度

　　塑件尺寸在这里指的是塑件的总体尺寸，而不是壁厚、孔径等机构尺寸。塑件尺寸的大小主要取决于塑料品种的流动性，在一定的设备和工艺条件下，流动性好的塑料可以成型较大尺寸的塑件；反之，成型出来的塑件尺寸较小。在注射成型中，流动性差的塑料如玻璃纤维增强塑料及薄壁塑件等的尺寸不能设计得过大。大而薄的塑件在塑料未充满型腔时已经固化，或勉强能充满但料的前锋已不能很好融合而形成冷接缝，影响塑件的外观和结构强度。注射成型的塑件尺寸还受注射机的注射量、锁模力和模板尺寸的限制。

塑件的尺寸精度是指所获得的塑件尺寸与产品图中尺寸的符合程度，即所获塑件尺寸的准确度。影响塑件尺寸精度的因素很多，首先是模具的制造精度和模具的磨损程度，其次是塑料收缩率的波动及成型时工艺条件的变化，塑件成型后的时效变化和模具的结构形状等。因此，塑件的尺寸精度往往不高，应在保证使用要求的前提下尽可能选用低精度等级。

塑件的尺寸公差可依据《塑料模塑件尺寸公差》（GB/T 14486—2008）确定，见表 3-1 和表 3-2。该标准将塑件分成 7 个精度等级，表 3-1 中 MT1 为精密技术级，只有在特殊要求下使用，未标注公差尺寸的通常按低精度。表 3-1 中只列出了公差值，基本尺寸的上、下偏差可根据工程的实际需要分配。表 3-1 还分别给出了受模具活动部分影响的尺寸公差值和不受模具活动部分影响的尺寸公差值。另外，塑件上孔的公差可采用基准孔，可取表中数值冠以（＋）号，塑件上轴的公差可采用基准轴，可取表中数值冠以（－）号。在塑件材料和工艺条件一定的情况下，应参照表 3-2 合理选用精度等级。

塑件尺寸的上下偏差根据塑件的性质来分配，模具行业通常按"入体原则"，轴类尺寸标注为单向负偏差，孔类尺寸标注为单向正偏差，中心距尺寸标注为对称偏差。

为了便于记忆，可以将塑件尺寸的上下偏差的分配原则简化为"凸负凹正、中心对称"。这里"凸"代表轴类尺寸，要求标注外形尺寸，长期使用由于磨损尺寸会减小，这类尺寸应标注为单向负偏差；"凹"代表孔类尺寸，要求标注内形尺寸，长期使用由于磨损尺寸会增大，这类尺寸应标注为单向正偏差；"中心"代表中心线尺寸，长期使用没有磨损的一类尺寸，这类尺寸应标注为对称偏差。

若给定塑件尺寸标注不符合规定，首先应对塑件尺寸标注进行转换。

例：生产如图 3-2(a)所示的塑件，材料为聚苯乙烯（PS），采用注射成型大批量生产，请根据模具行业规定及习惯标注射件尺寸公差。

该塑件大部分尺寸公差已给定，但不符合规定标注形式，需转化标注形式；直径为 $\phi 8$ mm 孔未标注公差，需查《塑料模塑尺寸公差》（GB/T 14486—2008），并按行业习惯标注。转化后塑件图如图 3-2(b)所示。这里 $\phi 8$ mm 为未标注公差尺寸，按聚苯乙烯（PS）低精度 MT5 标注。

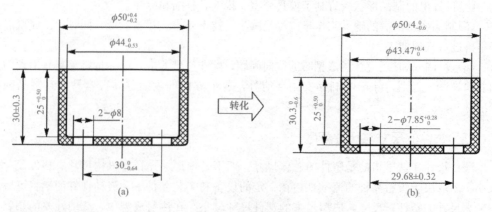

图 3-2　塑件零件图

表 3-1　塑件公差数值表（GB/T 14486—2008）

标注公差的尺寸公差值（基本尺寸）

公差等级	公差种类	>0~3	3~6	6~10	10~14	14~18	18~24	24~30	30~40	40~50	50~65	65~80	80~100	100~120	120~140	140~160	160~180	180~200	200~225	225~250	250~280	280~315	315~355	355~400	400~450	450~500
MT1	a	0.07	0.08	0.09	0.10	0.11	0.12	0.14	0.16	0.18	0.20	0.23	0.26	0.29	0.32	0.36	0.40	0.44	0.48	0.52	0.56	0.60	0.64	0.70	0.78	0.86
MT1	b	0.14	0.16	0.18	0.20	0.21	0.22	0.24	0.26	0.28	0.30	0.33	0.36	0.39	0.42	0.46	0.50	0.54	0.58	0.62	0.66	0.70	0.74	0.80	0.88	0.96
MT2	a	0.10	0.12	0.14	0.16	0.18	0.20	0.22	0.24	0.26	0.30	0.34	0.38	0.42	0.46	0.50	0.54	0.60	0.66	0.72	0.76	0.84	0.92	1.00	1.10	1.20
MT2	b	0.20	0.22	0.24	0.26	0.28	0.30	0.32	0.34	0.36	0.40	0.44	0.48	0.52	0.56	0.60	0.64	0.70	0.76	0.82	0.86	0.94	1.02	1.10	1.20	1.30
MT3	a	0.12	0.14	0.16	0.18	0.20	0.22	0.26	0.30	0.34	0.40	0.46	0.52	0.58	0.64	0.70	0.78	0.86	0.92	1.00	1.10	1.20	1.30	1.44	1.60	1.74
MT3	b	0.32	0.34	0.36	0.38	0.40	0.42	0.46	0.50	0.54	0.60	0.66	0.72	0.78	0.84	0.90	0.98	1.06	1.12	1.20	1.30	1.40	1.50	1.64	1.80	1.94
MT4	a	0.16	0.18	0.20	0.24	0.28	0.32	0.36	0.42	0.48	0.56	0.64	0.72	0.82	0.92	1.02	1.12	1.24	1.36	1.48	1.62	1.80	2.00	2.20	2.40	2.60
MT4	b	0.36	0.38	0.40	0.44	0.48	0.52	0.56	0.62	0.68	0.76	0.84	0.92	1.02	1.12	1.22	1.32	1.44	1.56	1.68	1.82	2.00	2.20	2.40	2.60	2.80
MT5	a	0.20	0.24	0.28	0.32	0.38	0.44	0.50	0.56	0.64	0.74	0.86	1.00	1.14	1.28	1.44	1.60	1.76	1.92	2.10	2.30	2.50	2.80	3.10	3.50	3.90
MT5	b	0.40	0.44	0.48	0.52	0.58	0.64	0.70	0.76	0.84	0.94	1.06	1.20	1.34	1.48	1.64	1.80	1.96	2.12	2.30	2.50	2.70	3.00	3.30	3.70	4.10
MT6	a	0.26	0.32	0.38	0.46	0.52	0.60	0.70	0.80	0.94	1.10	1.28	1.48	1.72	2.00	2.20	2.40	2.60	2.90	3.20	3.50	3.90	4.30	4.80	5.30	5.90
MT6	b	0.46	0.52	0.58	0.65	0.72	0.80	0.90	1.00	1.14	1.30	1.48	1.68	1.92	2.20	2.40	2.60	2.80	3.10	3.40	3.70	4.10	4.50	5.00	5.50	6.10
MT7	a	0.38	0.46	0.56	0.66	0.76	0.86	0.98	1.12	1.32	1.54	1.80	2.10	2.40	2.70	3.00	3.30	3.70	4.10	4.50	4.90	5.40	6.00	6.70	7.40	8.20
MT7	b	0.58	0.66	0.76	0.86	0.96	1.06	1.18	1.32	1.52	1.74	2.00	2.30	2.60	2.90	3.20	3.50	3.90	4.30	4.70	5.10	5.60	6.20	6.90	7.60	8.40

未注公差的尺寸允许偏差

公差等级	公差种类	>0~3	3~6	6~10	10~14	14~18	18~24	24~30	30~40	40~50	50~65	65~80	80~100	100~120	120~140	140~160	160~180	180~200	200~225	225~250	250~280	280~315	315~355	355~400	400~450	450~500
MT5	a	±0.10	±0.12	±0.14	±0.16	±0.19	±0.22	±0.25	±0.28	±0.32	±0.37	±0.43	±0.50	±0.57	±0.64	±0.72	±0.80	±0.88	±0.96	±1.05	±1.15	±1.25	±1.40	±1.55	±1.75	±1.95
MT5	b	±0.20	±0.22	±0.24	±0.26	±0.29	±0.32	±0.35	±0.38	±0.42	±0.47	±0.53	±0.60	±0.67	±0.74	±0.82	±0.90	±0.98	±1.06	±1.15	±1.25	±1.35	±1.50	±1.65	±1.85	±2.05
MT6	a	±0.13	±0.16	±0.19	±0.23	±0.26	±0.30	±0.35	±0.40	±0.47	±0.55	±0.64	±0.74	±0.86	±1.00	±1.10	±1.20	±1.30	±1.45	±1.60	±1.75	±1.95	±2.15	±2.40	±2.65	±2.95
MT6	b	±0.23	±0.26	±0.29	±0.33	±0.36	±0.40	±0.45	±0.50	±0.57	±0.65	±0.74	±0.84	±0.96	±1.10	±1.20	±1.30	±1.40	±1.55	±1.70	±1.85	±2.05	±2.25	±2.50	±2.75	±3.05
MT7	a	±0.19	±0.23	±0.28	±0.33	±0.38	±0.43	±0.49	±0.56	±0.66	±0.77	±0.90	±1.05	±1.20	±1.35	±1.50	±1.65	±1.85	±2.05	±2.25	±2.45	±2.70	±3.00	±3.35	±3.70	±4.10
MT7	b	±0.29	±0.33	±0.38	±0.43	±0.48	±0.53	±0.59	±0.66	±0.76	±0.87	±1.00	±1.15	±1.30	±1.45	±1.60	±1.75	±1.95	±2.15	±2.35	±2.55	±2.80	±3.10	±3.45	±3.80	±4.20

注：a 为不受模具活动部分影响的尺寸公差值；b 为受模具活动部分影响尺寸公差值。

表 3-2　常用材料模塑件尺寸公差等级的选用(GB/T 14486—2008)

材料代号	模塑材料		公差等级		
			标注公差尺寸		未注公差尺寸
			高精度	一般精度	
ABS	(丙烯腈-丁二烯-苯乙烯)共聚物		MT2	MT3	MT5
CA	乙酸纤维素		MT3	MT4	MT6
EP	环氧树脂		MT2	MT3	MT5
PA	聚酰胺	无填料填充	MT3	MT4	MT6
		30%玻璃纤维填充	MT2	MT3	MT5
PBT	聚对苯二甲酸丁二酯	无填料填充	MT3	MT4	MT6
		30%玻璃纤维填充	MT2	MT3	MT5
PC	聚碳酸酯		MT2	MT3	MT5
PDAP	聚邻苯二甲酸二烯丙酯		MT2	MT3	MT5
PEEK	聚醚醚酮		MT2	MT3	MT5
PE-HD	高密度聚乙烯		MT4	MT5	MT7
PE-LD	低密度聚乙烯		MT5	MT6	MT7
PESU	聚醚砜		MT2	MT3	MT5
PET	聚对苯二甲酸乙二酯	无填料填充	MT3	MT4	MT6
		30%玻璃纤维填充	MT2	MT3	MT5
PF	苯酚-甲醛树脂	无填料填充	MT2	MT3	MT5
		有机填料填充	MT3	MT4	MT6
PMMA	聚甲基丙烯酸甲酯		MT2	MT3	MT5
POM	聚甲醛	≤150 mm	MT3	MT4	MT6
		>150 mm	MT4	MT5	MT7
PP	聚丙烯	无填料填充	MT4	MT5	MT7
		30%玻璃纤维填充	MT2	MT3	MT5
PPE	聚苯醚;聚亚苯醚		MT2	MT3	MT5
PPS	聚苯硫醚		MT2	MT3	MT5
PS	聚苯乙烯		MT2	MT3	MT5
PSU	聚砜		MT2	MT3	MT5
PVR-P	热塑性聚氨酯		MT4	MT5	MT7
PVC-P	软质聚氯乙烯		MT5	MT6	MT7
PVC-V	未增塑聚氯乙烯		MT2	MT3	MT5
SAN	(丙烯腈-苯乙烯)共聚物		MT2	MT3	MT5
UF	脲-甲醛树脂	无机填料填充	MT2	MT3	MT5
		有机填料填充	MT3	MT4	MT6
UP	不饱和聚酯	30%玻璃纤维填充	MT2	MT3	MT5

(三)塑件的表面粗糙度

塑件的外观要求越高，表面粗糙度值应越低。成型时为了降低塑件的表面粗糙度，应尽可能从工艺上避免冷疤、云纹等缺陷产生，除此之外，主要取决于模具型腔表面粗糙度。一般模具表面粗糙度要比塑件的要求低1～2级。模具在使用过程中，由于型腔磨损而使表面粗糙度不断加大，所以应随时予以抛光复原。透明塑件要求型腔和型芯的表面粗糙度相同，而不透明塑件则应根据使用情况决定它们的表面粗糙度。塑件的表面粗糙度可参照《塑料件表面粗糙度》(GB/T 14234—1993)选取，详见表 3-3，一般取 $Ra1.6～0.2\ \mu m$ 之间。

表3-3 注射成型不同塑料时所能达到的表面粗糙度(GB/T 14234—1993)

材料		Ra 参数值范围/μm										
		0.025	0.05	0.10	0.20	0.4	0.8	1.6	3.2	6.3	12.5	25
热塑性塑料	PMMA	√	√	√	√	√	√	√				
	ABS	√	√	√	√	√	√	√				
	AS	√	√	√	√	√	√	√				
	聚碳酸酯		√	√	√	√	√	√				
	聚苯乙烯		√	√	√	√	√	√	√			
	聚丙烯		√	√	√	√	√	√				
	尼龙		√	√	√	√	√	√				
	聚乙烯		√	√	√	√	√	√		√		
	聚甲醛		√	√	√	√	√	√				
	聚砜			√	√	√	√	√	√			
	聚氯乙烯			√	√	√	√	√				
	聚苯醚			√	√	√	√	√				
	氯化聚醚			√	√	√	√	√				
	PBT				√	√	√	√				
热固性塑料	氨基塑料				√	√	√	√				
	酚醛塑料				√	√	√	√				
	硅铜塑料				√	√	√	√				

(四)塑件的形状和结构

塑件形状和结构主要包括塑件形状、壁厚、斜度、加强肋、支承面、圆角、孔、嵌件、文字、符号及标记等。

1. 塑件形状

塑件的形状，在不影响使用要求的情况下，都应力求简单，避免侧表面凹凸不平和带有侧孔，这样就容易从模腔中直接顶出，避免了模具结构的复杂性。对于某些因使用要求必须带侧凹、凸或侧孔的塑件，常常可以通过合理的设计，避免侧向抽芯，如图 3-3 所示。图 3-3(a)所示的是侧面带凹凸纹的塑件，使用中主要是为了旋转时增加与人手的摩擦力(如家用电器、仪器仪表的旋钮），可以采用图 3-3(b)所示的直纹避免图 3-3(a)所示的菱形纹；图 3-3(c)所示的塑件侧面下端带有孔，主要是为了排放液体，可采用设计方案[图 3-3(d)]，避免方案[图 3-3(c)]；图 3-3(e)、图 3-3(f)所示的是一个茶杯，手把部分如采用图 3-3(e)所示的方式，成型后手把部分需要侧向分型与抽芯才能脱模，若改用图 3-3(f)所示的方式，则可避免侧向分型与抽芯。

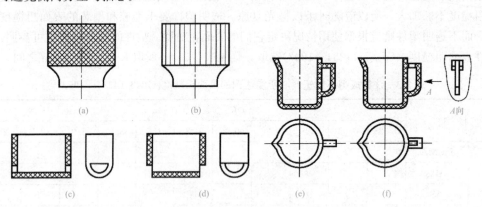

图 3-3　可避免抽芯的侧凹、侧孔塑件示例

想一想

如果塑件必须带有侧凹或侧凸，但侧凹或侧凸尺寸比较小，能否不采用侧向分型与抽芯的方法而直接将塑件从模具中顶出呢？如果可以，那么侧凹或侧凸的尺寸小到什么程度才可以呢？在此，引进一个重要的概念与方法——强制脱模。

采用脱件板脱模机构强制将带有侧凹或侧凸的塑件从模具中顶出的方法称为强制脱模。强制脱模必须符合以下条件：

(1)塑件所用材料较软、较韧或富有弹性；

(2)侧凹凸较浅；

(3)模具结构上有弹性变形空间。

对于如图 3-4 所示需要进行强制脱模的塑件，其内侧凹槽相对深度、外侧凹槽相对深度的计算公式为

$$内侧凹槽相对深度\% = \frac{A-B}{B}\times100\% \tag{3-1}$$

$$外侧凹槽相对深度\% = \frac{A-B}{C}\times100\% \tag{3-2}$$

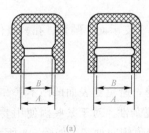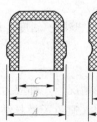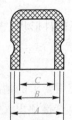

图 3-4　强制脱模的塑件　　　　　　　　　　　　　图 3-4

常用塑料强制脱模允许侧的凹槽相对深度见表3-4。

表 3-4 常用塑料强制脱模允许侧的凹槽相对深度

塑料名称	65 ℃时允许凹槽最大深度/%	塑料名称	65 ℃时允许凹槽最大深度/%
ABS	8	LDPE	21
AS	2	HDPE	6
聚甲醛	5	聚丙烯	5
尼龙	9	聚苯乙烯	2
有机玻璃	4	聚碳酸酯	2

2. 脱模斜度

为便于塑件从模腔中脱出，在平行于脱模方向的塑件表面上，必须设有一定的斜度，此斜度称为脱模斜度。斜度留取方向，对于塑件内表面是以小端为基准（即保证径向基本尺寸），斜度向扩大方向取，塑件外表面应以大端为基准（保证径向基本尺寸）；斜度向缩小方向取，塑件外表面则应以小端为准，如图3-5所示。脱模斜度随制件形状、塑料种类、模具结构、表面精加工程度、精加工方向等而异。

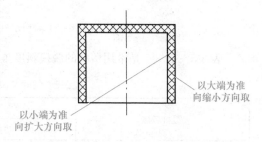

以大端为准
向缩小方向取

以小端为准
向扩大方向取

图 3-5 塑件上斜度留取方向

一般情况下，脱模斜度取 1/30～1/60（2°～1°）较适宜。如果在允许范围内取较大值，可使顶出更加容易，所以，应尽可能采取较大的脱模斜度。塑件尺寸精度要求越高，则其脱模斜度越取小值。当塑件为轴时，应保证其大端尺寸，斜度向小的方向取；当塑件为孔时，应保证其小端尺寸，斜度向大的方向取。其目的是使模具成型零件有修理的余地，留有足够的修模余量。

设计塑件时如果未注明斜度，模具设计时必须考虑脱模斜度。模具上脱模斜度留取方向是：型芯是以小端为基准，向扩大方向取；型腔是以大端为基准，向缩小方向取。这样规定斜度方向有利于型芯和型腔径向尺寸修整。斜度大小应在塑件径向尺寸公差范围内选取。当塑件尺寸精度与脱模斜度无关时，应尽量选取较大的脱模斜度；当塑件尺寸精度要求严格时，可以在其尺寸公差范围内确定较为适当的脱模斜度。

开模脱出塑件时，希望塑件留在有脱模装置的模具一侧。要求塑件留在型芯上，则该塑件内表面脱模斜度应比其外表面小；反之，若要求塑件留在型腔内，则其外表面的脱模斜度应小于其内表面的脱模斜度。如果希望塑件留于型腔内，但塑件内腔形状复杂，有留于型芯的可能性，此时若沿脱模方向塑件外表面长度不大于 10～15 mm，就可不给该表面设置脱模斜度。如果该塑件外表面的长度小于 3～4 mm 时，则可取与其脱模方向相反的脱模斜度。

塑件上脱模斜度可以用线性尺寸、角度、比例三种方式标注。

用线性尺寸标注脱模斜度的图例如图 3-6（a）所示；用角度表示脱模斜度如图 3-6（b）所示；用比例标注法如图 3-6（c）所示。采用线性尺寸标注法可以直接地给出一个具体的斜度值，斜度值与塑件该部分表面的高度或长度有关。采用角度表示法对模具零件的加工极为方便，不需换算，因而应用颇普遍。采用比例标注法，如用比例 1∶50、1∶100 等来表示脱模斜度、非常直观，不需计算就能判断出脱模斜度的大小，同时，不必在塑件图上夸大斜度而使其失真，比例法表示脱模斜度的缺点是只能选取严格的一定的比例值。

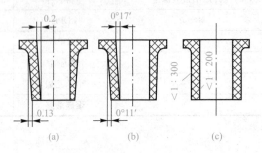

图 3-6　脱模斜度的标注
(a)用线性尺寸标注脱模斜度；(b)用角度标注脱模斜度；(c)用比例标注脱模斜度

表 3-5～表 3-7 是常用塑料的脱模斜度推荐值，可供设计塑件时参考。

表 3-5　常用热塑性塑料的脱模斜度

塑料名称	脱模斜度	
	塑件外表面	塑件内表面
尼龙（通用）	20′～40′	25′～40′
尼龙（增强）	20′～50′	20′～40′
聚乙烯	20′～45′	25′～45′
氯化聚醚	25′～45′	30′～45′
有机玻璃	30′～50′	35′～1°
聚碳酸酯	35′～1°	30′～50′
聚苯乙烯	35′～1°30′	30′～1°
ABS	40′～1°20′	35′～1°

表 3-6　常用热固性塑料件上孔的脱模斜度

长度 L/mm	直径 φ/mm	脱模斜度 α/(′)
4～10	2～10	15～18
	10 以上	18～30
20～40	5～10	15 以上
	10～15	15～18

表 3-7　常用热固性塑料件外表面的脱模斜度

长度 L/mm	10 以下	10～30	30 以上
斜角 α/(′)	25～30	30～35	35～40

3. 防止塑件变形的措施

(1) 在转角处加圆角 R。因为塑件容易产生内应力，绝对强度又比较低，为了使熔料易于流动和避免应力集中，应在转角处加设圆角 R，且圆角 R 的值应比金属件的圆角大。应力集中系数与 R/A 之间的关系如图 3-7 所示。

在给塑件内外表面的拐角处设计圆角时，应像图 3-8 所示的那样确定内外圆角半径，以保证塑件壁厚均匀一致。

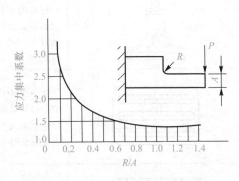

图 3-7 应力集中系数与 R/A 之间的关系

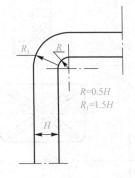

图 3-8 塑件上圆角的设计

(2) 设置加强筋。塑件上增设加强筋的目的是在不增加塑件壁厚的情况下增加塑件的刚性，防止塑件变形。对加强筋设计的基本要求是筋条方向应不妨碍脱模，筋的设置不应使塑件壁厚不均匀性明显增加，加强筋本身应带有大于塑件主体部分的脱模斜度等。图 3-9 所示的是加强筋设计的两个典型方案比较，其中，图 3-9(a) 所示的设计方案较好，而图 3-9(b) 所示的方案会使筋底与塑件主体连接部位壁厚增加过多，同时使 A 处容易产生凹陷等缺陷，因而不可取。表 3-8 为加强筋设计的典型实例。

(3) 其他措施。针对塑件结构特点，还可以采取其他增加塑件刚度的方法，如图 3-10、图 3-11 所示。图 3-10 所示为采用拱形增加刚度的方法，适用于盒盖、罩壳、容器等塑件；对于薄壁容器上口边缘可采用各种弯边，不仅能使边缘刚度增加，同时也增加了塑件的美感，如图 3-11 所示。

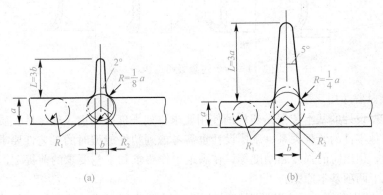

(a)　　　　　　　　　　(b)

图 3-9 塑件上加强筋设计比较

57

表 3-8　加强筋设计的典型实例

序号	不合理	合理	说明
1			过厚处应减薄并设置加强肋以保持原有强度
2			过高的塑件应设置加强肋,以减薄塑件壁厚
3			平板状塑件,加强肋应与料流方向平行,以免造成充模阻力过大和降低塑件韧性
4			加强肋应设计得矮一些,与支承面的间隙应大于 0.5 mm

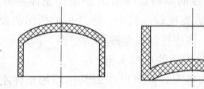

图 3-10　盒盖、容器等塑件采用拱形设计

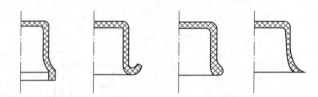

图 3-11　容器边缘采用弯边增加刚度

4. 壁厚及壁厚均匀性

塑件壁厚设计的基本依据是塑件的使用要求,如强度、刚度、绝缘性、质量、尺寸稳定性和与其他零件的装配关系。壁厚设计也需考虑到塑件成型时的工艺性要求,如对熔体的流动阻力,顶出时的强度和刚度等。在满足工作要求和工艺要求的前提下,塑件壁厚设计应遵循以下两项基本原则:

(1)尽量减小壁厚。减小壁厚不仅可以节约材料,节约能源,也可以缩短成型周期,因为塑料是导热系数很小的材料,壁厚的少量增加,会使塑件在模腔内冷却凝固时间明显增

长。塑件壁厚减小，也有利于获得质量较优的塑件，因为厚壁塑件容易产生表面凹陷和内部缩孔。

热塑性塑件的壁厚一般为 1～4 mm，表 3-9 列出了热塑性塑件最小壁厚及推荐壁厚；热固性塑件的壁厚一般为 1～6 mm，表 3-10 为根据外形尺寸推荐的热固性塑件壁厚值。

表 3-9　热塑性塑件最小壁厚及推荐壁厚　　　　　　　　　　　　　　mm

塑料种类	制件流程 50 mm 的最小壁厚	一般制件壁厚	大型制件壁厚
聚酰胺(PA)	0.45	1.75～2.60	>2.4～3.2
聚丙烯(PP)	0.85	2.45～2.75	>2.4～3.2
聚乙烯(PE)	0.60	2.25～2.60	>2.4～3.2
聚苯乙烯(PS)	0.75	2.25～2.60	>3.2～5.4
改性聚苯乙烯	0.75	2.29～2.60	>3.2～5.4
有机玻璃(PMMA)	0.80	2.50～2.80	>4.0～6.5
聚甲醛(POM)	0.80	2.40～2.60	>3.2～5.4
硬聚氯乙烯(HPVC)	1.15	2.60～2.80	>3.2～5.8
软聚氯乙烯(LPVC)	0.85	2.25～2.50	>2.4～3.2
氯化聚醚(CPT)	0.85	2.35～2.80	>2.5～3.4
聚碳酸酯(PC)	0.95	2.60～2.80	>3.0～4.5
聚苯醚(PPO)	1.20	2.75～3.10	>3.5～6.4

表 3-10　热固性塑件壁厚　　　　　　　　　　　　　　mm

塑料名称	塑件外形高度		
	<50	50～100	>100
粉状填料的酚醛塑料	0.7～2.0	2.0～3.0	5.0～6.5
纤维状填料的酚醛塑料	1.5～2.0	2.5～3.5	6.0～8.0
聚酯玻璃纤维填料的塑料	1.0～2.0	2.4～3.2	>4.8
聚酯无机物填料的塑料	1.0～2.0	3.2～4.8	>4.8
氨基塑料	1.0	1.3～2.0	3.0～4.0

(2)尽可能保持壁厚均匀。塑件壁厚不均匀时，成型中各部分所需冷却时间不同，收缩率也不同，容易造成塑件的内应力和翘曲变形，因此，设计塑件时应尽可能减小各部分的壁厚差别，一般情况下应使壁厚差别保持在 30% 以内。如图 3-12 所示就是因壁厚不均导致塑件变形的实例。

对于由于塑件结构所造成的壁厚差别过大的情

图 3-12　壁厚不均导致塑件变形

况，可采取以下两种方法减小壁厚差：

1）可将塑件过厚部分挖空，如图 3-13(b)、(d)、(f)所示。

2）可将塑件分解，即将一个塑件设计为两个塑件，在不得已时采用这种方法。

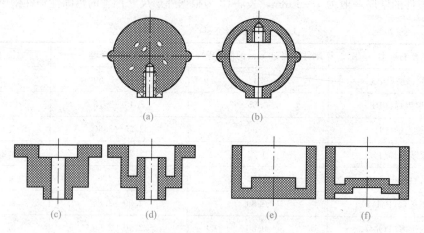

图 3-13　挖空塑件过厚部分使壁厚均匀

另外，必须指出壁厚与流程有着密切关系。所谓流程是指熔体从浇口流向型腔各部分的距离。试验证明，在一定条件下，流程与制品壁厚成直线关系。制品壁厚越厚，所允许的流程越长；反之，制品壁厚越薄，所允许的流程越短。

壁厚与流程的关系可按下式估算：

对于流动性好的塑料（如聚乙烯、尼龙等）：

$$S = 0.6\left(\frac{L}{100} + 0.5\right) \tag{3-3}$$

对于流动性中等的塑料（如聚甲基丙烯酸甲酯、聚甲醛等）：

$$S = 0.7\left(\frac{L}{100} + 0.8\right) \tag{3-4}$$

对于流动性差的塑料（如聚碳酸酯、聚砜等）：

$$S = 0.9\left(\frac{L}{100} + 1.2\right) \tag{3-5}$$

式中　S——制品壁厚（mm）；

　　　H——流程（mm）。

如果不能满足公式要求，则需增大壁厚或增设浇口及改变浇口位置，以满足模塑要求。

想一想

利用式(3-3)、式(3-4)、式(3-5)计算的壁厚值是设计塑件时的最大值还是最小值？

5. 塑件的支承面

当采用塑件的整个底平面作为支承面时，应将塑件底面设计成凹形或设置加强筋，这样不仅可以提高塑件的基面效果，还可以延长塑件的使用寿命。如图 3-14(a)所示的结构不合理，需要在支承面上设置加强筋[图 3-14(b)、(c)]，加强筋的端部应低于支承面约 0.5 mm。

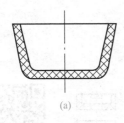 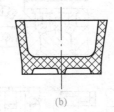 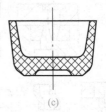

(a)　　　　　　　　(b)　　　　　　　　(c)

图 3-14　塑件的支承面

6. 塑件上的孔

塑件上的各种形状的孔，如通孔、盲孔、螺纹孔等，尽可能开设在不减弱塑件机械强度的部位，孔的形状也应力求不使模具制造工艺复杂化。

孔间距和孔到制品边缘的距离，一般都应大于孔径，如图 3-15 所示。孔间距最好大于孔径的两倍以上。孔到制品边缘的距离最好大于孔径的三倍以上，当孔径大于 10 mm 时，这段距离可以小于孔径。

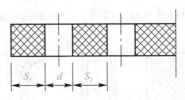

图 3-15　塑件上的孔距设计($S_1 \geqslant d$，$S_2 \geqslant d$)

孔的成型方法与其形状和尺寸大小有关。对于较浅的通孔，可用一端固定的型芯成型，如图 3-16(a)所示。而对于较深的通孔，则可用两个对接的型芯成型，如图 3-16(b)所示，但这种方法容易使上下孔出现偏心，避免该情况出现的方法是将上、下任何一侧的孔径增大 0.5 mm 以上。盲孔只能用一段固定的型芯成型，如果孔径较小但深度又很大时，成型时会因熔体流动不平衡易使型芯弯曲或折断。因此，可以成型的盲孔深度与其直径有关，设计时可参考图 3-17 所示的数值。对于比较复杂的孔形，可采用图 3-18 所示的方法成型。

图 3-16

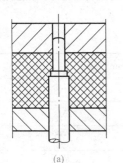 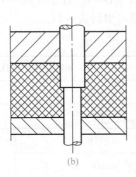

(a)　　　　　　　　　　　(b)

d/mm	h/mm
<1.5	$2d$
1.5~5.0	$3d$
5.0~10.0	$4d$

图 3-16　通孔的成型方法　　　　　图 3-17　成型盲孔时深度与直径的关系

(a)—端固定的成型杆成型；(b)对头成型杆成型

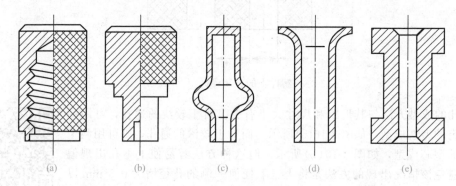

图 3-18　复杂孔形的成型方法

图 3-18

7. 嵌件

由于应用上的要求，塑件中常镶嵌不同形式的金属嵌件。塑件上嵌件设计的基本要求是塑件在使用过程中嵌件不被拔脱。

金属嵌件的种类和形式很多，但为了在塑件内牢固嵌定而不致被拔脱，其表面必须加工成沟槽或滚花，或制成多种特殊形状。如图 3-19 所示的就是几种金属嵌件的典型形状。

图 3-19　嵌件的典型形状

(a)盲孔内螺纹嵌件；(b)铆钉式嵌件；(c)空心套型嵌件；(d)羊眼嵌件；(e)通孔嵌件

金属嵌件周围的塑件壁厚取决于塑件的种类、塑料的收缩率、塑料与嵌件金属的膨胀系数之差及嵌件的形状等因素，但金属嵌件周围的塑件壁厚越厚，则塑件破裂的可能性就越小。常用塑件中金属嵌件周围的最小壁厚可参阅表 3-11。

表 3-11　金属嵌件周围的最小壁厚

塑料	钢制嵌件直径 D/mm	
	1.5～13	16～25
酚醛塑料，通用	0.8D	0.5D
矿物填充	0.75D	0.5D
玻璃纤维填充	0.4D	0.25D
氨基塑料，矿物填充	0.8D	0.75D
尼龙 66	0.5D	0.3D

塑料	钢制嵌件直径 D/mm	
	1.5~13	16~25
聚乙烯	0.4D	0.25D
聚丙烯	0.5D	0.25D
聚氯乙烯，软质	0.75D	0.5D
聚苯乙烯	1.5D	1.3D
聚碳酸酯	1D	0.8D
聚甲基丙烯酸酯	0.75D	0.6D
聚甲醛	0.5D	0.3D

金属嵌件设计的基本原则如下：

(1)金属嵌件嵌入部分的周边应有倒角，以减少周围塑料冷却时产生的应力集中；

(2)嵌件设置在塑件上的凸起部位时，嵌入深度应大于凸起部位的高度，以保证应有的塑件机械强度；

(3)内、外螺纹嵌件的高度应低于型腔的成型高度 0.05 mm，以免压坏嵌件和模腔；

(4)外螺纹嵌件应在无螺纹部分与模具配合，否则熔融物料渗入螺纹部分；

(5)嵌件高度不应超过其直径的两倍，高度应有公差要求；

(6)嵌件在模内应定位准确并防止溢料，如图 3-20、图 3-21 所示。

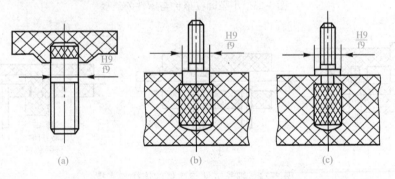

图 3-20 圆柱形嵌件的定位结构

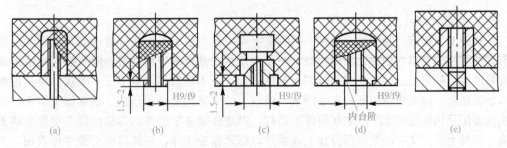

图 3-21 管套形嵌件的定位结构

常见嵌件与塑件的连接形式如图 3-22～图 3-24 所示。

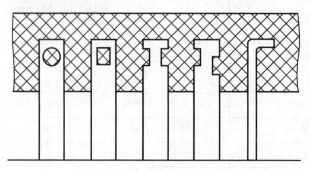

图 3-22　板片形嵌件与塑件的连接

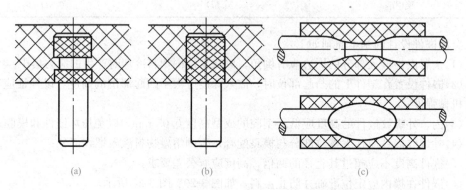

(a)　　　　　　　　　(b)　　　　　　　　　(c)

图 3-23　小型圆柱嵌件与塑件的连接

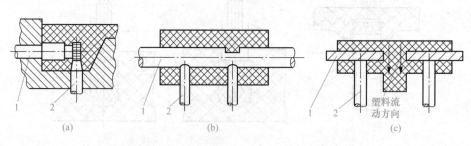

塑料流
动方向

(a)　　　　　　　　　(b)　　　　　　　　　(c)

图 3-24　细长嵌件与塑件的连接与支撑

1—嵌件；2—支撑柱

8. 标记、符号、图案、文字

　　塑件上常带有产品型号、名称、某些文字说明及为了装饰美观所设计的花纹图案。所有这些文字图案以在塑件上凸起为好，一是美观；二是模具容易制造，但凸起的文字图案容易磨损。如果使这些文字图案等凹入塑件表面，虽不易磨损，但不仅不美观，模具也难以加工制造，因为成型凹下的文字图案，模具上的文字图案必须凸起，很难加工出来。解决的方法是仍使这些文字图案在塑件上凸起，但塑件带文字图案的部位应低于塑件主体表面。模具上成型文字图案的部分加工成镶件，镶入模腔主体，使其高出型腔主体表面，如图 3-25 所示。文字图案的高度一般为 $0.2～0.5$ mm，线条宽度为 $0.3～0.8$ mm。

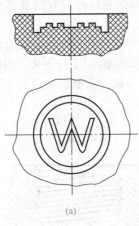
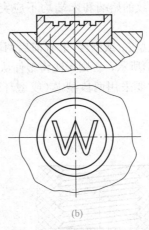

(a)　　　　　　　　　　　(b)

图 3-25　塑件上的文字图案和模具上相应的成型镶件

(a)塑件上的文字图案；(b)模具上相应的成型镶件

(五)螺纹塑件设计

塑件上的螺纹可以在模塑时直接成型，也可以用后加工的办法机械切削，在经常装拆和受力较大的地方则应该采用金属的螺纹嵌件。塑件上的螺纹选用可参考表 3-12。原则上螺牙尺寸应选较大者，螺纹直径较小时不宜采用细牙螺纹，特别是用纤维或布基作填料的塑料成型的螺纹，其螺牙尖端部分常被强度不高的纯树脂所填充，如螺牙过细将会影响使用强度。

表 3-12　螺纹选用范围

螺纹公称直径	螺纹种类				
	公制标准螺纹	1 级细牙螺纹	2 级细牙螺纹	3 级细牙螺纹	4 级细牙螺纹
3 以下	+	−	−	−	−
3~6	+	−	−	−	−
6~10	+	+	−	−	−
10~18	+	+	+	−	−
18~30	+	+	+	+	−
30~50	+	+	+	+	+
注：表中"−"为建议不采用的范围。					

设计注射螺纹时，还应注意内外螺纹的公差等级分别不要高于 IT7 和 IT8，螺纹的外径不能小于 4 mm，内径不能小于 2 mm。如果模具的螺纹牙距未加上收缩值，则塑料螺纹与金属螺纹的配合长度就不能太长，一般不大于螺纹直径的 1.5 倍，否则会因收缩值不同，导致互相干涉，造成附加内应力，使连接强度降低。

为了防止螺孔最外圈的螺纹崩裂或变形，应使内螺纹始端有一台阶孔，孔深为 0.2~0.8 mm，并且螺纹牙应渐渐凸起，如图 3-26 所示。同样，制件的外螺纹其始端也应下降 0.2 mm 以上，末端不宜延长到与垂直底面相接处，否则易使脆性塑件发生断裂，如图 3-27

所示。同样，螺纹的始端和末端均不应突然开始和结束，而应有过渡部分 l，其值可按表 3-13 选取。

在同一螺纹型芯（或型环）上有前后两段螺纹时，应使两段螺纹旋转方向相同，螺距相等，如图 3-28（a）所示，否则无法将塑件从螺纹型芯（或型环）上拧下来。当螺距不等或旋转方向不同时，就要采用两段型芯（或型环）组合在一起，成型后分段拧下，如图 3-28（b）所示。

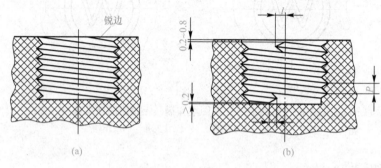

图 3-26 塑件内螺纹的正误形状

（a）错误；（b）正确

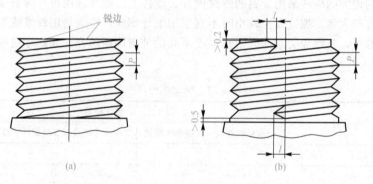

图 3-27 塑件外螺纹的正误形状

（a）错误；（b）正确

表 3-13 塑料制件上螺纹始末部分尺寸

螺纹直径/mm	螺距 P/mm		
	≤1	1~2	>2
	始末部分长度尺寸 l/mm		
≤10	2	3	3
>10~20	3	4	5
>20~30	4	6	8
>30~40	6	8	10
注：始末部分长度相当于车制金属螺纹时的退刀长度。			

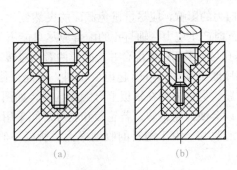

图 3-28　两段同轴螺纹的设计

　　螺纹塑件成型之后脱模时，螺纹型芯或型环必须相对塑件做回转运动，如果塑件跟着螺纹型芯或型环一起转动，则螺纹型芯或型环是脱不出塑件的，因此，塑件必须止转，即不随螺纹型芯或型环一起转动。为了达到这个要求，塑件的外形或端面上需带有防止转动的花纹或图案，如图 3-29 所示。

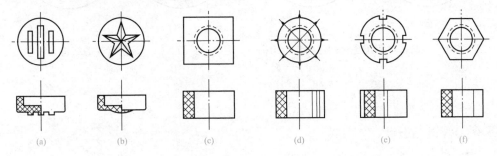

图 3-29　螺纹塑件的止转设计

(六)齿轮塑件设计

　　塑料齿轮目前主要用于精度和强度不太高的传动机构。其主要特点是质量轻、传动噪声小，用作齿轮的塑料有尼龙、聚碳酸酯、聚甲醛、聚砜等。为了保证注射齿轮具有较好的成型性，齿轮的轮缘、辐板和轮毂应有一定的厚度，如图 3-30 所示，并对其尺寸做以下规定：

　　(1)轮缘厚度 t 大于或等于齿高 h 的 3 倍。

　　(2)轮辐宽度 b_1 应等于或小于齿宽 b。

　　(3)轮毂宽度 b_2 应等于或大于齿宽 b，并于轴孔直径 D 相当。

　　(4)轮毂外径 d 一般应取为轴孔直径 D 的 1.5～3.5 倍。

　　为了减少尖角处的应力

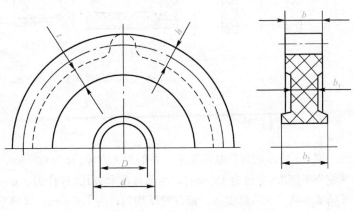

图 3-30　注射齿轮的尺寸及规定

集中及齿轮在成型时内部应力的影响，应尽量避免截面的突然变化，尽可能加大圆角及过渡圆弧的半径。为了避免装配时产生应力，轴与孔的配合应尽可能不采用过盈配合，而采用过渡配合。图 3-31 所示的是孔与轴采用过渡配合并能防止两者相对转动的注射齿轮结构。

对于薄型齿轮，如果厚度不均匀，可引起齿型歪斜，因此，使用无轮毂、无轮缘的齿轮可以很好地解决这种问题。另外，如在辐板上有大的孔时，如图 3-32(a)所示，因孔在成型时很少向中心收缩，所以会使齿轮歪斜。若轮毂和轮缘之间采用薄肋结构，如图 3-32(b)所示，则能保证轮缘向中心收缩。由于塑料的收缩率大，所以一般只宜用收缩率相同的塑料齿轮相互啮合。

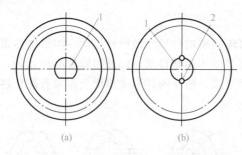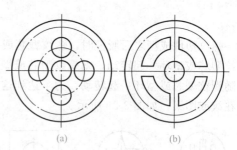

图 3-31　孔与轴过渡配合时的注射齿轮结构
(a)轴与孔成月形配合；(b)轴与孔用止转销配合
1—配合轴；2—止转销

图 3-32　注射齿轮的结构
(a)不良；(b)良

(七)铰链的设计

利用某些塑料(如聚丙烯)的分子高度取向的特性，可将带盖容器的盖子和容器通过铰链结构直接成型为一个整体，这样既省去了装配工序，又可避免金属铰链的生锈。常见铰链截面形式如图 3-33 所示。

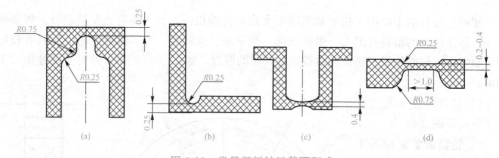

图 3-33　常见塑料铰链截面形式

三、项目实施

图 1-1 所示的塑件结构简单，外形为长方体(长为 60 mm、宽为 30 mm、高为 12 mm)，两端为半圆形(半径为 15 mm)，顶部有两个通孔(直径为 8 mm)。塑件精度为 MT5 级，尺寸精度不高，无特殊要求。塑件壁厚均匀，为 1.5 mm，属薄壁塑件，生产批量较大。塑件材料为聚甲醛，成型工艺性较好，可以注射成型。

综合分析可知，该塑件结构工艺性较为合理，不需要进行修改，可以直接进行模具设计。

四、实训与练习

(一)实训题

1. 搜集身边的塑料件，对其中的典型零件分析其设计的优缺点。
2. 分析如图 3-34 所示塑件设计的优点和缺点。

图 3-34 塑件设计分析

(二)练习题

1. 影响塑件尺寸精度的因素有哪些？
2. 塑件设计的原则是什么？
3. 脱模斜度的选择规则有哪些？
4. 壁厚对塑件有哪些影响？
5. 如例选择加强筋？
6. 为什么塑件要设计成圆角的形式？
7. 塑料螺纹的性能特点有哪些？
8. 嵌件设计时应注意哪几个问题？

项目四　塑料注射模设计

知识目标

1. 掌握注射模的典型结构及结构组成。
2. 掌握塑料注射模与注塑机之间的关系。
3. 掌握注射模型腔数量的确定方法。
4. 熟悉注射模浇注系统的作用、分类与组成。
5. 掌握注射模各种浇口的应用及尺寸确定。
6. 熟悉注射模常用的排气方法并能合理应用。
7. 掌握注射模成型零部件的结构。
8. 熟悉注射模成型零部件尺寸的计算方法。
9. 根据具体情况正确选用国家标准规定的注射模模架。
10. 掌握推杆、推板、推管、多元件组合等脱模机构的设计。
11. 熟悉二次推出机构的结构和工作原理。
12. 熟悉点浇口凝料的推出方法。
13. 理解模具温度调节系统的作用。
14. 掌握冷却系统的设计原则。
15. 掌握型芯、凹模冷却系统的结构设计。

能力目标

1. 能够设计中等复杂程度的塑料注射模。
2. 具备识别塑料注射成型模具图的能力。
3. 能够熟练地默画出注射模的典型结构。
4. 能够定量设计注射模主流道、分流道和冷料穴。
5. 能够针对不同塑件合理选择分型面。
6. 能够正确进行导柱、导套合模导向机构的设计。
7. 能够根据具体情况正确选用国家标准中的结构零部件。

一、项目引入

　　成型注塑制品的模具称为注射模。随着塑料工业的发展和塑料制品应用范围的不断扩大，目前注射成型不仅用于热塑性塑料制品的生产，还已推广到热固性塑料制品和塑料复合材料制品的生产中，成为一种十分重要的成型方法，据统计，80％以上的塑料制品都采用注射模成型，应用十分广泛。

本项目以图 1-1 所示的塑料壳体的注射模设计为载体，综合训练学生设计塑料注射模的初步能力。该制件所用材料为聚甲醛（POM），属于大批量生产。

通过本项目的实施，使学生掌握塑料注射模的典型结构及结构组成、分型面的确定、成型零部件结构的设计与工作部分尺寸的计算、浇注系统的设计等知识，并完成以下三个方面的工作：

(1)完成整套注射模的设计。

(2)绘制模具装配图。

(3)绘制型腔和型芯等主要零件的零件图。

二、相关知识

(一)注射模的工作原理与结构组成

注射模的结构，与塑料品种、制品的结构形状、尺寸精度、生产批量、注射工艺条件和注塑机的种类等许多因素有关，因此，其结构可以千变万化，种类繁多。但是，在长期的生产实践中，为了掌握注射模的设计规律和设计方法，通过归纳、分析之后发现，无论各种注射模结构之间差别多大，但在工作原理和基本结构组成方面都有一些普遍的规律和共同点。下面以图 4-1 所示的注射模典型结构为例，分析注射模的工作原理和基本结构组成。

图 4-1

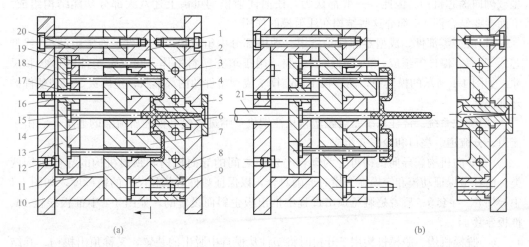

(a)　　　　　　　　　　　　　　　　(b)

图 4-1　注射模的典型结构

(a)合模成型；(b)开模顶出

1—动模板；2—定模板；3—冷却水道；4—定模座板；5—定位环；6—浇口套；7—凸模；8—导柱；
9—导套；10—动模座板；11—支承板；12—限位销；13—推板；14—推杆固定板；15—拉料杆；
16—推板导柱；17—推板导套；18—推杆；19—复位杆；20—垫板；21—注塑机顶杆

1. 注射模的工作原理

任何注射模都可分为定模和动模两大部分。定模部分安装固定在注塑机的固定模板(定模固定板)上,在注射成型过程中始终保持静止不动;动模部分则安装固定在注塑机的移动模板(动模固定板)上,在注射成型过程中可随注塑机上的合模系统运动。开始注射成型时,合模系统带动动模部分朝着定模方向移动,并在分型面处与定模部分对合,其对合的精确度由合模导向机构,即导柱8和固定在定模板2上的导套来保证。动模和定模对合之后,加工在定模板中的凹模型腔与固定在动模板1上的凸模7构成与制品形状和尺寸一致的闭合模腔,模腔在注射成型过程中可被合模系统提供的合模力锁紧,以避免它在塑料熔体的压力下涨开。注塑机从喷嘴中注射出的塑料熔体经由开设在浇口套6中的主流道进入模具,再经由分流道和浇口进入模腔,待熔体充满模腔并经过保压、补缩和冷却定型之后,合模系统便带动动模后撤复位,从而使动模和定模两部分从分型面处开启。当动模后撤到一定位置时,安装在其内部的顶出脱模机构将会在注塑机顶杆21的推顶作用下与动模其他部分产生相对运动,于是制品和浇口及流道中的凝料将会被它们从凸模7上,以及从动模一侧的分流道中顶出脱落,就此完成一次注射成型过程。

> 【专家提醒】图4-1所示的模具是学习和掌握塑料注射模设计的基础,相当于比着葫芦画瓢中的葫芦,非常重要,一定要熟练掌握,要求能够背诵着画出来,时间控制在30 min之内。

2. 注射模的结构组成

通过分析图4-1可知,该模具的主要功能结构由成型零部件(凸模、凹模)、合模导向机构、浇注系统(主、分流道及浇口等)、脱模机构、温度调节系统及支承零部件(定、动模座,定、动模板和支承板等)组成,但在许多情况下,注射模还必须设置排气结构和侧向分型或侧向抽芯机构。因此,一般都认为,任何注射模均可由上述八大部分功能结构组成。下面主要结合图4-1简介这些结构在注射模的作用。

(1)成型零部件。成型零部件是指定、动模部分中组成模腔的零件。通常由凸模(或型芯)、凹模、镶件等组成,合模时构成模腔,用于填充塑料熔体,它决定塑件的形状和尺寸,如图4-1所示的模具中,动模板1和凸模7成型塑件的内部形状,定模板2成型塑件的外部形状。

(2)浇注系统。浇注系统是熔融塑料从注塑机喷嘴进入模具模腔所流经的通道,它由主流道、分流道、浇口和冷料穴组成。

(3)导向机构。导向机构可分为动模与定模之间的导向机构和顶出机构的导向机构两类。前者是保证动模和定模在合模时准确对合,以保证塑件形状和尺寸的精确度,如图4-1中导柱8、导套9;后者是避免顶出过程中推出板歪斜而设置的,如图4-1中推板导柱16、推板导套17。

(4)脱模机构。脱模机构用于开模时将塑件从模具中脱出的装置,又称顶出机构。其结构形式很多,常见的有推杆脱模机构、推板脱模机构和推管脱模机构等。如图4-1中推杆13、推杆固定板14、拉料杆15、推杆18和复位杆19组成顶杆脱模机构。

(5)侧向分型与抽芯机构。当塑件侧向有凹凸形状的孔或凸台时,就需要有侧向型芯来成型。在开模推出塑件前,必须先将侧向型芯从塑件上脱出,塑件才能顺利脱模。使侧向型芯移动的机构称为侧向抽芯机构。

（6）加热系统和冷却系统。为了满足注射工艺对模具的温度要求，必须对模具温度进行控制，所以，模具常常设有冷却系统并在模具内部或四周安装加热元件。冷却系统一般在模具上开设冷却水道。

（7）排气系统。在注射成型过程中，为了将型腔内的空气排出，常常需要开设排气系统，通常是在分型面上有目的地开设若干条沟槽，或利用模具的推杆或型芯与模板之间的配合间隙进行排气。小型塑件的排气量不大，因此可直接利用分型面排气，而不必另设排气槽。

（8）支承零部件。用来安装固定或支承成型的零部件及前述的各部分机构的零部件均称为支承零部件。支承零部件组装在一起，可以构成注射模具的基本骨架。

根据注射模中各零部件与塑料的接触情况，上述八大部分的功能结构也可分为成型零部件和结构零部件两大类。其中，成型零部件是指与塑料接触，并构成模具型腔的各种零部件；结构零部件则包括支承、导向、排气、推出塑件、侧向分型与抽芯、温度调节等功能构件。在结构零部件中，合模导向机构与支承零部件合称为基本结构零部件，因为二者组装起来可以构成注射模架，《塑料注射模模架》（GB/T 12555—2006）中已做出具体的标准化规定。任何注射模均可以以这种模架为基础，再添加成型零部件和其他必要的功能结构件来形成。

3. 注射模零件名称及作用

注射模常用零件名称及作用见表 4-1。

表 4-1　注射模常用零件名称及作用

零件类别	零件名称	作用
成型零件	凹模（型腔）	成型塑件外表面的凹状零件
	凹模板（型腔）	板状零件，其上有成型塑件外表面的凹状轮廓。置于定模部分称为定模型腔板，置于动模部分称为动模型腔板
	型芯	成型塑件内表面的凸状零件
	侧型芯	成型塑件侧孔、侧凹或侧凸台的零件，可手动或随滑块在模内作抽拔和复位运动的型芯
	镶件	凹模或型芯有容易损坏或难以整体加工的部位时，与主体分开制造，并嵌入主体的局部成型零件
	活动镶件	根据工艺和结构的要求，须随塑件一起出模，才能与塑件分离的成型零件
	拼件	用以拼合成凹模或型芯的若干个分别制造的成型零件，可分别称为凹模拼块和型芯拼块
	螺纹型芯	成型塑件内螺纹的成型零件，可以是活动的螺纹型芯（取出模外）或在模内做旋转运动的螺纹型芯
	螺纹型环	成型塑件外螺纹的成型零件，可以是活动的螺纹型环（整体的或拼合的）或在模内做旋转运动的螺纹型环

续表

零件类别	零件名称	作用
浇注系统零件	浇口套	直接与注塑机喷嘴接触,带有主流道通道的衬套零件
	分流锥	设置在主浇道内,用以使塑料分流并平缓改变流向,一般带有圆锥头的圆柱形零件
	流道板	为分流道专门设置的板件
支承固定零件	定模座板	使定模固定在注塑机的固定工作台面上的板件
	动模座板	使动模固定在注塑机的移动工作台面上的板件
	凹模固板	固定凹模(型腔)的板状零件,也称为型腔固定板
	型芯固定板	固定型芯的板状零件
	模套	使镶件或拼块定位并紧固在一起的框套形结构零件,或固定凹模或型芯的框套形零件
	支承板	防止成型零件(凹模、型芯或镶件)和导向零件轴向位移,并承受成型压力的板件
	垫块	调节模具闭合高度,形成脱模结构所需的推出行程空间的块状零件
	支架	调节模具闭合高度,形成脱模结构所需的推出行程空间,并使动模固定在注塑机上的L形块状零件,也称为模脚
	支承柱	为增强动模支承板的刚度而设置在动模支承板和动模座板之间,起支承作用的圆柱形状零件
定位和限位零件	定位圈	使模具主流道与注塑机喷嘴相对,决定模具在注塑机上的安装位置的圆环形或原板形零件
	锥形定位件	合模时,利用相应配合的锥面,使动、定模精确定位的零件
	复位件	固定于推杆固定板上,借助模具的闭合动作,使脱模机构复位的杆件
	限位钉	对脱模结构起支承和调整作用,并防止脱模结构在复位时受异物障碍的零件,或限定滑块抽芯后最终位置的杆件
	定距拉板	在开模分型时,用来限位某一模板仅在限定的距离内做拉开或停止动作的板件
	定距拉杆	在开模分型时,用来限位某一模板仅在限定的距离内做拉开或停止动作的杆件
	定位销	使两个或几个模板相互位置固定,防止其产生位移的圆柱形杆件
导向零件	导柱	与安装在另一半模具上的导套(或孔)相配合,用以保证动模与定模的相对位置,保证模具开合模运动导向精度的圆柱形零件。包括带头导柱和带肩导柱两种
	推板导柱	与推板导套(或孔)呈滑配合,用以脱模结构运动导向的圆柱零件
	导套	与安装在另一半模具上的导柱相配合,用以保证动模与定模的相对位置,保证模具开合模运动导向精度的圆套形零件。包括直导套和带头导套两种
	推板导套	固定于推板上,与推板导柱呈动配合,用于脱模机构运动导向的圆套形零件
推出零件	推杆	直接推出塑件或浇注系统凝料的杆件,有圆柱头推杆、带肩推杆和扁头推杆等。圆柱头推杆可用来推顶推件板
	推管	直接推出塑件的管状零件
	推件板	直接推出塑件的板状零件
	推件环	局部或整体推出塑件的环状或盘形零件
	推杆固定板	固定推出或复位零件以及推板导套的板状零件

续表

零件类别	零件名称	作用
推出零件	推板	支承推出和复位零件，直接传递机器推力的板件
	连接推杆	连接推件板与推杆固定板，传递推力的杆件
	拉料杆	设置在主流道的正对面，头部形状特殊，能拉出主流道凝料的杆件。头部形状有Z形、球头形、倒推形及圆锥形等
	推流道板	随着开模运动，推出浇注系统凝料的板件，也称为推料板
侧向分型与抽芯零件	斜销（斜导柱）	倾斜于分型面装配，随着模具的开闭使滑块（或凹模拼块）在模具内产生往复运动的圆柱形零件
	滑块	沿导向结构运动，带动侧抽芯（或凹模拼块）完成抽芯和复位动作的零件
	侧型芯滑块	由整体材料制成的侧型芯或滑块。有时几个滑块构成凹模拼块，需先将其分开后，塑件才能顺利脱出
	滑块导板	与滑块的导滑面配合，起导滑作用的板件
	楔紧块	带有斜角，用于合模时锁紧滑块或侧型芯的零件
	弯销	随着模具的开闭，使滑块作抽芯和复位运动的矩形或方形截面的弯杆零件
	斜滑块	利用斜面与模套的配合产生滑动，兼有成型、推出和抽芯（分型）作用的凹模拼块
	斜槽导板	具有斜导槽，随着模具的开闭，使滑块随槽作抽芯和复位运动的板状零件
冷却和加热零件	冷却水嘴	用于连接橡皮管，向模内通入冷却水的管件
	隔板	为改变冷却水的流向而设置在模具冷却水通道内的金属条或板
	加热板	设置由热水（油）、蒸汽或电热元件等具有加热结构的板件，以确保模温满足塑料成型工艺要求
	隔热板	防止热量传递扩散的板件

（二）注射模的分类

注射模结构形式多种多样，分类方法很多，按成型工艺特点可分为热塑性塑料注射模、热固性塑料注射模、低发泡塑料注射模和精密注射模；按其使用注塑机的类型可分为卧式注塑机用注射模、立式注塑机用注射模和角式注塑机用注射模；按模具浇注系统可分为冷流道注射模、绝热流道注射模、热流道注射模和温流道注射模；按模具安装方式可分为移动式注射模和固定式注射模等。

通常，根据注射模的结构特征可分为以下八类。

1. 单分型面注射模

开模时，动模和定模分开，从而取出塑件，称为单分型面模具，又称为双板式模具。其典型结构如图4-1所示。单分型面注射模是注射模具中最简单、最基本的一种形式，它根据需要可以设计成单型腔注射模，也可以设计成多型腔注射模，是应用最广泛的一种注射模。

根据具体塑件的实际要求，单分型面的注射模也可增添其他的部件，如嵌件、螺纹型芯或活动型芯等，因此，在这种基本形式的基础上，就可演变出其他各种复杂的结构。

2. 双分型面注射模

双分型面注射模有两个分型面，如图 4-2 所示。$A-A$ 为第一分型面，分型后浇注系统凝料由此脱出；$B-B$ 为第二分型面，分型后塑件由此脱出。与单分型面注射模具相比较，双分型面注射模具在定模部分增加了一块可以局部移动的中间板(又叫作活动浇口板，其上设有浇口、流道及定模所需要的其他零件和部件)，所以也叫作三板式(动模板、中间板、定模板)注射模具，它常用于点浇口进料的单型腔或多型腔的注射模具。开模时，中间板在定模的导柱上与定模板做定距离分离，以便在这两个模板之间取出浇注系统凝料。

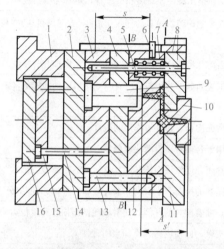

图 4-2 双分型面注射模

图 4-2

1—动模座板；2—支承板；3—动模板；4—推件板；5—导柱；6—限位销；7—弹簧；

8—定距拉板；9—凸模；10—浇口套；11—定模板；12—中间板 13—导柱；

14—推杆；15—推杆固定板；16—推板

双分型面注射模结构复杂，制造成本较高，零部件加工困难，一般不用于大型或特大型塑料制品的成型。

3. 带有侧向分型与抽芯机构的注射模

当塑件有侧孔或侧凹时，需采用可侧向移动的型芯或滑块成型。如图 4-3 所示为利用斜导柱进行侧向抽芯的注射模，侧向抽芯机构是由斜导柱 10、侧型芯滑块 11、锁紧块 9 和侧型芯滑块的定位装置(挡块 5、滑块拉杆 8、弹簧 7 等)组成的。

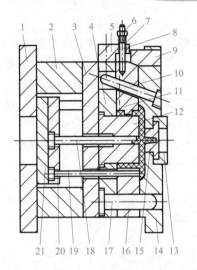

图 4-3 带有侧向分型与抽芯机构的注射模

图 4-3

1—动模座板；2—垫块；3—支承板；4—凸模固定板；5—挡块；6—螺母；7—弹簧；

8—滑块拉杆；9—锁紧块；10—斜导柱；11—侧型芯滑块；12—凸模；

13—定位环；14—定模板；15—浇口套；16—动模板；17—导柱；

18—拉杆；19—推杆；20—推杆固定板；21—推板

4. 带有活动成型零部件的注射模

由于塑件的某些特殊结构，要求注射模设置可活动的成型零部件，如活动凸模、活动凹模、活动镶件、活动螺纹型芯或型环等，在脱模时可与塑件一起移出模外，然后与塑件分离。图 4-4 所示即为带有活动镶块的注射模。

开模时，塑件包在型芯 8 和活动镶块 9 上随动模部分向左移动而脱离定模座 11，分型到一定距离，脱出机构开始工作，设置在活动镶块 9 上的推杆 3 将活动镶件连同塑件一起推出型芯脱模。合模时，推杆 3 在弹簧 4 的作用下复位。推杆复位后，动模板停止移动，然后人工将活动镶块重新插入镶件定位孔中，再合模后进行下一次的注射过程。

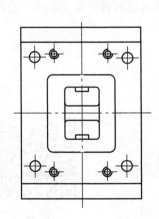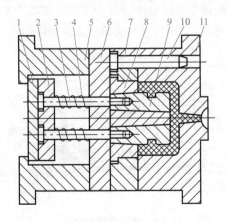

图 4-4 带有活动镶块的注射模

图 4-4

1—推板；2—推杆固定板；3—推杆；4—弹簧；5—动模座；6—动模垫板；

7—动模板；8—型芯；9—活动镶块；10—导柱；11—定模座

77

5. 自动卸螺纹注射模

对带有螺纹的塑件，当要求自动脱模时，可在模具上设置能够转动的螺纹型芯或型环，利用开模动作或注塑机的旋转机构，或设置专门的传动装置，带动螺纹型芯或螺纹型环转动，从而脱出塑件。图 4-5 所示为自动卸螺纹型芯的直角式注射模。开模时，A 分型面分型，同时螺纹型芯 1 随着注塑机开合模丝杠 8 的后退而自动旋转，此时，螺纹塑件由于定模板 7 的止转，故而并不移动，仍然留在模腔内。当 A 分型面分开一段距离，螺纹型芯在塑件内还有最后一牙时，定距螺钉 4 拉动动模板 5 使 B 分型面分型。此时，塑件随着型芯一道离开定模型腔，然后从 B 分型面两侧的空间取出。

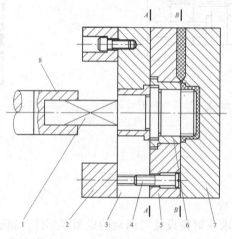

图 4-5　自动卸螺纹注射模

1—螺纹型芯；2—垫块；3—动模垫板；4—定距螺钉；
5—动模板；6—衬套；7—定模板；8—注塑机开合模丝杠

6. 无流道注射模

无流道注射模是指采用对流道进行绝热或加热的方法，保持从注塑机喷嘴到型腔之间的塑料呈熔融状态，使开模取出塑件时无浇注系统凝料。无流道注射模可分为绝热流道注射模和热流道注射模两种。图 4-6 所示为热流道注射模。

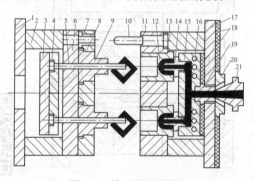

图 4-6　热流道注射模

1、8—动模板；2—支架；3、4—推板；5—推杆；6—动模座板；7—导套；9—凸模；
10—导柱；11—定模板；12 凹模；13—支架；14—喷嘴；15—热流道板；16—加热器孔道；
17—定模座板；18—绝热层；19—浇口套；20—定位环；21—注塑机喷嘴

7. 直角式注射模

直角式注射模仅适用于角式注塑机。与其他注射模不同的是，该类模具在成型时进料的方向与开合模方向垂直。如图 4-7 所示是典型的直角式注射模，开模时，带有流道凝料的塑件包紧在凸模 8 上与动模部分一起向左移动，经过一定距离后，推出机构开始工作，以推杆 11 推动推件板 6 将塑件从凸模 8 上脱下。

直角式注射模的主流道开设在动、定模分型面的两侧，且它的截面面积通常是不变的（常呈圆形或扁圆形），这与其他注塑机用的模具是有区别的。主流道的端部，为了防止注塑机喷嘴与主流道口端的磨损和变形，可设置可更换的绕道镶块，如图 4-7 中的 2 所示。

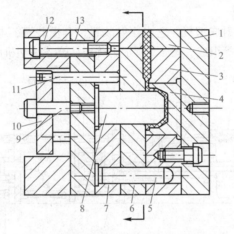

图 4-7 直角式注射模

1—定模座板；2—浇道镶块；3—定模板；4—凹模；；5—导柱；6—推件板；7—动模板；
8—凸模；9—限位螺钉；10—推板；11—推杆；12—垫块，13 支承板

8. 脱模机构在定模上的注射模

在大多数注射模中，其脱模装置均是安装在动模一侧，这样有利于注塑机开合模系统中顶出装置的工作。在实际生产中，由于某些塑件受形状的限制，将塑件留在定模一侧对成型更好一些，为了使塑件从模具中脱出，就必须在定模一侧设置脱模机构。

如图 4-8 所示为定模部分带有脱模装置的注射模，由于受塑件的形状限制，将塑件留在定模上采用直角浇口能方便成型。开模时，动模向左移动，塑件因包紧在凸模 11 上留在定模一侧而从动模板 5 及成型镶块 3 中脱出。当动模左移至一定距离时，拉板 8 通过定距螺钉 6 带动推件板 7 将塑件从凸模上脱出。

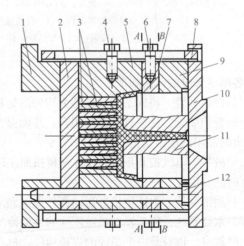

图 4-8 定模部分带有脱模装置的注射模

1—动模座板；2—支承板；3—成型镶块；4—拉板紧固螺钉；
5—动模板；6—定距螺钉；7—推件板；8—拉板；
9—定模板；10—定模座板；11—凸模；12—导柱

(三)塑料注塑机

注塑机是注射成型生产的主要设备,据统计,注塑机的产量占塑料机械产量的35%~40%,用注塑机加工的塑料量约占塑料产量的30%,且这个比例还在扩大。注塑机正朝着大型、高速、高效、精密、自动化、小型、微型、节能的方向发展。

注射模具安装在注塑机上才能使用,因此,在设计模具时,除应掌握注射成型工艺过程外,还应对所选用注塑机的有关技术参数有全面的了解,以保证设计的模具与使用的注塑机相适应。

1. 注塑机的基本组成

注塑机全称为塑料注射成型机,它由注射装置、合模装置、电气和液压控制系统、润滑系统、水路系统、机身等组成。图4-9所示为普通柱塞式注塑机的结构。

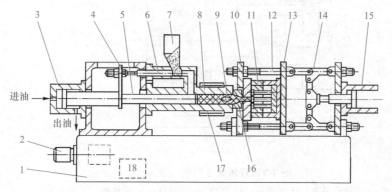

图 4-9   普通柱塞式注塑机的结构

1—机身;2—电动机及油泵;3—注射油缸;4—加料调节装置;5—注射柱塞;
6—加料柱塞;7—料斗;8—机筒;9—分流锥;10—定模固定板;11—模具;
12—拉杆;13—动模固定板;14—合模机构;15—合模油缸;
16—喷嘴;17—加热器;18—油箱

各组成部分的作用如下:

(1)注射装置。将固态塑料预塑为均匀的熔料,并以高速将熔料定量地注入模腔。

(2)合模装置。使模具打开和闭合,并确保在注射时模具不开启。在合模装置内还设有供推出制品用的推出装置。

(3)液压、电气控制系统。使注塑机按照工序要求准确地动作,并精确地实现工艺条件要求(时间、温度、压力)。

(4)润滑系统。为注塑机各运动部件提供润滑。

(5)水路系统。用于注塑机液压油的油温冷却、料斗区域冷却及模具冷却。

(6)机身。机身是一个稳固的焊接构件。机身上方左边安置合模机构,右边安置注射装置;机身下方安置电气及液压控制系统。

2. 注塑机的工作过程

各种注塑机完成注射成型的动作程度不完全相同,但其成型的基本过程是相同的。下面以最常用的螺杆式注塑机为例,说明其工作过程,如图4-10所示。

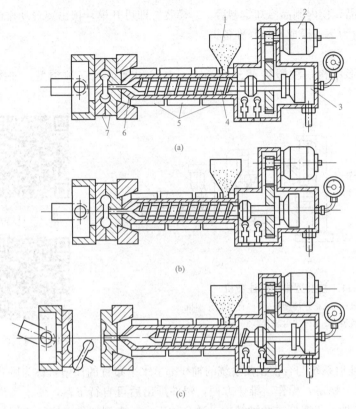

图 4-10　螺杆式注塑机注射成型的基本程序

(a)合模注射；(b)保压硬化；(c)开模顶出制品，预塑加料

1—料斗；2—齿轮传动电机；3—齿轮箱；4—螺杆；5—加热圈；6—料筒；7—模具

(1)合模。模具首先以低压高速进行闭合，当动模接近定模时，合模装置的液压系统将合模动作切换成低压低速(即试合模)，在确认模具内无异物存在时，再切换成高压低速从而将模具锁紧。

(2)注射装置前移。注射座移动油缸工作使注射装置前移，保证喷嘴与模具主流道入口以一定的压力贴合，为注射工序做好准备。

(3)注射与保压。完成上面两项工作后，便可向注射油缸注入压力油，于是与注射油缸活塞杆相连接的螺杆便以高压、高速将料筒内的熔料注入模腔。熔料充满模腔后，要求螺杆仍对熔料保持一定的压力，以防止模腔内的熔料回流，并向模腔内补充制品收缩所需要的物料，避免制品产生缩孔等缺陷。保压时，螺杆因补缩会有少量的前移。

(4)冷却和预塑。一旦浇口料固化即卸除保压压力。此时，合模油缸的高压也可卸除，制品在模内继续冷却定型。为了缩短成型周期，将预塑程序安排在制品冷却的时间段内进行。预塑是指注射装置对下一模用的塑料进行塑化。经过塑化，固态塑料变成有流动性的、均匀的熔体，当塑化量达到预定值后，螺杆自动停止塑化。

(5)注射装置后退。成型时，为了避免喷嘴长时间与冷模具接触而使喷嘴端口处形成冷料，影响下次注射和制品质量，需要将喷嘴撤离模具，即安排注射装置后退程序。当模具温度较高时，可以取消此程序，使注射装置固定不动。

（6）开模和顶出制品。模内制品冷却定型后，合模装置即可开模，顶出装置动作使制品顶离模具。清理模具，为下一模成型做好准备。

3. 注塑机的分类

按照注塑机的外形结构，注塑机可分为卧式、立式和直角式三种类型，如图 4-11 所示。

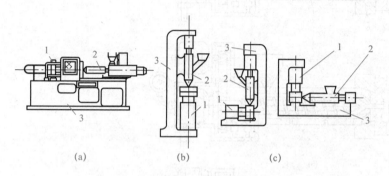

图 4-11(b)

图 4-11(c)

图 4-11　按装置排列的注塑机

(a)卧式注塑机；(b)立式注塑机；(c)直角式注塑机

1—合模装置；2—注射装置；3—机身

（1）卧式注塑机。注射系统与合模锁模系统的轴线都呈水平布置的注塑机称为卧式注塑机。这类注塑机重心低，稳定，操作、维修方便，塑件推出后可自行下落，便于实现自动化生产。注射系统有柱塞式和螺杆式两种结构，适合加工大、中型塑件。这种注塑机的主要缺点是模具安装较困难。常用的卧式注塑机型号有 XS-ZY30、XS-ZY60、XS-ZY125、XS-ZY500、XS-ZY1000 等。其中，XS 为塑料成型机，Z 为注塑机，Y 为螺杆式，30、125 等数字为注塑机的最大注射量（cm^3 或 g）。国外及部分国内注塑机生产厂家采用合模力来表示注塑机注射能力的大小。

（2）立式注塑机。注射系统与合模系统的轴线垂直于地面的注塑机称为立式注塑机。这类注塑机的优点是占地面积较小，模具装卸方便，动模侧安放嵌件便利；缺点是重心高、不稳定，加料较困难，推出的塑件要人工取出，不易实现自动化生产。注射系统一般为柱塞结构，注射量小于 60 g。

（3）直角式注塑机。注射系统与合模系统的轴线为相互垂直布置的注塑机称为直角式注塑机。常见的直角式注塑机是沿水平方向合模，沿垂直方向注射。这类注塑机结构简单，可利用开模时丝杠转动对有螺纹的塑件实现自动脱卸。注射系统一般为柱塞结构，采用齿轮齿条传动或液压传动，直角式注塑机的缺点是机械传动无法准确可靠地注射和保持压力及锁模力，模具受冲击和振动较大。

（四）注射模与注塑机的匹配

模具设计人员要正确处理注射模与注塑机之间的关系，使设计出的模具便于在注塑机上安装和使用。这是因为任何注射模只有安装在注塑机上才能使用，二者在注射成型生产中是一个不能分割的整体。注射模在注塑机上的安装关系如图 4-12 所示。

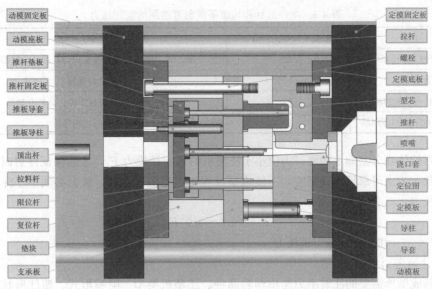

图 4-12　注射模在注塑机上的安装关系

1. 最大注射量的校核

在一个注射成型周期内,注射模内所需的塑料熔体总量 m_i 与模具浇注系统的容积和型腔容积有关。其值用下式计算:

$$m_i = Nm_s + m_j \tag{4-1}$$

式中　N——型腔的数量;

　　　m_s——单个制品的质量(或体积);

　　　m_j——浇注系统和飞边所需的塑料质量(或体积)。

设计注射模时,必须保证 m_i 小于注塑机允许的最大注射量 m_l,二者的关系为

$$m_i = (0.1 \sim 0.8) m_l$$

因聚苯乙烯塑料的密度是 1.05 g/cm^3,近似于 1 g/cm^3,因此,规定注塞式注塑机的允许最大注射量是以一次注射聚苯乙烯的最大克数为标准的;而螺杆式注塑机是以体积表示最大注射量的,与塑料的品种无关。

2. 锁模力校核

注射成型时,当高压的塑料熔体充满模具型腔时,会产生使模具分型面涨开的力 F_l,这个力的大小等于塑件和浇注系统在分型面上的投影面积之和乘以型腔的压力,即

$$F_l = (A_j + A_s) P_l \tag{4-2}$$

式中　F_l——塑料熔体在分型面上的涨开力;

　　　P_l——注射时型腔的压力,它与塑料品种和塑件有关,表 4-2、表 4-3 分别为常用塑料可选用成型腔压力的推荐值和塑件形状和精度不同时可选用的型腔压力的推荐值。

表 4-2　常用塑料可选用的型腔压力　　　　　　　　　　　MPa

塑料品种	高压聚乙烯(PE)	低压聚乙烯(PE)	PS	AS	ABS	POM	PC
型腔压力	$10 \sim 15$	20	$15 \sim 20$	30	30	35	40

表 4-3 塑件形状和精度不同时可选用的型腔压力

条件	型腔平均压力/MPa	举例
易于成型的制品	25	聚乙烯、聚苯乙烯等厚壁均匀日用品、容器类
普通制品	30	薄壁容器类
高黏度、高精度制品	35	ABS、聚甲醛等机械零件、高精度制品
黏度和精度特别高制品	40	高精度的机械零件

塑料熔体在分型面上的涨开力应小于注塑机的额定锁模力 F_l，才能保证注射时不发生溢料现象，为了可靠地闭锁型腔，不使成型过程中出现溢料现象，该力必须小于注塑机的额定锁模力，二者的关系为

$$F_l \leqslant (0.8 \sim 0.9)F_I \tag{4-3}$$

式中 F_I ——注塑机的额定锁模力。

3. 注射压力校核

塑料成型所需要的注射压力是由塑料品种、注塑机类型、喷嘴形式、塑件形状和浇注系统的压力损失等因素决定的。注射压力的校核就是核定注塑机的额定注射压力是否大于成型时所需的注射压力。同时，注射压力与塑料熔体在模具中的流动比有关，对于初步选择确定的模具结构，还应对其流动比所需用的注射压力进行校核，以保证它不超过注塑机允许使用的最大注射压力。

4. 开模行程校核

开模行程也叫合模行程，是指模具在开合过程中动模固定板的移动距离，用符号 s 表示。注塑机的开模行程是有限制的，当模具厚度确定以后，开模行程的大小直接影响模具所能成型制品高度。塑件从模具中取出时所需的开模距离必须小于注塑机的最大开模距离，否则塑件无法从模具中取出，设计模具时必须校核它所需用的开模距离是否与注塑机的开模行程相适应。由于注塑机的锁模机构不同，开模行程可按下面三种情况校核：

(1)注塑机最大开模行程与模厚无关时的校核。对于带有液压—机械式合模系统的注塑机(如国产的 XS-ZY500、XS-ZY350、XS-ZY125、XS-Z60、XS-Z30 等注塑机)，它们的开模行程均由连杆机构的冲程或其他机构(如 XS-ZY1000 注塑机中的闸杆)的冲程确定，其最大值仅与冲程的调节量有关，不受模具厚度影响。如果在这类注塑机上使用单分型面和双分型面注射模，可分别用下面两种方法校核模具所需的开模距离是否与注塑机的最大开模行程互相适应：

1)对于单分型面注射模(图 4-13)。

$$S_{max} \geqslant H_1 + H_2 + (5 \sim 10)\text{mm} \tag{4-4}$$

式中 H_1 ——制品所用的脱模距离；

H_2 ——制品高度(包括与制品相连的浇注系统凝料)。

2)对于双分型面注射模(图 4-14)。

$$S_{max} \geqslant H_1 + H_2 + \alpha + (5 \sim 10)\text{mm} \tag{4-5}$$

式中 H_1 ——制品所用的脱模距离；

H_2 ——制品高度；

α ——取出浇注系统凝料必需的长度。

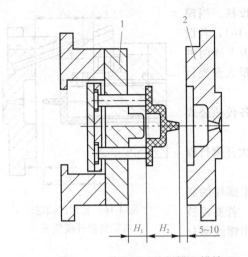
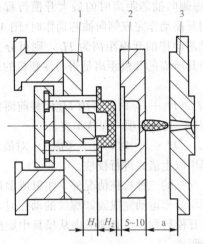
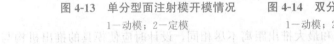

图 4-13　单分型面注射模开模情况　　图 4-14　双分型面注射模开模情况
1—动模；2—定模　　　　　　　　1—动模；2—中间板；3—定模

(2)注塑机最大开模行程与模厚有关时的校核。对于合模系统为全液压式的注塑机及带有丝杠传动合模系统的直角式注塑机(如 SYS-45 和 SY-60 等)，它们的最大开模行程直接与模具厚度有关，即

$$S_{max}=S_k-H_M \qquad (4-6)$$

式中　S_k——注塑机动模固定板和定模固定板的最大间距。

如果在上述两类注塑机上使用单分型面或双分型面模具，可分别使用下面两种方法校核模具所需的开模距离是否与注塑机的最大开模行程 S_{max} 相适应：

1)对于单分型面注射模(图 4-15)：

$$S_{max}=S_k-H_M \geqslant H_1+H_2+(5\sim10)mm \qquad (4-7)$$

或　　　　　　　　$$S_k \geqslant H_M+H_1+H_2+(5\sim10)mm \qquad (4-8)$$

2)对于双分型面注射模(如图 4-14 所示)：

$$S_{max}=S_k-H_M \geqslant H_1+H_2+\alpha+(5\sim10)mm \qquad (4-9)$$

或　　　　　　　　$$S_k \geqslant H_M+H_1+H_2+\alpha+(5\sim10)mm \qquad (4-10)$$

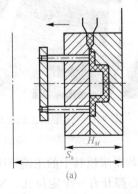
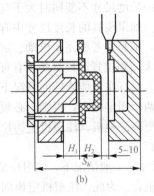

(a)　　　　　　　　　　　　　(b)

图 4-15　直角式单分型面注射模开模情况
(a)开模前；(b)开模后

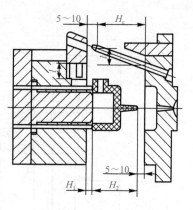

（3）考虑侧向抽芯距离时的最大开模行程校核。当模具需要利用开模动作完成侧向抽芯动作时（图4-16），若设完成侧向抽芯动作的开模距离为 H_c，则可分为下面两种情况校核模具所需的开模距离是否与注塑机的最大开模行程相适应。

1）当 $H_c > H_1 + H_2$ 时，可用 H_c 代替前面各校核公式中的 $H_1 + H_2$，其他各项均保持不变。

2）当 $H_c \leqslant H_1 + H_2$ 时，可不考虑 H_c 对最大开模行程的影响，仍用以上诸式进行校核。

除以上介绍的三种校核情况外，注射成型带螺纹的制品并需要利用开模运动完成脱卸螺纹的动作时，若要校核注塑机最大开模行程，还必须考虑从模具中旋出螺纹部分所需的开模距离。

图4-16　有侧向抽芯机构时的开模情况

5. 推顶装置校核

各种型号注塑机的推出装置和最大推出距离不尽相同，设计时应使模具的推出机构与注塑机相适应。通常是根据开合模系统推出装置的推出形式、推杆直径、推杆间距和推出距离等，校核模具内的推杆位置是否合理，推杆推出距离能否达到使塑件脱模的要求。国产注塑机的推出装置大致可分为以下四类：

（1）中心顶杆机械顶出。如卧式 XS-Z60、XS-ZY350、立式 SYS-30、直角式 SYS-45 及 SYS-60 等型号的注塑机。

（2）两侧双顶杆机械顶出。如卧式 XS-Z30 和 XS-ZY125 等型号的注塑机。

（3）中心顶杆液压顶出与两侧顶杆机械顶出联合作用。如卧式 XS-ZY250 和 XS-ZY500 等型号的注塑机。

（4）中心顶杆液压顶出与其他开模辅助油缸联合作用。如 XS-ZY1000 注塑机。

6. 模具在注塑机上的安装与固定尺寸校核

（1）模具外形尺寸与注塑机拉杆间距。注塑机动模和定模固定板的四个角部，一般都有四根拉杆，它往往会对模具的外形安装尺寸产生限制，即模具外形的长度尺寸不能同时大于与它们对应的拉杆间距。如果模具的长度尺寸中有一个超过了拉杆间距，则必须考虑注塑机动、定模两个固定板处于最大间距位置时模具是否有可能在拉杆空间内旋转。只有在可能旋转的情况下，模具才能被安装在两个固定板上，否则，必须改变模具外形尺寸或更换注塑机。注塑机上的拉杆及拉杆间距如图4-17所示。

图4-17　注塑机上的拉杆及拉杆间距

（2）定位圈尺寸。一般情况下，注射成型过程中均要求模具中的主流道中心线应与机筒和喷嘴的中心线重合。为此，注塑机定模固定板中心都开有一个定位孔，要求模具定模板上凸出的定位圈应与注塑机固定模板上的定位孔呈较松动的间隙配合。注射模上定位圈的形状如图4-18所示。

图 4-18　定位圈

（3）喷嘴尺寸。设计模具时，主流道始端的球面必须比注塑机喷嘴头部球面半径略大一些。主流道小端直径要比喷嘴直径略大，以防止主流道口部积存凝料而影响脱模。角式注塑机喷嘴多为平面，模具的相应接触处也是平面。注塑机的喷嘴如图 4-19 所示。

图 4-19　注塑机的喷嘴

（4）模具的安装尺寸与动、定模固定板上的螺孔。为了安装压紧模具，注塑机上的动模和定模两个固定板上都开有许多间距不同的螺孔。因此，设计模具时必须注意模具的安装尺寸应当与这些螺孔的位置及孔径相适应，以便能将动模和定模分别紧固在对应的两个固定板上。模具与固定板的连接固定方式有两种：一种方式是在模具的安装部位打螺栓通孔，用螺栓穿过此孔拧入注塑机的固定板；另一种方式采用压板压紧模具的安装部位。一般来说，后面一种方法比较灵活，只要在模具固定板需安放压板的外侧附近有螺孔就能紧固。但对于大型模具来讲，采用螺钉直接固定较为安全。

（5）最大、最小模厚。注射模的动、定模两部分闭合后，沿闭合方向的长度叫作模具厚度或模具闭合高度。由于绝大多数注塑机的动模与定模固定板之间的距离都具有一定的调节量，因此，它们对安装使用的模具厚度均有限制。一般情况下，实际模具厚度必须小于注塑机允许安装的最大模厚且大于注塑机允许安装的最小模厚。

（五）型腔数目的确定与布排

一次注射只能生产一件产品的模具称为单型腔注射模，一次注射能够生产两件或两件以上产品的模具称为多型腔注射模。确定型腔数量，是进行塑料注射模设计的关键一步。

1. 型腔数量的确定和校核

对于多型腔注射模，其型腔数量与注塑机的性能参数、塑件的精度和生产的经济性等因素有关，下面介绍根据这些因素确定型腔数量的方法，这些方法也可用来校核初选的型腔数量是否能与注塑机规格相匹配。

(1)按注射机的塑化能力确定型腔数量 N_1。

$$N_1 \leqslant \frac{Km_p t/3\ 600 - m_j}{m_s} \tag{4-11}$$

式中　K——注射机最大注射量的利用系数，一般取 0.8；

　　　m_p——注射机的额定塑化量(g/h 或 cm³/h)；

　　　t——成型周期(s)；

　　　m_j——浇注系统和飞边所需塑料熔体的质量或体积；

　　　m_s——单个制品的质量或体积；

(2)按注射机的额定合模力确定型腔数量 N_2。

$$N_2 \leqslant \frac{F_I - P_t A_j}{P_t A_s} \tag{4-12}$$

式中　F_I——注射机的额定合模力(N)；

　　　A_j——浇注系统和飞边在模具水平分型面上的投影面积(mm²)；

　　　A_s——单个制品在模具水平分型面上的投影面积(mm²)；

　　　P_t——单位投影面积需用的合模力(MPa)，可近似取值为熔体对型腔的平均压力，参考表 4-1、4-2 选取。

(3)按注射机的最大注射量确定型腔数量 N_3。

$$N_3 \leqslant \frac{Km_I - m_j}{m_s} \tag{4-13}$$

式中　m_I——注射机允许的最大注射量(g 或 cm³)。

(4)按制品要求的尺寸精度确定型腔数量 N_4。

成型高精度的制品时，很难使各个型腔的成型条件与尺寸达到均匀一致，因此型腔不宜过多，经验认为，每增加一个型腔，制品尺寸的精度便降低 4%，因此有经验公式：

$$N_4 = \left(\delta - \frac{\delta_{dl}}{100}\right) \div \left(\frac{\delta_{dl}}{100} \times 4\%\right) + 1 = \frac{2\ 500\delta}{\delta_{dl}} - 24 \tag{4-14}$$

式中　l——制品的基本尺寸(mm)；

　　　δ——$\delta = \Delta/2$，Δ 是制品的尺寸公差(mm)；

　　　δ_d——$\delta_d = \Delta_d/2$，Δ_d 是单型腔时各种塑料可能达到的尺寸公差。通常，聚乙烯聚苯乙烯、聚碳酸酯、ABS 和 SAN 等非结晶塑料的 Δ_d 为 ±0.05%；聚甲醛和聚酰胺-66 的 Δ_d 分别为 ±0.2% 和 ±0.3%。

一般来说，推荐使用一模四腔结构。

(5)按生产的经济性确定型腔数量 N_5(忽略注射准备时间和试生产时的原材料费)。

$$N_5 = \sqrt{\frac{tY\Sigma}{60C}} \tag{4-15}$$

式中　t——成型周期(min)；

　　　Y——每小时的工资和经营费(元)；

　　　Σ——制品的生产总量(个)；

　　　C——模具费用，$C = C_1 + N_sC_2$。其中，C_1 是与型腔无关的费用；C_2 是与型腔数成比例的费用中单个型腔分摊的费用(元)。

2.单型腔、多型腔的优缺点及适用范围

单型腔、多型腔的优缺点及适用范围见表 4-4。

表 4-4 单型腔、多型腔的优缺点及适用范围

类型	优点	缺点	适用范围
单型腔模具	塑件的精度高；工艺参数易于控制；模具结构简单；模具制造成本低，周期短	塑料成型的生产率低，制作的成本高	塑件较大，精度要求较高或者小批量及试生产
多型腔模具	塑料成型的生产率高，塑件的成本低	塑件的精度低；工艺参数难以控制；模具结构复杂；模具制造成本高、周期长	大批量、长期生产的小型塑件

3. 单型腔和多型腔模具塑件在模具中的位置

(1)单型腔模具塑件在模具中的位置。单型腔模具有塑件在动模部分、定模部分及同时在动模和定模中的结构。塑件在单型腔模具中的位置如图 4-20 所示。图 4-20(a)所示为塑件全部在定模中的结构，图 4-20(b)所示为塑件在动模中的结构，图 4-20(c)和(d)所示为塑件同时在定模和动模中的结构。

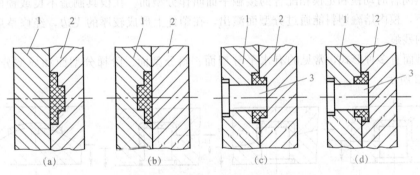

图 4-20 塑件在单型腔模具中的位置

1—动模板；2—定模板；3—动模型芯

(2)多型腔模具型腔的布排。对于多型腔模具，由于型腔的布排与浇注系统密切相关，所以，在模具设计时应综合考虑。型腔的布排应使每个型腔都能通过浇注系统从总压力中均等地分得所需的足够压力，以保证塑料熔体能同时均匀充满每个型腔，从而使各个型腔的塑件内在质量均一稳定。多型腔布排方法有平衡式和非平衡式两种。

1)平衡式排布。平衡式多型腔布排如图 4-21(a)、(b)、(c)所示。其特点是从主流道到各型腔浇口的分流道的长度、截面形状、尺寸及分布对称性对应相同，可实现各型腔均匀进料和达到同时充满型腔的目的。

2)非平衡式排布。非平衡式多型腔排布如图 4-21(d)、(e)、(f)所示。其特点是从主流道到各型腔浇口的分流道的长度不相同，因而不利于均衡进料，但这种方式可以明显缩短分流道的长度，节约塑件的原材料。为了达到同时充满型腔的目的，往往各浇口的截面尺寸要制造得不相同，有关非平衡式排布的型腔，浇口的截面尺寸设计将在本项目的"(九)浇注系统流动平衡"中予以介绍。

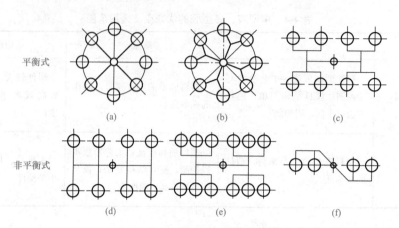

图 4-21　平衡式和非平衡式多型腔排布

平衡式 (a) (b) (c)
非平衡式 (d) (e) (f)

(六)分型面的形式、选择与确定

1. 分型面的形式

模具闭合时动模和定模相配合的接触平面叫作分型面。在模具制造不良或锁模力不足的情况下，模内熔融塑料能通过分型面溅出，在塑件上形成较厚的飞边，经修整后还能留下明显的残痕。

分型面有多种形式，常见的有水平分型面、斜分型面、阶梯分型面和异型分型面等，如图 4-22 所示。

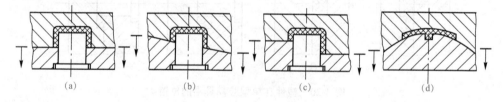

图 4-22　单分型面注射模具的分型面
(a)平面分型；(b)斜面分型；(c)阶梯面分型；(d)弧面分型

2. 分型面的选择与确定

分型面的选择是模具设计的第一步。分型面的选择受塑件形状、壁厚、成型方法、后处理工序、塑件外观、塑件尺寸精度、塑件脱模方法，模具类型、型腔数目、模具排气、嵌件、浇口位置与形式及成型机的结构等的影响。分型面选择的原则是塑件脱模方便、模具结构简单、确保塑件尺寸精度、型腔排气顺利、无损塑件外观、设备利用合理。具体如下所述。

(1)塑件脱模方便。分型面应选择在塑件外形最大轮廓处。塑件在动、定模的方位确定后，其分型面应选择在塑件外形的最大轮廓处，否则塑件会无法从型腔中脱出，这是最基本的选择原则；其次要求塑件在动、定模打开时尽可能滞留在动模一侧，因为模具的脱模机构在动模一侧。按照这一要求，主型芯一般都安装在动模一侧，塑件收缩包紧在主型芯上而留在动模一侧，此时可以将型腔设计在定模一侧。但当塑件内含有带孔的嵌件，或当塑件上根本无孔时，或者由于塑件外形复杂对型腔黏附力较大时，为了使塑件不至于留在定模一侧，应该将型腔设置在动模一侧，如图 4-23 所示。

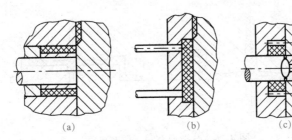

图 4-23　型腔设计在动模一侧的情况示例

(a)塑件内含有钢制嵌件；(b)塑件上无孔；(c)塑件外形复杂

(2)模具结构简单。图 4-24 中所示的塑件，形状比较特殊，若按照图 4-24(a)所示的方案，将分型面设计成平面，型腔底面不容易切削加工，不如将分型面设计为斜面，使型腔底面成为平面，便于加工，如图 4-24(b)所示。

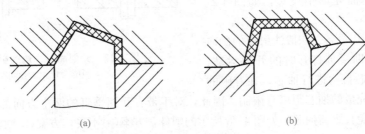

图 4-24　分型面设计有利于型腔加工

(3)确保塑件尺寸精度。如果精度要求较高的制品被分型面分割，则会因为合模不准确造成较大的形状和尺寸偏差，达不到预定的精度要求。图 4-25 中所示塑件为一双联齿轮，要求大齿、小齿、内孔三者保持严格同轴，以利于齿轮传动平稳，减小磨损。若将分型面按图 4-25(a)来设计，大齿和小齿分别在定模和动模，难以保证二者良好的同轴度，若改用图 4-25(b)中方案使分型面位于大齿端面，型腔完全在动模，可保证良好的同轴度。

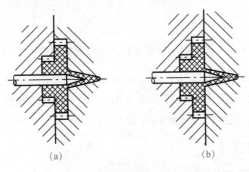

图 4-25　分型面对塑件同轴度的影响

(4)型腔排气顺利。型腔气体的排除，除利用顶出元件的配合间隙外，主要靠分型面，排气槽也都设在分型面上。因此，分型面应尽量与最后才能充填熔体的模腔表壁重合，这样对注射成型过程中的排气有利。如图 4-26 所示的塑件，方案(a)排气不畅，方案(b)排气顺利。

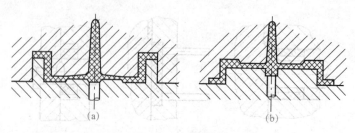

图 4-26　分型面有利于型腔排气

（5）无损塑件外观。分型面不仅应选择在对制品外观没有影响的位置，而且还必须考虑如何能比较容易地清除或修整掉分型面处产生的溢料飞边。在可能的情况下，还应避免分型面处产生飞边，如图 4-27所示。

（6）合理利用设备。一般注射模的侧向抽芯，都是借助模具打开时的开模运动，通过模具的抽芯机构进行抽芯，在有限的

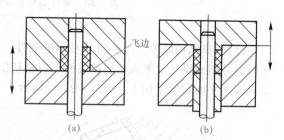

图 4-27　分型面对飞边的影响
(a)有飞边；(b)没有飞边

开模行程内，完成的抽芯距离有限制。因此，对于带有互相垂直的两个方向都有孔或凹槽的塑件，应避免长距离抽芯，如图 4-28 所示的塑件，方案(a)不妥，方案(b)则较好。

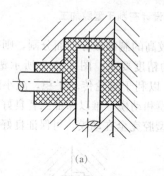
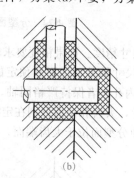

图 4-28　分型面对抽芯距离的影响

除上述原则外，选择分型面时还应尽量减小模腔（即制品）在分型面上的投影面积，以避免此面积与注塑机许用的最大注射面积接近时可能产生的溢料现象；尽量减小脱模斜度给制品大小端尺寸带来的差异；便于嵌件安装等。

（七）普通浇注系统设计

注射模的浇注系统是指塑料熔体从注塑机喷嘴出来后，到达模腔前，在模具中所流经的通道。浇注系统可分为普通浇注系统和无流道浇注系统两大类。其作用是将熔体平稳地引入型腔，使之充满型腔内各个角落，在熔体填充和凝固过程中，能充分地将压力传递到型腔的各个部位，以获得组织致密、外形清晰、尺寸稳定的塑件。浇注系统的设计是注射模设计中的一个关键环节。

1. 浇注系统的组成与作用

注射模的普通浇注系统由主流道、分流道、浇口和冷料穴等组成，如图 4-29 所示，各部分的作用如下。

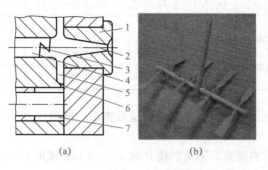

图 4-29　直浇口式浇注系统

(a)示意图；(b)实例照片

1—主流道衬套；2—主流道；3—冷料穴；4—拉料杆；5—分流道；6—浇口；7—型腔

(1)主流道。主流道由注塑机喷嘴与模具接触的部位起到分流道为止的一段流道，是熔融塑料进入模具时最先经过的部位。

(2)分流道。分流道是主流道与浇口之间的一段流道，它是熔融塑料由主流道流入型腔的过渡段，能使塑料的流向得到平稳的转换。对多腔模分流道还起着向各型腔分配塑料的作用。

(3)浇口。浇口是分流道与型腔之间的狭窄部分，也是最短小的部分。其作用有三点：一是使分流道输送来的熔融塑料在进入型腔时产生加速度，从而能迅速充满型腔；二是成型后浇口处塑料首先冷凝，以封闭型腔，防止塑料产生倒流，避免型腔压力下降过快，以致在塑件上出现缩孔和凹陷；三是成型后，便于使浇注系统凝料与塑件分离。

(4)冷料穴。冷料穴的作用是贮存两次注射间隔中产生的冷料头，以防止冷料头进入型腔造成塑件熔接不牢，影响塑件质量，甚至发生冷料头堵塞住浇口，造成成型不满。冷料穴一般设置在主流道末端，当分流道较长时，在它的末端也应开设冷料穴。

2. 主流道、浇口套、定位圈设计

(1)主流道设计。主流道的几何形状和尺寸如图 4-30 所示。直浇口式主流道的截面形状一般为圆形，设计时应注意下列事项：

1)主流道的尺寸。主流道的尺寸应当适宜，一般情况下，主流道进口端的截面直径取 4～8 mm，若熔体流动性好且制品较小时，直径可设计得小一些；反之则要设计得大一些。确定主流道截面直径时，还应当注意喷嘴和主流道的对中问题，因对中不良产生的误差容易在喷嘴和主流道进口处造成漏料或积存冷料，并因此妨碍主流道凝料脱模。为了补偿对中误差并

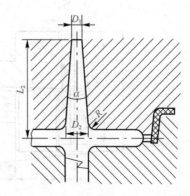

图 4-30　直浇口式主流道的形状和尺寸

解决凝料脱模问题，主流道进口端直径一般都要比喷嘴出口直径大 0.5～1 mm。表 4-5 推荐的主流道截面直径可供参考使用。

表 4-5　主流道截面直径的推荐值

注塑机注射量	10 g		30 g		60 g		125 g		250 g		500 g		1 000 g	
进、出端值	D_1	D_2	D_1	D_2	D_1	D_2	D_1	D_2	D_1	D_2	D_1	D_2	D_1	D_2
聚乙烯苯乙烯	3	4.5	3.5	5	4.5	6	4.5	6	4.5	6.5	5.5	7.5	5.5	8.5
ABS、AS	3	4.5	3.5	5	4.5	6	4.5	6.5	4.5	7	5.5	8	5.5	8.5
聚砜、聚碳酸酯	3.5	5	4	5.5	5	6.5	5	7	5	7.5	6	8.5	6	9

2)为了便于取出主流道凝料，主流道应呈圆锥形，锥角取 $2°\sim4°$。对流动性差的塑料可取到 $6°\sim10°$。

3)主流道出口端应有圆角，圆角半径 R 取 $0.3\sim3$ mm 或取 $0.125D_2$。

4)主流道表壁的表面粗糙度应小于 $Ra0.63\sim1.25$ μm。

5)主流道长度一般小于或等于 60 mm。

(2)浇口套设计。由于注射成型时主流道要与高温塑料熔体和注塑机喷嘴反复接触与碰撞，所以一般都不将主流道直接开在定模上，而是将它单独开设在一个嵌套中，然后将此套再嵌入定模内，该嵌套称为浇口套。对于小型注射模，可将浇口套与定位圈设计成一个整体，但在多数情况下均分开设计，浇口套的长度应与定模配合部分的厚度一致，主流道出口处的端面不得突出在分型面上，否则不仅会造成溢料，还会压坏模具。

采用浇口套以后，不仅为主流道的加工和热处理及衬套本身的选材等工作带来很大方便，而且在主流道损坏后也便于修磨或更换。《塑料注射模零件　第 19 部分：浇口套》(GB/T 4169.19—2006)规定了塑料注射模用浇口套的尺寸规格和公差，同时，还给出了材料指南、硬度要求和标记方法。《塑料注射模零件　第 19 部分：浇口套》(GB/T 4169.19—2006)规定的标准浇口套见表 4-6。

表 4-6　标准浇口套尺寸　　　　　　　　　　　　　　　　mm

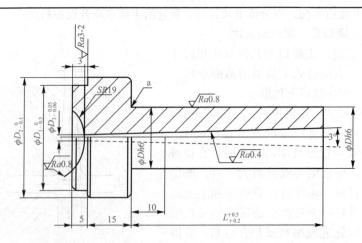

未注表面粗糙度 $Ra=6.3$ μm；未注倒角 1 mm×45°。

a 可选砂轮越程槽或 $R0.5\sim1$ mm 圆角。

标记示例：直径 $D=12$ mm，长度 $L=50$ mm 的浇口套：浇口套　12×50　GB/T 4169.19—2006。

续表

D	D_1	D_2	D_3	L		
				50	80	100
12			2.8	×		
16	35	40	2.8	×	×	
20			3.2	×	×	×
25			4.2	×	×	×

注：①材料由制造者选定，推荐采用 45 钢。

②局部热处理，$SR19$ mm 球面硬度 38～45HRC。

③其余应符合《塑料注射模零件技术条件》(GB/T 4170—2006)的规定。

（3）定位圈设计。定位圈与注塑机定模固定板中心的定位孔相配合，其作用是使主流道与喷嘴和机筒对中。对于小型模具，定位圈与定位孔的配合长度可取 8～10 mm，对于大型模具则可取 10～15 mm。

《塑料注射模零件 第 18 部分：定位圈》(GB/T 4169.18—2006)规定了塑料注射模用定位圈的尺寸规格和公差，同时，还给出了材料指南、硬度要求和标记方法。《塑料注射模零件 第 18 部分：定位圈》(GB/T 4169.18—2006)规定的标准定位圈见表 4-7。

表 4-7 标准定位圈   mm

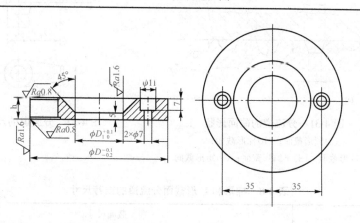

未注表面粗糙度 $Ra=6.3\ \mu m$；未注倒角 1 mm×45°。

标记示例：直径 $D=100$ mm 的定位圈　定位圈　100　GB/T 4169.18—2006。

D	D_1	h
100		
120	35	15
150		

注：①材料由制造者选定，推荐采用 45 钢。

②硬度 28～32HRC。

③其余应符合《塑料注射模零件技术条件》(GB/T 4170—2006)的规定。

3. 分流道设计

单腔注射模通常不用分流道，但多腔注射模必须开设分流道。对分流道的要求是：熔体通过时的温度下降和压力损失都应尽可能小，能平稳均衡地将熔体分配到各个模腔，不过分增加塑料消耗量等。因此，恰当合理的分流道形状和尺寸应根据制品的体积、壁厚、形状复杂程度、模腔的数量及所用塑料的性能等因素综合考虑。

(1) 分流道的形状。分流道开设在动、定模分型面的两侧或任意一侧，其截面形状如图 4-31 所示。其中，圆形截面[图 4-31(a)]分流道的比表面积(流道表壁面积与容积的比值)最小，塑料熔体的热量不易散发，所受流动阻力也小，但需要开设在分型面两侧，而且上、下两部分必须互相吻合，加工难度较大；梯形截面[图 4-31(b)]分流道容易加工，且熔体的热量散发和流动阻力都不大，因此最为常用；U 形截面[图 4-31(c)]分流道的优缺点和梯形的基本相同，常用于小型制品；半圆形截面[图 4-31(d)]和矩形截面[图 4-31(e)]分流道因为比表面积较大，一般不常用。

(2) 分流道的尺寸。分流道的尺寸需根据制品的壁厚、体积、形状复杂程度及所用塑料的性能等因素而定，具体可参考图 4-32 设计。对大型制品 h 值可取大些，β 角可取小些，分流道长度 L_f 一般为 8～30 mm，也可根据模腔数量适当加长，但不宜小于 8 mm，否则会给修磨工作增加困难。对于常用的梯形和 U 形截面分流道的尺寸可参考表 4-8 设计。

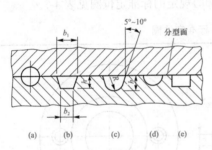

图 4-31　分流道的截面形状

(a)圆形截面；(b)梯形截面；
(c)U 形截面；(d)半圆形截面；(e)矩形截面

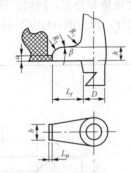

图 4-32　分流道的尺寸

表 4-8　梯形和 U 形截面分流道的推荐尺寸　　　　　mm

截面形状	截面尺寸						
	d_1	4	6	(7)	8	(9)	10	12
	h	3	4	(5)	5.5	(6)	7	8
	R	2	3	(3.5)	4	(4.5)	5	6
	h	4	5	(7)	8	(9)	10	12

注：1. 括号内尺寸不推荐采用；
　　2. r 一般为 3 mm。

分流道表壁的表面粗糙度不宜太小，一般要求达到 $Ra1.25\sim2.5\ \mu m$ 即可，这样可增大对外层塑料熔体的流动阻力，保证熔体流动时具有合适的切变速率和剪切热；当分流道较长时，其末端应设计冷料穴。

4. 冷料穴设计

冷料穴位于主流道出口一端。对于立、卧式注塑机用模具，冷料穴位于主分型面的动模一侧，对于直角式注塑机用模具，冷料穴是主流道的自然延伸。因为立、卧式注塑机用模具的主流道在定模一侧，模具打开时，为了将主流道凝料能够拉向动模一侧，并在顶出行程中将它脱出模外，动模一侧应设有拉料杆。应根据脱模机构的不同，正确选取冷料穴与拉料杆的匹配方式。冷料穴与拉料杆的匹配方式有以下三种：

(1)冷料穴与 Z 形拉料杆匹配。冷料穴底部装一个头部为 Z 形的圆杆，动、定模打开时，借助头部的 Z 形钩将主流道凝料拉向动模一侧，顶出行程中又可将凝料顶出模外。Z 形拉料杆安装在顶出元件（顶杆或顶管）的固定板上，与顶出元件的运动是同步的，如图 4-33(a)所示。Z 形拉料杆除不适用于采用脱件板脱模机构的模具外，是最经常采用的一种拉料形式，适用于所有热塑性塑料，也适用于热固性塑料注射。

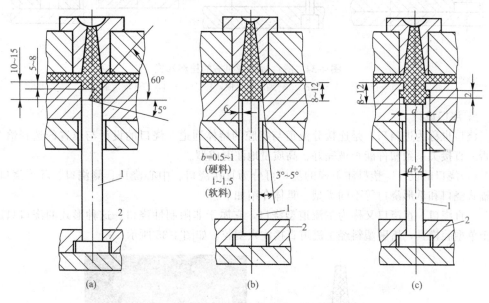

图 4-33　适用于顶杆、顶管脱模机构的拉料形式
(a)Z 形拉料杆；(b)锥形冷料穴；(c)圆环槽形冷料穴
1—拉料杆；2—顶杆固定板

(2)锥形或圆环槽形冷料穴与推料杆匹配。图 4-33(b)和图 4-33(c)分别表示锥形冷料穴和圆环槽形冷料穴与推料杆的匹配。将冷料穴设计成带有锥度或带一环形槽，动、定模打开时，冷料本身可将主流道凝料拉向动模一侧，冷料穴之下的圆杆在顶出行程中将凝料推出模外。这两种匹配形式也适用于除脱件板脱模机构外的模具。

(3)冷料穴与带球形头部的拉料杆匹配。当模具采用脱件板脱模机构时，不能采用上述几种拉下主流道凝料的形式，应采用端头为球形的拉料杆。球形拉料杆的球头和细颈部分伸到冷料穴内，被料穴中的凝料包围，如图 4-34(a)所示。动、定模打开时将主流道凝料拉向动模一侧，在顶出行程中，脱件板将塑件从主型芯上脱下的同时也将主流道凝料从球头上脱下，如图 4-34(b)所示。这里应该注意，球形拉料杆应安装在型芯固定板上，而不是安装在顶杆固定板上。

与球形拉料杆作用相同的还有菌形拉料杆和尖锥形拉料杆，分别如图 4-34(c)和(d)所示。尖锥形拉料杆只是当塑件带有中心孔时才采用。为增加拉下主流道凝料的可靠性，锥尖部分应取较小锥度，并将表面加工得粗糙一些。

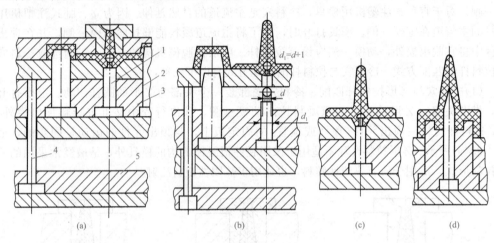

图 4-34　脱件板脱模机械的拉料形式

1—拉料杆；2—型芯；3—型芯固定板；4—顶杆；5—顶杆固定板

5．浇口设计

浇口也称为进料口，是连接分流道与型腔的熔体通道。浇口的设计与位置的选择恰当与否，直接关系到塑件能否被完好、高质量地注射成型。

(1)浇口的设计。塑料注射模的浇口可分为直接浇口、中心浇口、侧浇口、环形浇口、轮辐式浇口和爪形浇口等不同类型。具体介绍如下：

1)直浇口。直浇口又称为主流道型浇口，它属于非限制性浇口。这种形式的浇口只适用于单型腔模具，熔融塑料经主流道直接注入型腔，如图 4-35 所示。

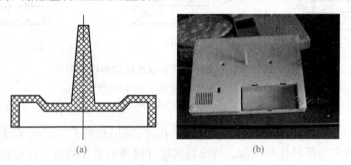

图 4-35　直浇口

(a)示意图；(b)实物照片

直浇口的位置一般是设置在制品表面或背面，其特点是：流动阻力小，流动路程短及补缩时间长等；有利于消除深型腔处气体不易排出的缺点；塑件和浇注系统在分型面上的投影面积最小，模具结构紧凑，注塑机受力均匀；塑件翘曲变形、浇口截面大，去除浇口困难，去除后会留有较大的浇口痕迹，影响塑件的美观。

直浇口大多用于注射成大型、中型长流程深型腔筒形或壳形塑件，尤其适用于如聚碳酸酯、聚砜等高黏度塑料。表4-9为常用塑料的直浇口尺寸。

表 4-9　常用塑料的直浇口尺寸

塑件质量/g	<35		<340		<340	
主流道直径/mm	d	D	d	D	d	D
PS	2.5	4	3	6	3	8
PE	2.5	4	3	6	3	7
ABS	2.5	5	3	7	4	8
PC	3	5	3	8	5	10

2)中心浇口。当筒类或壳类塑件的底部中心或接近于中心部位有通孔时，内浇口就开设在该孔处，同时，中心设置分流锥，这种类型的浇口称为中心浇口，是直接浇口的一种特殊形式，如图4-36所示。它具有直接浇口的一系列优点，并克服了直接浇口易产生的缩孔、变形等缺陷。在设计时，环形的厚度一般不小于0.5 mm。

3)环形浇口与盘形浇口。熔融塑料沿塑件的内圆周而扩展进料的浇口称为盘形浇口，如图4-37(a)所示；熔融塑料沿塑件的整个外圆周而扩展进料的浇口称为环形浇口，如图4-37(b)所示。环形浇口和盘形浇口均适用于长管形塑件，它们都能使熔料环绕型芯均匀进入型腔，充模状态和排气效果好，能减少拼缝痕迹。但浇注系统凝料较多，切除比较困难，浇口痕迹明显。

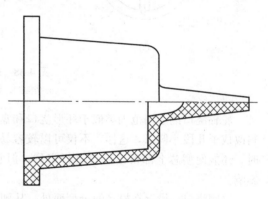

图 4-36　中心浇口的形式

环形浇口的浇口设计在型芯上，浇口的厚度 $t=0.25\sim1.6$ mm，长度 $l=0.8\sim1.8$ mm；盘形浇口的尺寸可参考环形浇口设计。

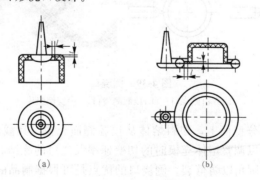

图 4-37　盘形浇口和环形浇口

(a)盘形浇口；(b)环形浇口

4)轮辐浇口。分流道呈轮辐状分布在同一平面或圆锥面内，熔融塑料沿塑件的部分圆周而扩展进料的浇口称为轮辐浇口，如图 4-38 所示。轮辐浇口的尺寸可参考图示进行设计。

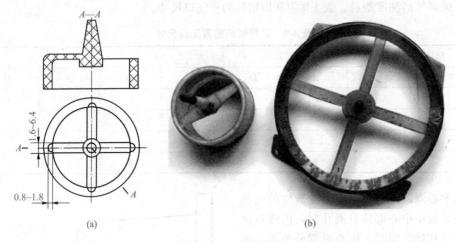

图 4-38　轮辐浇口

（a）结构图；（b）实物照片

轮辐浇口的适用范围类似于环形浇口和盘形浇口，它将环形浇口和盘形浇口的圆周进料改成了几段小圆弧，这样，不仅可以较容易地去除浇口凝料，浇口用料也随之减少，同时，还能使型芯上部留出位置进行定位，但它的制品上具有多条熔接痕，对制品强度有影响。

5）侧浇口。设置在模具的分型面处，从塑件的内或外侧进料，截面为矩形的浇口称为侧浇口，如图 4-39 所示。

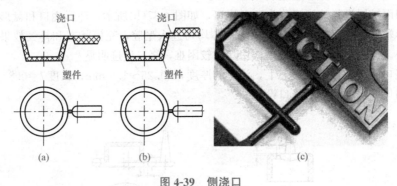

图 4-39　侧浇口

（a）齐边侧浇口；（b）顶面侧浇口；（c）实例照片

侧浇口一般开设在分型面上，塑料熔体从模腔侧面充模，其截面形状多为矩形狭缝，改变截面高度和宽度可以调整熔体充模时的切变速率及浇口的冻结时间。在侧浇口进入或连接型腔的部位，应成圆角以防劈裂。侧浇口的优点是可根据制品的形状特点灵活地选择浇口位置，而不像其他浇口那样，其浇口位置经常受到限制。

侧浇口尺寸计算的经验公式如下：

$$b = \frac{(0.6 \sim 0.9)\sqrt{A}}{30} \tag{4-16}$$

$$t = (0.6 \sim 0.9)\delta \qquad (4\text{-}17)$$

式中　b——侧浇口的宽度(mm);

　　　A——塑件的外侧表面积(mm²);

　　　T——侧浇口的厚度(mm);

　　　δ——浇口处塑件的壁厚(mm)。

对于中小型塑件,一般厚度 $t=0.5\sim2.0$ mm(或取塑件壁厚的 1/3～2/3),宽度 $b=1.5\sim5.0$ mm,浇口的长度 $l=0.7\sim2.0$ mm;端面进料的搭接式侧浇口,搭接部分的长度 $l_1=(0.6\sim0.9)$ mm$+0.5b$,浇口长度 l 可适当加长,取 $l=2.0\sim3.0$ mm。

6)扇形浇口。宽度从分流道往型腔方向逐渐增加呈扇形的侧浇口称为扇形浇口,如图 4-40 所示。

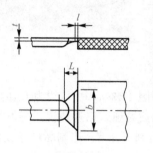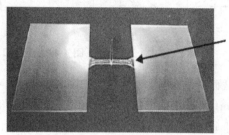

图 4-40　扇形浇口

扇形浇口是侧浇口的变异形式,是一种沿浇口方向宽度逐渐增加、厚度逐渐减小的呈扇形的侧浇口,常用于扁平而较薄的塑件,如盖板、标卡和托盘类等。通常在与型腔接合处形成长度 $l=1\sim1.3$ mm、厚度 $t=0.25\sim1.0$ mm 的进料口,进料口的宽度 b 视塑件大小而定,一般取 6 mm 到浇口处型腔宽度的 1/4,整个扇形的长度 l 可取 6 mm 左右,塑料熔体通过它进入型腔。采用扇形浇口,熔融塑料横向分散进入型腔,减少了流纹和定向效应。对于着色料来说,可以减少用点浇口所产生的流纹。扇形浇口的凝料摘除不但困难,浇口残痕也比较明显。

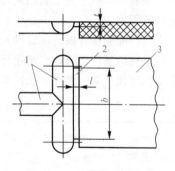

图 4-41　平缝浇口的形式

1—分流道;2—平缝扇形浇口;3—塑件

7)平缝浇口。平缝浇口又称为薄片浇口,如图4-41所示。这类浇口宽度很大,厚度很小,主要用来成型面积较小、尺寸较大的扁平塑件,可减小平板塑件的翘曲变形,但浇口的去除比扇形浇口更困难,浇口在塑件上痕迹也更明显。平缝浇口的宽度 b 一般取塑件长度的 25%～100%,厚度 $t=0.2\sim1.5$ mm,长度 $l=1.2\sim1.5$ mm。

8)爪形浇口。爪形浇口如图 4-42 所示。爪形浇口加工较困难,通常用电火花成型。型芯可用作分流锥,因其头部与主流道有自动定心的作用(型芯头部有一端与主流道下端大小一致),从而避免了塑件弯曲变形或同

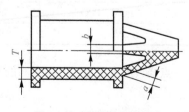

图 4-42　爪形浇口的形式

101

轴度差等成型缺陷。爪形浇口的缺点与轮辐式浇口类似,主要适用于成型内孔较小且同轴度要求较高的细长管状塑件。

9)点浇口浇注系统。点浇口又称为针点浇口,如图4-43所示,它是一种截面尺寸很小的浇口,因此又称为小浇口。

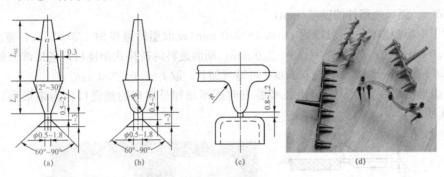

图4-43 点浇口

点浇口截面一般为圆形,其尺寸如图4-43所示。图4-43(a)中L_{Z1}约为L_{Z2}的2/3,一般取15~25 mm;在模腔与浇口的接合处还应采取倒角或圆弧,以避免浇口在开模拉断时损坏制品。图4-43(b)中主流道末端增设圆弧过渡,更有利于补缩。当制品尺寸较大时,可以使用多个点浇口从多处进料,由此缩短塑料熔体流程,并减小制品翘曲变形。

点浇口的截面尺寸小,浇口前后两端存在较大的压力差,可较大程度地增大塑料熔体的剪切速率并产生较大的剪切热,从而导致熔体的表观黏度下降,流动性增加,有利于型腔的充填,因而,对于薄壁塑件及诸如聚乙烯、聚丙烯等表观黏度随剪切速率变化敏感的塑料成型有利,但不利于成型流动性差及热敏性塑料,也不利于成型平薄易变形及形状非常复杂的塑件。

点浇口能够在开模时被自动拉断,浇口疤痕很小不需修整,容易实现自动化。但采用点浇口进料的浇注系统,在定模部分必须增加一个分型面,用于取出浇注系统的凝料,使模具结构比较复杂。点浇口的尺寸可参考图4-43确定或参考表4-10选取。

表4-10 侧浇口和点浇口的推荐值

壁厚 塑料种类	<1.5	1.5~3	<3
PS、PE	0.5~0.7	0.6~0.9	0.8~1.2
PP	0.6~0.8	0.7~1.0	0.8~1.2
HIPS、ABS、PMMA	0.8~1.0	0.9~1.8	1.0~2.0
PC、POM、PPO	0.9~1.2	1.0~1.2	1.2~1.6
PA	0.8~1.2	1.0~1.5	1.2~1.8

点浇口的直径也可以用下面的经验公式计算:

$$d = (0.14 \sim 0.20)\sqrt[4]{\delta^2 A} \tag{4-18}$$

式中 d——点浇口直径(mm);

δ——塑件在浇口处的壁厚(mm);

A——型腔表面积(mm^2)。

10)潜伏浇口。潜伏浇口又称为剪切浇口、隧道浇口，它是由点浇口变异而来，这种浇口具备点浇口的一切优点，因而已获得广泛应用。潜伏浇口的分流道位于模具的分型面上，浇口潜入分型面一侧，沿斜向进入型腔，这样在开模时不仅能自动剪断浇口，而且其位置可设在制品的侧面、端面或背面等隐蔽处，使制品的外表面无浇口痕迹。图4-44所示为常见潜伏浇口的形式。图4-44(a)所示为浇口开设在定模部分的形式；图4-44(b)所示为浇口开设在动模部分的形状；图4-44(c)所示为潜伏浇口开设在推杆上部，而进料口在推杆上端的形式；图4-44(d)所示为圆弧形潜伏式浇口。在潜伏浇口形式中，图4-44(a)、(b)两种形式应用最多；图4-44(c)的浇口在塑件内部，因此，其外观质量好；图4-44(d)用于高度比较小的制件，其浇口加工比较困难。

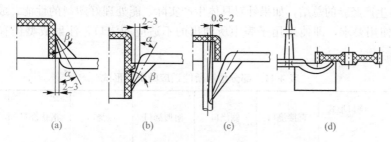

(a)   (b)   (c)   (d)

图4-44 潜伏浇口形式

潜伏浇口一般为圆锥形截面，其尺寸设计可参考点浇口。如图4-44所示，潜伏浇口的引导锥角 β 应取10°～20°，对硬质脆性塑料 β 取大值；反之则取小值。潜伏浇口的方向角 α 越大，越容易拔出浇口凝料，一般 α 取45°～60°，对硬质脆性塑料 α 取小值。推杆上的进料口宽度为0.8～2 mm，具体数值应根据塑件的尺寸确定。

采用潜伏浇口的模具结构，可将双分型面模具简化成单分型面模具。潜伏浇口由于浇口与型腔相连时有一定角度，形成了切断浇口的刃口，这一刃口在脱模或分型时形成的剪切力可将浇口自动切断，但是，对于较强韧的塑料则不宜采用。

11)护耳浇口。为避免在浇口附近的应力集中而影响塑件质量，在浇口和型腔之间增设护耳式的小凹槽，使凹槽进入型腔处的槽口截面充分大于浇口截面，从而改变流向、均匀进料的浇口称为护耳浇口，如图4-45所示。

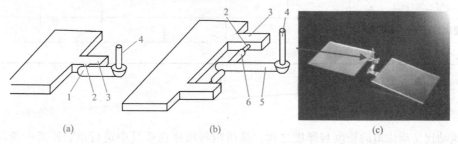

(a)   (b)   (c)

图4-45 护耳浇口

(a)单护耳；(b)双护耳；(c)实例照片

1—分流道；2—浇口；3—护耳；4—主流道；5——次分流道；6—二次分流道

护耳浇口是采用截面面积较小的浇口加护耳的方法来改变塑料体流向，以避免熔体通过浇口后发生喷射流动，影响充模及成型后的制品质量。护耳长度取 15～20 mm，宽度为长度的一半，厚度可为浇口处模腔厚度的 7/8。浇口位于护耳侧面的中央，长度为 1 mm，截面宽度为 1.6～3.2 mm，截面高度等于护耳的 80% 或完全相等。护耳纵向中心线与制品边缘的间距宜控制在 150 mm 以内，当制品尺寸过大时，可采用多个护耳，护耳间距控制在 300 mm 以内。

护耳浇口常用于透明度高和要求无内应力的塑件，如聚甲基丙烯酸甲酯制品。大型ABS塑件也常采用护耳浇口。

(2)浇口对塑料品种的适应性。不同的浇口形式对塑料熔体的充填特性、成型质量及塑件的性能会产生不同的影响。各种塑料因其性能的差异而对不同形式的浇口有不同的适应性，表 4-11 列出了部分塑料所能适应的浇口形式，可供设计模具时参考。需要指出的是，表 4-11 仅是生产经验的总结，如果针对具体生产实际，能处理好塑料的性能、成型工艺条件及塑件的使用要求，即使采用了表中所列出的不适应的浇口，注射成型仍有可能取得成功。

表 4-11　部分塑料所能适应的浇口形式

浇口形式 塑料种类	直接浇口	侧浇口	扇形浇口	点浇口	潜伏浇口	环(盘)形浇口
丙烯酸酯	o	o				
ABS	o	o	o	o	o	o
丙烯－苯乙烯(SAN)	o	o		o		
聚甲醛(POM)	o	o	o	o	o	o
聚酰胺(PA)	o	o		o		
橡胶改性苯乙烯					o	
聚苯乙烯(PS)	o	o		o		
聚碳酸酯(PC)	o	o		o		
聚丙烯(PP)	o	o		o		
聚乙烯(PE)	o	o		o		
硬聚氯乙烯(UPVC)	o	o				

注："o"表示塑料使用的浇口形式。

(八)流动比的校核

流动比是指流道的长度与厚度之比，是指塑料熔体在模具中进行最长距离的流动时，其截面厚度相同的各段料流通道及各段模腔的长度与其对应截面厚度之比值的总和，如图 4-46 所示。通常把各流道的流动比之和称为这个制品的流动比。如果流动比在使用塑料所确定的数值之内，那么就基本上可以判定能够成型。

$$\text{流动比} = \sum_{t=1}^{i=n} \frac{L_i}{t_i} \tag{4-19}$$

式中　L_i ——流道的长度;

t_i ——对应流道的厚度。

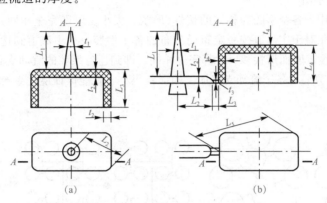

图 4-46　流动比的计算图解

对于图 4-44(a)　　　　$$\text{流动比} = \frac{L_1}{t_1} + \frac{L_2 + L_3}{t_2} \tag{4-20}$$

对于图 4-44(b)　　$$\text{流动比} = \frac{L_1}{t_1} + \frac{L_2}{t_2} + \frac{L_3}{t_3} + \frac{2L_4}{t_4} + \frac{L_5}{t_5} \tag{4-21}$$

流动比的值因塑料的配合比、成型的温度、注射压力、浇口种类及流道长度的不同而有很大差别,一般难以准确确定。表 4-12 是流动比的经验值,供模具设计时参考。

表 4-12　各种成型树脂的 L/t 与注射压力的关系

塑料品种	注射压力/MPa	流动距离比	塑料品种	注射压力/MPa	流动距离比
聚乙烯(PE)	49	140～100	聚苯乙烯(PS)	88.2	300～260
	68.6	240～200	聚甲醛(POM)	98	210～110
	147	280～250			
聚丙烯(PP)	49	140～100	尼龙 6	88.2	320～200
	68.6	240～200			
	117.6	280～240			
聚碳酸酯(PC)	88.2	130～90	尼龙 66	88.2	130～90
	117.6	150～120		127.4	160～130
	127.4	160～120			
软聚氯乙烯(SPVC)	88.2	280～200	硬聚氯乙烯(HPVC)	68.6	110～70
	68.6	240～160		88.2	140～100
				117.6	160～120
				127.4	170～130

(九)浇注系统流动平衡

对多腔模具的基本要求是各个型腔能够同时充满且各个型腔的压力相同,这样才能保证各个型腔所成型出的塑件尺寸、性能一致。有资料介绍，若不同型腔熔体压力相差6.9 MPa，则收缩率会相差0.5%~0.75%之多。多型腔模具浇注系统流动平衡的目的就是要达到上述要求。具体可分为如下几种情况。

1. 流动支路平衡

该种情况适用于各个型腔为相同的塑件(形状、大小、厚度完全相同)的小型塑件的大批量生产，是指相对于主流道按一定布局分布的各个型腔，从主流道到达各个型腔的分流道、浇口，其长度、断面形状和尺寸都完全相同、即到达各型腔的流动支路是完全相同的，如图4-47所示。只要对各个流动支路加工的误差很小，就能保证浇注系统平衡、各个型腔同时充模。

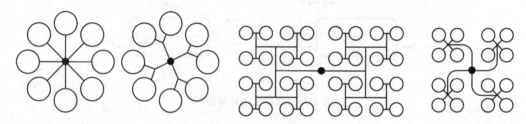

图 4-47　多型腔模具浇注系统的流动支路平衡

2. 熔体压降平衡

当各型腔所成型的塑件不同，或者型腔数量太多及由于模具总体结构所限，难以采用上述各流动支路平衡方法时，可以使到达各个型腔的分流道的断面形状和大小相同，但长度不同，进入各个型腔的浇口断面大小也因而不同，如图4-48所示。对于这种设计方案，只有通过对各个型腔浇口断面大小的调节，使熔体从主流道流经不同长度的分流道，并经过断面大小不同的各型腔浇口产生相同的压降，达到使各型腔同时充满的目的。

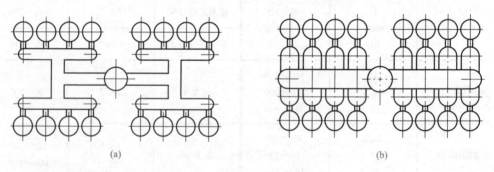

(a)　　　　　　　　　　　　　　　(b)

图 4-48　多型腔的支路压降平衡

3. 实际生产中浇口系统的平衡调整

(1)首先将各浇口的长度、宽度和厚度加工成对应相等的尺寸。

(2)试模后检验每个型腔的塑件质量，特别要检查最后一个充满的型腔其塑件是否有产生补缩不足的缺陷。

(3)将晚充满、有补缩不足缺陷型腔的浇口宽度略微修大。尽量不要改变浇口厚度，因为改变浇口厚度对压力损失较为敏感，浇口冷却固化的时间也会前后不一致。

(4)用同样的工艺方法重复上述步骤直至塑件质量满意为止。

在上述试模的整个过程中，注射压力、熔体温度、模具温度、保压时间等成型工艺应与正式批量生产时的工艺条件相一致。

应该指出：目前尚无一个准确计算方法确定各型腔浇口断面尺寸，主要是靠试模后修正浇口尺寸。

(十)模具的排气

1. 排气结构的作用

注射模的排气是模具设计中不可忽视的一个问题，特别是随着快速注射成型工艺的发展，对注射模排气的要求也越加严格。注射模内积集的气体有以下四个来源：

(1)进料系统和型腔中存有的空气；

(2)塑料含有的水分在注射温度下蒸发而成的水蒸气；

(3)由于注射温度过高，塑料分解所产生的气体；

(4)塑料中某些配合剂挥发或化学反应所生成的气体(在热固件塑料成型时，常常存在由于化学反应生成的气体)。

在排气不良的模具中，上述这些气体经受很大的压缩作用而产生反压力，这种反压力阻止熔融塑料的正常快速充模，而且，气体压缩所产生的热也能使塑料烧焦。在充模速度大、温度高、物料黏度低、注射压力大和塑件过厚的情况下，气体在一定的压缩程度下能渗入塑料内部，造成熔接不牢、表面轮廓不清、充填不满、气孔和组织疏松等缺陷。

2. 设计要点

排气槽(或孔)位置和大小的选定，主要依靠经验。通常，将排气槽(或孔)先开设在比较明显的部位，经过试模后再修改或增加，但基本的设计要点可归纳如下：

(1)排气要保证迅速、完全，排气速度要与充模速度相适应；

(2)排气槽(孔)尽量设置在塑件较厚的成型部位；

(3)排气槽应尽量设置在分型面上，但排气槽溢料产生的毛边应不妨碍塑件脱模；

(4)排气槽应尽量设置在料流的终点，如流道、冷料井的尽端；

(5)为了模具制造和清模的方便，排气槽应尽量设在凹模的一面；

(6)排气槽排气方向不应朝向操作面，防止注射时漏料烫伤人；

(7)排气槽(孔)不应有死角，防止积存冷料。

排气槽的宽度可取 1.5～6 mm，深度以塑料熔体不溢出排气槽为宜，其数值与熔体黏度有关，一般可在 0.02～0.05 mm 范围内选择。常用塑料的排气槽厚度的取值见表 4-13。

表 4-13 常用塑料排气槽厚度

塑料名称	排气槽厚度/mm
尼龙类	≤0.015
聚烯烃塑料	≤0.02
PS、ABS、AS、ASA、SAN、POM、增强尼龙、PBT、PET	≤0.03
聚碳酸酯、PSU、PVC、PPO、丙烯酸塑料、其他增强塑料	≤0.04

3. 常见的排气形式

塑料注射模常见的排气形式见表 4-14。

表 4-14　常见的排气形式

排气槽排气	1—分流道；2—浇口；3—排气槽； 4—导向沟；5—分型面	对于成型大中型塑件的模具，需排出的气体量多，通常应开设排气槽。排气槽通常开设在分型面凹模一边。排气槽的位置以处于熔体流动末端为好。排气槽宽度 $b=3\sim5$ mm，深度 h 小于 0.05 mm，长度 $l=0.7\sim1.0$ mm，常用塑料排气槽的深度见表 4-11
分型面排气		对于小型模具可利用分型面排气，但分型面应位于塑料熔体流动的末端
推杆间隙排气		利用推杆和模板或型芯的配合间隙排气，或有意增加推杆与模板和型芯的间隙
粉末烧结合金块排气	1—凹模；2—合金块；3—型芯；4—固定板	粉末烧结合金块是用小颗粒合金烧结而成的材料，质地疏松，有透气性，允许气体通过。在需排气部分放置一块这样的合金就能达到排气效果。但其底部通气孔直径 D 不宜太大，以保证底部支承有足够面积
强制排气	1—沿全周的间隙；2—沟槽，槽宽 $3\sim5$ mm，槽深 0.2 mm；3—在此开设若干个沟槽至外壁，槽宽 $5\sim10$ mm，槽深 0.5 mm	在封闭气体的部位，设置排气杆。这种方法排气效果好，但会在塑件上留下杆件痕迹
镶拼件缝隙排气		对于组合式的型腔或型芯可利用其拼合的缝隙排气

(十一)成型零部件结构设计

注射模具闭合时，成型零件构成了成型塑料制品的型腔。成型零件主要包括凹模、凸模、型芯、镶拼件、各种成型杆与成型环。成型零件承受高温高压塑料熔体的冲击和摩擦。在冷却固化中形成了塑件的形体、尺寸和表面。在开模和脱模时需克服与塑件的黏着力。在上万次、甚至几十万次的注射周期，成型零件的形状和尺寸精度、表面质量及其稳定性，决定了塑料制品的相对质量。成型零件在充模保压阶段承受很高的型腔压力，作为高压容器，它的强度和刚度必须在允许值之内。成型零件的结构、材料和热处理的选择及加工工艺性，是影响模具工作寿命的主要因素。

成型零件的结构设计，是以成型符合质量要求的塑料制品为前提，但必须考虑金属零件的加工性及模具制造成本。成型零件成本高于模架的价格，随着型腔的复杂程度、精度等级和寿命要求的提高而增加。

1. 型腔结构设计

型腔是成型塑件外表面的工作零件，按其结构可分为整体式和组合式两类。

(1)整体式。整体式型腔由一整块金属材料加工而成，如图4-49(a)所示。其特点是结构简单、强度大、刚性好，不易变形，塑件无拼缝痕迹，适用于形状简单的中、小型塑件。

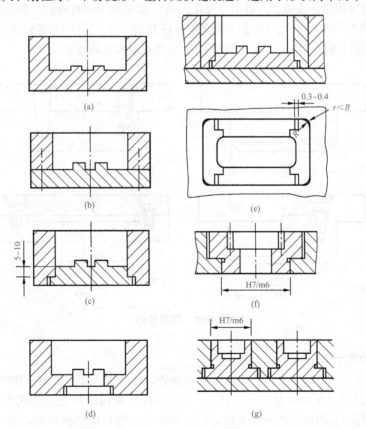

图 4-49　型腔结构

(a)整体式；(b)底板与侧壁组合式；(c)底板与侧壁镶嵌式；(d)局部镶嵌式；

(e)侧壁镶拼嵌入式；(f)整体嵌入式1；(g)整体嵌入式2

(2)组合式。当塑件外形较复杂时,常采用组合式型腔以改善加工工艺性,减少热处理变形,节省优质钢材。但组合式型腔易在塑件上留下拼接缝痕迹,因此,设计时应尽量减少拼块数量,合理选择拼接缝的部位,使拼接紧密。另外,还应尽可能使拼接缝的方向与塑件脱模方向一致,以免影响塑件脱模。组合式型腔的结构形式较多,如图 4-49(b)、(c)所示为底部与侧壁分别加工后用螺钉连接或镶嵌。图 4-49(c)拼缝与塑件脱模方向一致,有利于脱模。图 4-49(d)所示为局部镶嵌,除便于加工外还方便磨损后更换。对于大型复杂模具,可采用图 4-49(e)所示的侧壁镶拼嵌入式结构,将四侧壁与底部分别加工、热处理、研磨、抛光后压入模套,四壁以锁扣形式连接,为使内侧接缝紧密,其连接处外侧应留 0.3~0.4 mm 间隙,在四角嵌入件的圆角半径 R 应大于模套圆角半径。图 4-49(f)、(g)所示为整体嵌入式,常用于多腔模或外形较复杂的塑件。整体镶块常用冷挤、电铸或机械加工等方法加工,然后嵌入,它不仅便于加工,还可节省优质钢材。

2. 型芯结构设计

型芯是成型塑件内表面的工作零件。与型腔相似,型芯也可分为整体式和组合式两类。

(1)整体式。整体式型芯如图 4-50(a)所示,型芯与模板做成整体,结构牢固,成型质量好,但钢材消耗量大,所以适用于内表面形状简单的中、小型芯。

(2)组合式。当塑件内表面形状复杂且不便于机械加工时,或形状虽不复杂,但为节省优质钢材,可采用组合式型芯,将型芯及固定板分别采用不同材料制造和热处理,然后连接在一起,图 4-50(b)、(c)、(d)所示为常用连接方式。图 4-50(b)用螺钉连接,销钉定位;图 4-50(c)用螺钉连接,止口定位;图 4-50(d)采用轴肩和底板连接。

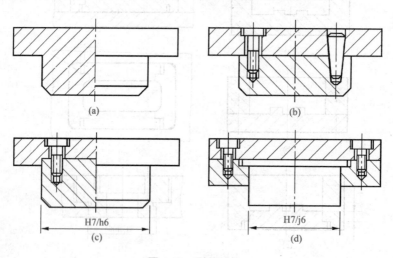

图 4-50 型芯结构

3. 型芯的固定

(1)小型芯的固定形式。小型芯往往单独制造,再镶嵌入固定板中,其固定方式多样。图 4-51(a)采用过盈配合,从模板上压入。图 4-51(b)采用间隙配合再从型芯尾部铆接。图 4-51(c)是对细长的型芯的下部加粗,由底部嵌入,然后用垫板固定。图 4-51(d)、(e)是用垫块或螺钉压紧,这样不仅增加了型芯的刚性,也便于更换,且可调整型芯高度。

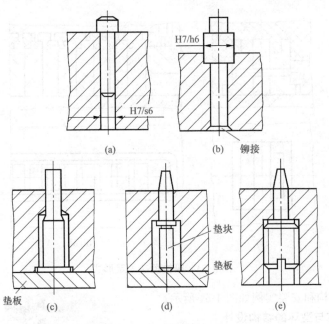

图 4-51　小型芯固定形式

(2)异形型芯的固定形式。异形型芯为便于加工和固定，可做成图 4-52 所示的结构，图 4-52(a)将下面部分做成圆柱形，便于安装固定；图 4-52(b)只将成型部分做成异形，下面固定与配合部分均做成圆形。

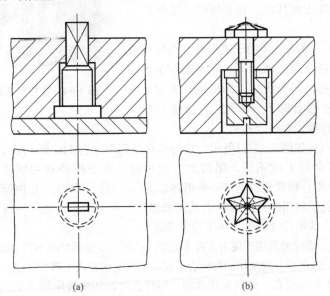

图 4-52　异形型芯固定形式

(3)复杂镶拼型芯的固定形式。为了便于机械加工和热处理，可将形状复杂的型芯做成镶拼组合式，如图 4-53 所示。图 4-53(a)采用了台阶固定，销钉定位；图 4-53(b)采用了台阶固定。

111

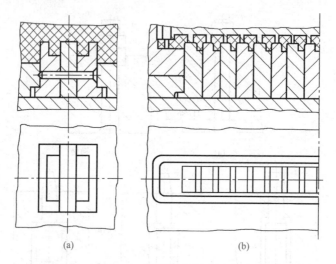

(a)   (b)

图 4-53 镶拼型芯固定形式

圆柱型芯结构和安装实例如图 4-54 所示。

4. 螺纹型芯与型环的结构设计

制品上内螺纹（螺孔）采用螺纹型芯成型，外螺纹采用螺纹型环成型，除此之外，螺纹型芯或型环还用来固定金属螺纹嵌件。在模具上安放螺纹型芯或型环的主要要求是：成型时要可靠定位，不因外界振动或料流的冲击而移位，在开模时能随制件一起方便地取出。

（1）螺纹型环。螺纹型环用于成型塑件外螺纹或固定带有外螺纹的金属嵌件。其实际上是一个活动的螺母镶件，在模具闭合前装入凹模内，成型后随塑件一起脱模，在模外卸下。因此，与普通凹模一样，其结构也有整体式和组合式两类。

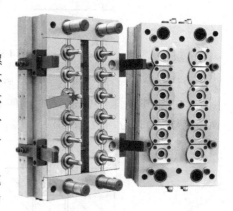

图 4-54 圆柱型芯结构和安装实例

整体式螺纹型环如图 4-55（a）所示，它与模孔呈间隙配合 H8/f8，配合段不宜过长，常为 3～5 mm，其余加工成锥形，尾部加工成平面，便于模外利用扳手从塑件上取下。图 4-55（b）所示为组合模式螺纹型环，采用两瓣拼合，用销钉定位。在两瓣结合面的外侧开有楔形槽，便于脱模后用尖劈状卸模工具取出塑件。由于组合式型环将螺纹分为两半，所以这种结构仅适合成型尺寸精度要求不高的螺纹。

（2）螺纹型芯。螺纹型芯用于成型塑件上的螺纹孔或固定金属螺母嵌件。螺纹型芯在模具内的安装方式如图 4-56 所示，均采用间隙配合，仅在定位支承方式上有所区别。图 4-56（a）、（b）、（c）用于成型塑件上的螺纹孔，分别采用锥面、圆柱台阶面和垫板定位支承。图 4-56（d）、（e）、（f）、（g）用于固定金属螺纹嵌件。其中，图 4-56（d）结构难于控制嵌件旋入型芯的位置，且在成型压力作用下塑料熔体易挤入嵌件与模具之间及固定孔内，影响嵌件轴向位置和塑件的脱模；图 4-56（e）将型芯做成阶梯状，嵌件拧至台阶为止，有助于克服上述问题；图 4-56（f）适用于小于 M3 的螺纹型芯，将嵌件下部嵌入模板止口，可增加小型芯刚性，且阻止料流挤入嵌件螺纹孔；图 4-56（g）用普通光杆型芯代替螺纹型芯固定螺纹嵌件，省去了模外卸螺纹的操作，适用于嵌件上螺纹孔为盲孔，且受料流冲击不大时，或虽为螺纹通孔，但其孔径小于 3 mm 时。上述安装方式主要用于立式注塑机的下模或卧式注塑机的定模。

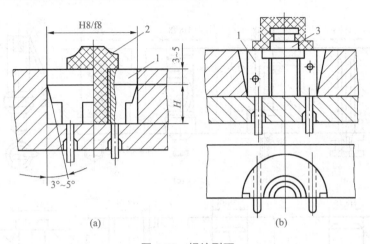

图 4-55　螺纹型环

(a)整体式；(b)组合式

1—螺纹型环；2—带外螺纹塑件；3—螺纹嵌件

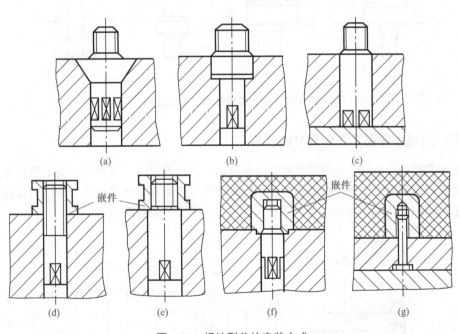

图 4-56　螺纹型芯的安装方式

对于上模或冲击振动较大的卧式注塑机模具的动模，螺纹型芯应采用防止自动脱落的连接形式，如图 4-57 所示。图 4-57(a)~(g)所示为弹性连接形式。其中，图 4-57(a)、(b)所示为在型芯柄部开豁口槽，借助豁口槽弹力将型芯固定，适用于直径小于 8 mm 的螺纹型芯；图 4-57(c)、(d)采用弹簧钢丝卡入型芯柄部的槽内张紧型芯，适用于直径为 8~16 mm 的螺纹型芯；图 4-57(e)采用弹簧钢球，适用于直径大于 16 mm 的螺纹型芯；图 4-57(f)采用弹簧卡圈固定；图 4-57(g)采用弹簧夹头夹紧。图 4-57(h)所示为刚性连接的螺纹型芯，使用更换不方便。

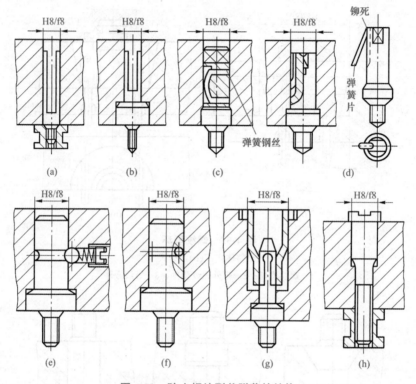

图 4-57　防止螺纹型芯脱落的结构

（十二）成型零部件工作尺寸的计算

成型零件的工作尺寸是指型腔和型芯直接构成塑件的尺寸。成型零件的工作尺寸是根据塑件在成型收缩率、塑件的尺寸公差和模具成型零件磨损量等来确定。常用的方法是平均收缩法。图 4-58 所示为成型零件工作尺寸与塑件尺寸的关系图。

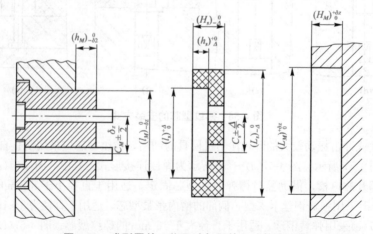

图 4-58　成型零件工作尺寸与塑件尺寸的关系图

(1)型腔和型芯的径向尺寸。

型腔 $$(L_M)_0^{+\delta_z} = [(1+S)L_S - x\Delta]_0^{+\delta_z} \qquad (4\text{-}22)$$

型芯 $$(l_M)_{-\delta_z}^0 = [(1+S)l_S - x\Delta]_{-\delta_z}^0 \qquad (4\text{-}23)$$

式中 L_M——型腔的径向工作尺寸(mm);

l_M——型芯的径向工作尺寸(mm);

S——塑件的平均收缩率,$S = \dfrac{S_{max} + S_{min}}{2} \times 100\%$,$S_{max}$为塑件的最大收缩率,$S_{min}$为塑件的最小收缩率;

L_S,l_S——塑件的径向尺寸(mm);

Δ——塑件的尺寸公差(mm);

x——修正系数,当塑件尺寸较大,精度要求较低时,$x = 0.5$;当塑件尺寸较小,精度要求较高时,$x = 0.75$;

δ_Z——模具制造公差(mm)。

(2)型腔深度和型芯高度尺寸。

型腔 $$(H_M)_0^{+\delta_z} = [(1+S)H_S - x\Delta]_0^{+\delta_z} \qquad (4\text{-}24)$$

型芯 $$(h_M)_{-\delta_z}^0 = [(1+S)h_S - x\Delta]_{-\delta_z}^0 \qquad (4\text{-}25)$$

式中 H_M——型腔的深度工作尺寸(mm);

h_M——型芯的高度工作尺寸(mm);

x——修正系数,当塑件尺寸较大,精度要求较低时,$x = 1/3$;当塑件尺寸较小,精度要求较高时,$x = 1/2$。

(3)中心距尺寸。塑件上凸台之间,凹槽之间或孔的中心等这一类尺寸称为中心距尺寸,计算时不必考虑模具的磨损量。

$$(C_M) \pm \frac{1}{2}\delta_z = [(1+S)C_S] \pm \frac{1}{2}\delta_z \qquad (4\text{-}26)$$

式中 C_M——模具中心距尺寸(mm);

C_S——塑件中心距尺寸(mm)。

(4)工作尺寸校核。按平均收缩法计算模具成型零件工作尺寸会有一定误差,这是因为上述公式中的δ_z和x取值主要凭经验确定。为保证塑件实际尺寸在规定的公差范围内,特别是对尺寸较大且收缩率波动范围较大的塑件,需对成型尺寸进行校核,其校核条件是塑件成型尺寸公差应小于塑件尺寸公差。

型腔的径向尺寸:$(S_{max} - S_{min})L_S + \delta_z + \delta_c < \Delta$ $(\delta_C = \Delta/6)$ (4-27)

型芯的径向尺寸:$(S_{max} - S_{min})l_S + \delta_z + \delta_c < \Delta$ $(\delta_C = \Delta/6)$ (4-28)

型腔的深度尺寸:$(S_{max} - S_{min})H_S + \delta_z < \Delta$ (4-29)

型芯的高度尺寸:$(S_{max} - S_{min})h_S + \delta_Z < \Delta$ (4-30)

中心距尺寸:$(S_{max} - S_{min})C_S < \Delta$ (4-31)

(十三)成型零部件的壁厚计算

1. 型腔的强度及刚度要求

在注射成型过程中,型腔所受的力有塑料熔体的压力、合模时的压力、开模时的拉力等,其中最主要的是塑料熔体的压力。在塑料熔体压力作用下,型腔将产生内应力及变形。

如果型腔侧壁和底壁厚度不够，当型腔中产生的内应力超过型腔材料的许用应力时，型腔即发生强度破坏。与此同时，刚度不足则发生过大的弹性变形，从而产生溢料和影响塑件尺寸及成型精度，也可能导致脱模困难等，因此，成型零部件的壁厚计算是模具设计中经常遇到的重要问题，尤其对大型模具更为突出。

但是，理论分析和实践证明，模具对强度及刚度的要求并非要同时兼顾。对大尺寸型腔，刚度不足是主要问题，应按刚度条件计算；对小尺寸型腔，强度不足是主要问题，应按强度条件计算。强度计算的条件是满足各种受力状态下的许用应力。刚度计算的条件则由于模具特殊性，可以从以下三个方面加以考虑：

（1）要防止溢料。当高压塑料熔体注入模具型腔的某些配合面时，会产生足以溢料的间隙。为了使型腔不致因模具弹性变形而发生溢料，此时应根据不同塑料的最大不溢料间隙来确定其刚度条件。如尼龙、聚乙烯、聚丙烯等低黏度塑料，其允许间隙为 0.025～0.04 mm；聚苯乙烯、ABS 等中等黏度塑料，其允许间隙为 0.05 mm；聚砜、聚碳酸酯、硬聚氯乙烯等高黏度塑料，其允许间隙为 0.06～0.08 mm。

（2）应保证塑件精度。塑件均有尺寸要求，尤其是精度要求高的小型塑件，这就要求模具型腔具有很好的刚性，即塑料注入时不产生过大的弹性变形。最大弹性变形值可取塑件允许公差的 1/5，常见中小型塑件公差为 0.13～0.25 mm（非自由尺寸），因此，允许弹性变形量为 0.025～0.05 mm，可按塑件大小和精度等级选取。

（3）要有利于脱模。当变形量大于塑件冷却收缩值时，塑件的周边将被型腔紧紧包住而难以脱模，强制顶出则易使塑件划伤或损坏，因此，型腔允许弹性变形量应小于塑件的收缩值。但是，一般来说，塑料的收缩率较大，所以在多数情况下，当满足上述两项要求时便已能满足本项要求。

上述要求在设计模具时其刚度条件应以这些项中最苛刻者（允许最小的变形值）为设计标准，但也不宜无根据地过分提高标准，以免浪费材料，增加制造困难。

2. 成型零部件的壁厚计算

成型零部件的壁厚计算一般常用计算法和查表法，但计算方法比较复杂且烦琐，而计算结果却与经验数据比较接近，因此，在进行模具设计时，一般采用经验数据或查有关表格。

（1）矩形型腔的壁厚经验数据。矩形型腔的壁厚经验数据见表 4-15。

表 4-15　矩形型腔的壁厚经验数据

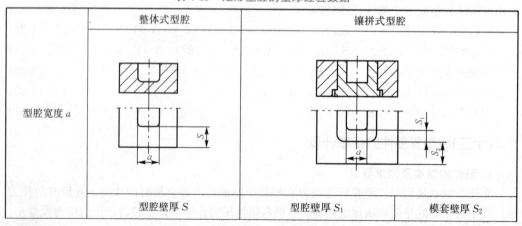

型腔宽度 a	整体式型腔	镶拼式型腔	
	型腔壁厚 S	型腔壁厚 S_1	模套壁厚 S_2

续表

~40	25	9	22
40~50	25~30	9~10	22~25
50~60	30~35	10~11	25~28
60~70	35~42	11~12	28~35
70~80	42~48	12~13	35~40
80~90	48~55	13~14	40~45
90~100	55~60	14~15	45~50
100~120	60~72	15~17	50~60
120~140	72~85	17~19	60~70
140~160	85~95	19~21	70~78

(2)圆形型腔的壁厚经验数据。圆形型腔的壁厚经验数据见表4-16。

表 4-16　圆形型腔的壁厚经验数据

型腔直径 d	整体式型腔	镶拼式型腔	
	型腔壁厚 S	型腔壁厚 S_1	模套壁厚 S_2
~40	20	7	18
40~50	20~22	7~8	18~20
50~60	22~28	8~9	20~22
60~70	28~32	9~10	22~25
70~80	32~38	10~11	25~30
80~90	38~40	11~12	30~32
90~100	40~45	12~13	32~35
100~120	45~52	13~16	35~40
120~140	52~58	16~17	40~45
140~160	58~65	17~19	45~50

(3)型腔的底壁厚度经验数据。如图4-59所示，型腔底壁厚度 t_h 的经验数据见表4-17。

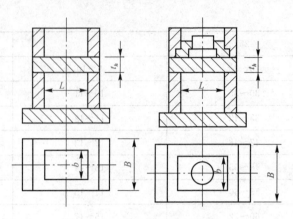

图 4-59　型腔底壁厚度示意图

表 4-17　型腔底壁厚度的经验数据

B/mm	$b\approx L$	$b\approx 1.5L$	$b\approx 2L$
≤102	$t_h=(0.12\sim 0.13)b$	$t_h=(0.1\sim 0.11)b$	$t_h=0.08b$
>102~300	$t_h=(0.13\sim 0.15)b$	$t_h=(0.11\sim 0.12)b$	$t_h=(0.08\sim 0.09)b$
>300~500	$t_h=(0.15\sim 0.17)b$	$t_h=(0.12\sim 0.13)b$	$t_h=(0.09\sim 0.10)b$

注：当压力 $P_M<29$ MPa，$L>1.5B$ 时，表中数值乘以 $(1.25\sim 1.35)$；当压力 $P_M<49$ MPa，$L>1.5B$ 时，表中数值乘以 $(1.5\sim 1.6)$。

（十四）合模导向机构设计

合模导向机构的功能是保证动、定模部分能够准确对合。使加工在动模和定模上的成型表面在模具闭合后形成形状和尺寸准确的腔体，从而保证塑件形状、壁厚和尺寸的准确。

导柱合模导向在注射模中应用最普遍，包括导柱和导套两个零件，分别安装在动、定模的两半部分。

1. 导柱设计

导柱可以安装在动模一侧，也可以安装在定模一侧，但更多的是安装在动模一侧。因为作为成型零件的主型芯多装在动模一侧，导柱与主型芯安装在同一侧，在合模时可起保护作用。生产实际中使用的导柱如图 4-60 所示。

图 4-60　导柱

(1)导柱结构。导柱的基本结构形式有两种，一种是除安装部分的凸肩外，长度的其余部分直径相同，称为带头导柱，《塑料注射模零件 第4部分：带头导柱》(GB/T 4169.4—2006)规定了带头导柱的尺寸规格和公差，同时给出了材料指南和硬度要求，规定了标记方法，详见表4-18；另一种是除安装部分的凸肩外，使安装的配合部分直径比外伸的工作部分直径大，称为带肩导柱，《塑料注射模零件 第5部分：有肩导柱》(GB/T 4169.5—2006)规定了带肩导柱的尺寸规格和公差，同时给出了材料指南和硬度要求，规定了标记方法，详见表4-19。带头导柱和带肩导柱的前端都设计为锥形，便于导向。两种导柱都可以在工作部分带有贮油槽。带贮油槽的导柱可以贮存润滑油，延长润滑时间。带头导柱用于塑件生产批量不大的模具，可以不用导套；带肩导柱用于塑件大批量生产的模具，或导向精度要求高，必须采用导套的模具，安装在模具另一侧的导套安装孔可以和导柱安装孔采用同一尺寸，一次加工而成，从而保证了严格的同轴度，如图4-61所示。带肩导柱的另一优点是当导柱工作部分因某种原因挠曲时，容易从模板中卸下更换，带头导柱则比较困难，如图4-62所示。

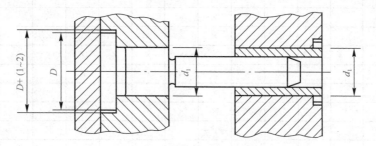

图4-61 带肩导柱与导套的安装尺寸一致

表4-18 标准带头导柱　　　　mm

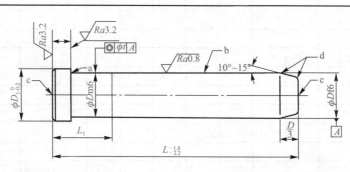

未注表面粗糙度 $Ra=6.3\ \mu m$；未注倒角 1 mm×45°。

a 可选砂轮越程槽或 $R0.5\sim R1$ mm 圆角。

b 允许开油槽。

c 允许保留两端的中心孔。

d 圆弧连接，$R2\sim R5$ mm。

标记示例：直径 $D=12$ mm、长度 $L=50$ mm、与模板配合长度 $L_1=20$ mm 的带头导柱：带头导柱 12×50×20 GB/T 4169.4—2006。

续表

L	12	16	20	25	30	35	40	50	60	70	80	90	100
D	12	16	20	25	30	35	40	50	60	70	80	90	100
D_1	17	21	25	30	35	40	45	56	66	76	86	96	106
h	5	6			8		10	12	15		20		
50	×	×	×	×	×								
60	×	×	×	×	×								
70	×	×	×	×	×	×	×						
80	×	×	×	×	×	×	×						
90	×	×	×	×	×	×	×						
100	×	×	×	×	×	×	×	×	×				
110	×	×	×	×	×	×	×	×	×				
120	×	×	×	×	×	×	×	×	×				
130	×	×	×	×	×	×	×	×	×				
140	×	×	×	×	×	×	×	×	×				
150		×	×	×	×	×	×	×	×	×			
160		×	×	×	×	×	×	×	×	×			
180			×	×	×	×	×	×	×	×			
200			×	×	×	×	×	×	×	×			
220				×	×	×	×	×	×	×	×	×	×
250				×	×	×	×	×	×	×	×	×	×
280					×	×	×	×	×	×	×	×	×
300					×	×	×	×	×	×	×	×	×
320						×	×	×	×	×	×	×	×
350						×	×	×	×	×	×	×	×
380							×	×	×	×	×	×	×
400							×	×	×	×	×	×	×
450								×	×	×	×	×	×
500								×	×	×	×	×	×
550									×	×	×	×	×
600									×	×	×	×	×
650										×	×	×	×
700										×	×	×	×
750											×	×	×
800											×	×	×

L_1：20、25、30、35、40、45、50、60、70、80、100、110、120、130、140、160、180、200

注：①材料由制造者选定，推荐采用 T10A、GCr15、20Cr。

②硬度 56~60HRC。20Cr 渗碳 0.5~0.8 mm，硬度 56~60HRC。

③标注的形位公差应符合《形状和位置公差　未注公差值》(GB/T 1184—1996)的规定，t 为 6 级精度。

④其余应符合《塑料注射模零件技术条件》(GB/T 4170—2006)的规定。

表 4-19 标准带肩导柱   mm

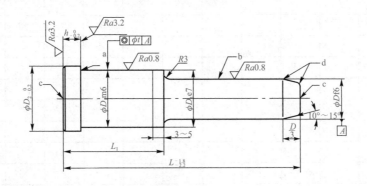

未注表面粗糙度 $Ra=6.3\ \mu m$；未注倒角 1 mm×45°。

a 可选砂轮越程槽或 $R0.5\sim R1$ mm 圆角。

b 允许开油槽。

c 允许保留两端的中心孔。

d 圆弧连接，$R2\sim R5$ mm。

标记示例：直径 $D=16$ mm、长度 $L=50$ mm、与模板配合长度 $L_1=20$ mm 的带肩导柱：带肩导柱 16× 50×20 GB/T 4169.5—2006。

D		12	16	20	25	30	35	40	50	60	70	80
D_1		18	25	30	35	42	48	55	70	80	90	105
D_2		22	30	35	40	47	54	61	76	86	96	111
h		5	6	8			10		12	15		
L	50	×	×	×	×	×						
	60	×	×	×	×	×						
	70	×	×	×	×	×	×	×				
	80	×	×	×	×	×	×	×				
	90	×	×	×	×	×	×	×				
	100	×	×	×	×	×	×	×	×	×		
	110	×	×	×	×	×	×	×	×	×		
	120	×	×	×	×	×	×	×	×	×		
	130	×	×	×	×	×	×	×	×	×		
	140	×	×	×	×	×	×	×	×	×		
	150		×	×	×	×	×	×	×	×		×
	160		×	×	×	×	×	×	×	×	×	×
	180		×	×	×	×	×	×	×	×	×	×
	200			×	×	×	×	×	×	×	×	×
	220				×	×	×	×	×	×	×	×
	250				×	×	×	×	×	×	×	×
	280					×	×	×	×	×	×	×

塑料成型工艺与模具设计

	300					×	×	×	×	×	×	×
	320						×	×	×	×	×	×
	350							×	×	×	×	×
	380								×	×	×	×
	400								×	×	×	×
L	450								×	×	×	×
	500								×	×	×	×
	550									×	×	×
	600									×	×	×
	650									×	×	×
	700									×	×	×
L_1	20、25、30、35、40、45、50、60、70、80、100、110、120、130、140、150、160、180、200											

注：①材料由制造者选定，推荐采用 T10 A、GC$_r$15、20C$_r$。
②硬度 56～60HRC。20C$_r$渗碳 0.5～0.8 mm，硬度 56～60HRC。
③标注的形位公差应符合《形状和位置公差 未注公差值》(GB/T 1184—1996)的规定，t 为 6 级精度。
④其余应符合《塑料注射模零件技术条件》(GB/T 4170—2006)的规定。

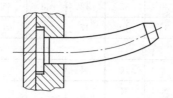

图 4-62 带头导柱挠曲时不易卸下

(2)导柱尺寸的确定。导柱直径尺寸随模具分型面处模板外形尺寸而定，模板尺寸越大，导柱间的中心距应越大，所选导柱直径也应越大。除导柱长度按模具具体结构确定外，导柱其余尺寸随导柱直径而定。表 4-20 列出了导柱直径推荐尺寸与模板外形尺寸关系数据。

导柱安装时模板上与之配合的孔径公差按 H_7 确定，安装沉孔直径视导柱直径可取 $D-(1～2)$。

导柱长度尺寸应能保证位于动、定模两侧的型腔和型芯开始闭合前导柱已经进入导孔的长度不小于导柱直径，如图 4-63 所示。

表 4-20 导柱直径 d 与模板外形尺寸关系　　　　　　　　mm

模板外形尺寸	≤150	>150～200	>200～250	>250～300	>300～400
导柱直径 d	≤16	16～18	18～20	20～25	25～30
模板外形尺寸	>400～500	>500～600	>600～800	>800～1 000	>1 000
导柱直径 d	30～35	35～40	40～50	60	≥60

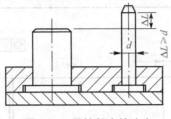

图 4-63　导柱长度的确定

（3）导柱布置。一副模具最少要用两根导柱，模板外形尺寸大的模具，可最多用 4 根导柱。为了使模具在使用、维修时的拆装过程中不会发生动、定模认错方向，导柱的布置可采取以下几种方案：

1）两根直径相同的导柱不对称布置[图 4-64(a)]；

2）两根直径不同的导柱对称布置[图 4-64(b)]；

3）3 根直径相同的导柱不对称布置[图 4-64(c)]；

4）4 根直径相同的导柱不对称布置[图 4-64(d)]；

5）两组直径不同的导柱各两根，对称布置[图 4-64(e)]。

五种布置方案可根据模具大小和总体结构选用。

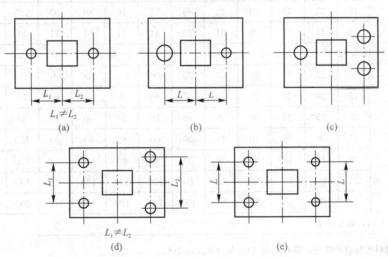

图 4-64　导柱布置方案

2. 导套设计

导向孔可带有导套，也可以不带导套，带导套的导向孔用于生产批量大或导向精度高的模具。无论带导套还是不带导套的导向孔，都不应设计为盲孔，盲孔会增加模具闭合时的阻力，并使模具不能紧密闭合；带导套的模具应采用带肩导柱。

（1）结构和尺寸。导套常用的结构形式也有两种，一种不带安装凸肩；另一种带安装凸肩，相应地称为直导套和带头导套，《塑料注射模零件 第 2 部分：直导套》(GB/T 4169.2—2006)和《塑料注射模零件 第 3 部分：带头导套》(GB/T 4169.3—2006)分别规定了它们的尺寸规格和公差，同时给出了材料指南和硬度要求，规定了标记方法，详见表 4-21 和表 4-22。

表 4-21 标准直导套   mm

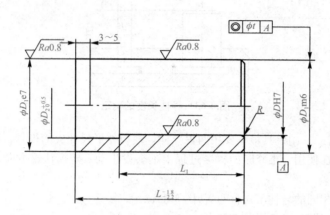

未注表面粗糙度 $Ra=3.2\ \mu m$；未注倒角 $1\ mm\times45°$。

标记示例：直径 $D=12\ mm$、长度 $L=15\ mm$ 的直导套：直导套 12×15 GB/T 4169.2—2006。

D	12	16	20	25	30	35	40	50	60	70	80	90	100
D_1	18	25	30	35	42	48	55	70	80	90	105	115	125
D_2	13	17	21	26	31	36	41	51	61	71	81	91	101
R	1.5~2		3~4					5~6			7~8		
L_1[a]	24	32	40	50	60	70	80	100	120	140	160	180	200
L	15	20	20	25	30	35	40	50	60	70	80	80	
	20	25	25	30	35	40	50	50	60	70	80	100	100
	25	30	30	40	40	50	60	60	80	80	100	120	150
	30	40	40	50	50	60	80	80	100	100	120	150	200
	35	50	50	60	60	80	100	100	120	120	150	200	
	40	60	60	80	80	100	120	120	150	150	200		

a 当 $L_1>L$ 时，取 $L_1=L$。

注：①材料由制造者选定，推荐采用 T10 A、GC_r15、$20C_r$。

②硬度 52~56HRC。$20C_r$ 渗碳 0.5~0.8 mm，硬度 56~60HRC。

③标注的形位公差应符合《形状和位置公差未注公差值》(GB/T 1184—1996)的规定，t 为 6 级精度。

④其余应符合《塑料注射模零件技术条件》(GB/T 4170—2006)的规定。

    (2)安装方法。带头导套安装需要垫板，装入模板后复以垫板即可，直导套用于模板后面不带垫板的结构，可以采用如下三种方法固定到模板中。

    1)导套外圆柱面加工出一凹槽，用螺钉固定[图 4-65(a)]。

    2)导套外圆柱面局部磨出一小平面，用螺钉固定[图 4-65(b)]。

    3)导套侧向开一小孔，用螺钉固定[图 4-65(c)]。

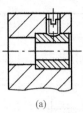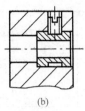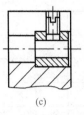

| (a) | (b) | (c) |

图 4-65　直导套安装方法

　　导套安装时模板上与之配合的孔径公差按 H_7 确定。带头导套安装沉孔视导套直径可取为 $D+(1\sim2)$。导套长度取决于含导套的模板厚度，其余尺寸随导套导向孔直径而定。

表 4-22　标准带头导套　　　　　　　　　　　　　　　　　　　　　mm

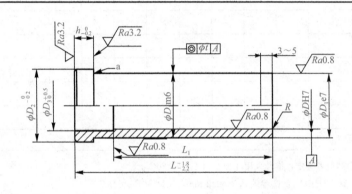

未注表面粗糙度 $Ra=6.3\ \mu m$；未注倒角 $1\ mm\times45°$。

a 可选砂轮越程槽或 $R0.5\sim R1\ mm$ 圆角。

标记示例：直径 $D=12\ mm$　长 $L=20\ mm$ 的带头导套；带头导套 12×20 GB/T 4169.3—2006。

D		12	16	20	25	30	35	40	50	60	70	80	90	100
D_1		18	25	30	35	42	48	55	70	80	90	105	115	125
D_2		22	30	35	40	47	54	61	76	86	96	111	121	131
D_3		13	17	21	26	31	36	41	51	61	71	81	91	101
h		5	6	8		10		12	15			20		
R		1.5~2	3~4		5~6			7~8						
L_1*		24	32	40	50	60	70	80	100	120	140	160	180	200
L	20	×	×	×										
	25	×	×	×	×									
	30	×	×	×	×	×								
	35	×	×	×	×	×	×							
	40	×	×	×	×	×	×	×						
	45	×	×	×	×	×	×	×						

续表

	50	×	×	×	×	×	×	×	×				
	60		×	×	×	×	×	×	×	×			
	70			×	×	×	×	×	×	×	×		
	80			×	×	×	×	×	×	×	×	×	
	90				×	×	×	×	×	×	×	×	×
	100					×	×	×	×	×	×	×	×
L	110						×	×	×	×	×	×	×
	120						×	×	×	×	×	×	×
	130							×	×	×	×	×	×
	140							×	×	×	×	×	×
	150								×	×	×	×	×
	160								×	×	×	×	×
	180									×	×	×	×
	200								×	×	×	×	×

* 当 $L_1 > L$ 时，取 $L_1 = L_0$。

注：①材料由制造者选定，推荐采用 T10A、GC_r15、$20C_r$。

②硬度 52～56HRC。$20C_r$ 渗碳 0.5～0.8 mm，硬度 56～60HRC。

③标注的形位公差应符合《塑料注射模零件技术条件》(GB/T 1184—1996)的规定，t 为 6 级精度。

④其余应符合《塑料注射模零件技术条件》(GB/T 4170—2006)的规定。

3. 锥面对合导向机构

带导套的对合导向，虽然对中性好，但毕竟由于导柱与导套有配合间隙，导向精度不可能很高。当要求对合精度很高时，必须采用锥面对合方法。当模具比较小时，可以采用带锥面的导柱和导套，如图 4-66 所示。对于尺寸较大的模具，则采用动、定模模板各带锥面的对合机构与导柱导套联合使用。

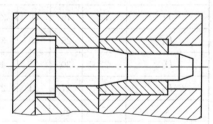

图 4-66　带锥面的导柱导套

(十五)其他结构零部件设计

塑料注射模的结构零部件，除前面讲述的导柱、导套外，还有推杆、垫板等，它们都已经标准化，下面分别予以介绍。

1. 推杆

《塑料注射模零件　第 1 部分：推杆》(GB/T 4169.1—2006)规定了塑料注射模用推杆的尺寸规格和公差，同时，还给出了材料指南和硬度要求，并规定了推杆的标记(表 4-23)。

表 4-23 标准推杆   mm

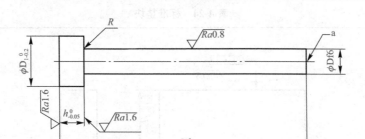

未注表面粗糙度 $Ra=6.3\ \mu m$。

a 端面不允许留有中心孔，棱边不允许倒钝。

标记示例：直径 $D=1$ mm、长度 $L=80$ mm 的推杆：推杆　1×80　GB/T 4169.1—2006。

D	D_1	h	R	L												
				80	100	125	150	200	250	300	350	400	500	600	700	800
1	4	2	0.3	×	×	×	×	×								
1.2				×	×	×	×	×								
1.5				×	×	×	×	×								
2				×	×	×	×	×	×	×	×					
2.5	5	3	0.5	×	×	×	×	×	×	×	×	×				
3	6			×	×	×	×	×	×	×	×	×	×			
4	8	3	0.5	×	×	×	×	×	×	×	×	×	×	×	×	
5	10			×	×	×	×	×	×	×	×	×	×	×		
6	12	5	0.8		×	×	×	×	×	×	×	×	×	×		
7	12				×	×	×	×	×	×	×	×	×	×		
8	14				×	×	×	×	×	×	×	×	×	×	×	
10	16				×	×	×	×	×	×	×	×	×	×		
12	18				×	×	×	×	×	×	×	×	×	×	×	×
14					×	×	×	×	×	×	×	×	×	×	×	
16	22	8			×	×	×	×	×	×	×	×	×	×	×	
18	24				×	×	×	×	×	×	×	×	×	×	×	
20	26					×	×	×	×	×	×	×	×	×	×	
25	32	10	1				×	×	×	×	×	×	×	×	×	×

注：①材料由制造者选定，推荐采用 4Cr5MoSiV1、3Cr2W8V。

　　②硬度 50～55HRC，其中固定端 30 mm 范围内硬度 35～45HRC。

　　③淬火后表面可进行渗氮处理，渗氮层深度为 0.08～0.15 mm，心部硬度 40～44HRC，表面硬度≥900HV。

　　④其余应符合《塑料注射模零件技术条件》(GB/T 4170—2006)的规定。

2. 垫块

《塑料注射模零件　第 6 部分：垫块》(GB/T 4169.6—2006)规定了塑料注射模用垫块的

尺寸规格和公差，同时，还给出了材料指南，并规定了垫块的标记，标准垫块见表 4-24。

表 4-24　标准垫块　　　　　　　　　　　　　　　　　　　　　mm

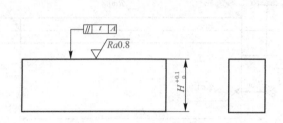

未注表面粗糙度 $Ra=6.3\ \mu\mathrm{m}$；全部棱边倒角 2 mm×45°。

标记示例：宽度 $W=28$ mm、长度 $L=150$ mm、厚度 $H=50$ mm 的垫块：垫块　28×150×50　GB/T 4169.6—2006。

W	L							H													
								50	60	70	80	90	100	110	120	130	150	180	200	250	300
28	150	180	200	230	250			×	×	×											
33	180	200	230	250	300	350			×	×	×										
38	200	230	250	300	350	400			×	×	×										
43	230	250	270	300	350	400				×	×	×									
48	250	270	300	350	400	450	500				×	×	×								
53	270	300	350	400	450	500					×	×	×								
58	300	350	400	450	500	550	600					×	×	×							
63	350	400	450	500	550	600							×	×	×						
68	400	450	500	550	600	700								×	×	×	×				
78	450	500	550	600	700									×	×	×					
88	500	550	600	700	800									×	×	×					
100	550	600	700	800	900	1000									×	×	×				
120	650	700	800	900	1000	1250										×	×	×	×	×	
140	800	900	1000	1250													×	×	×	×	
160	900	1000	1250	1600														×	×	×	×
180	1000	1250	1600															×	×	×	×
220	1250	1600	2000																×	×	×

注：①材料由制造者选定，推荐采用 45 钢。
　　②标注的形位公差应符合形状和位置公差未注公差值(GB/T 1184—1996)的规定，t 为 5 级精度。
　　③其余应符合《塑料注射模零件技术条件》(GB/T 4170—2006)的规定。

国家标准共规定了 23 种塑料注射模具的结构零部件，除以上讲述的外，国家标准规定的其他结构零部件分别如下：

《塑料注射模零件　第2部分：直导套》(GB/T 4169.2—2006)；

《塑料注射模零件　第3部分：带头导套》(GB/T 4169.3—2006)；

《塑料注射模零件　第4部分：带头导柱》(GB/T 4169.4—2006)；

《塑料注射模零件　第5部分：有肩导柱》(GB/T 4169.5—2006)；

《塑料注射模零件　第6部分：垫块》(GB/T 4169.6—2006)《塑料注射模零件　第7部分：推板》(GB/T 4169.7—2006)；

《塑料注射模零件　第8部分：模板》(GB/T 4169.8—2006)；

《塑料注射模零件　第9部分：限位钉》(GB/T 4169.9—2006)；

《塑料注射模零件　第10部分：支承柱》(GB/T 4169.10—2006)；

《塑料注射模零件　第11部分：圆锥定位元件》(GB/T 4169.11—2006)；

《塑料注射模零件　第12部分：推板导套》(GB/T 4169.12—2006)；

《塑料注射模零件　第13部分：复位杆》(GB/T 4169.13—2006)；

《塑料注射模零件　第14部分：推板导柱》(GB/T 4169.14—2006)；

《塑料注射模零件　第15部分：扁推杆》(GB/T 4169.15—2006)；

《塑料注射模零件　第16部分：带肩推杆》(GB/T 4169.16—2006)；

《塑料注射模零件　第17部分：推管》(GB/T 4169.17—2006)；

《塑料注射模零件　第18部分：定位圈》(GB/T 4169.18—2006)；

《塑料注射模零件　第19部分：浇口套》(GB/T 4169.19—2006)；

《塑料注射模零件　第20部分：拉杆导柱》(GB/T 4169.20—2006)；

《塑料注射模零件　第21部分：矩形定位件》(GB/T 4169.21—2006)；

《塑料注射模零件　第22部分：圆形拉模扣》(GB/T 4169.22—2006)；

《塑料注射模零件　第23部分：矩形拉模扣》(GB/T 4169.23—2006)；

由于篇幅限制，对以上标准件不再一一介绍，大家可以参阅杨占尧教授主编、机械工业出版社出版的《最新模具标准及应用手册》或者杨占尧教授主编、化学工业出版社出版的《最新塑料模具标准及其应用手册》进行详细学习。

(十六)标准模架

《塑料注射模模架》(GB/T 12555—2006)标准规定了塑料注射模模架的组合形式、尺寸与标记，适用于塑料注射模模架。为保持内容的完整形，将单分型面注射模和双分型面注射模的模架内容一并在此进行介绍。塑料注射模模架的结构组成如图4-67所示。

1. 模架组成零件的名称

塑料注射模模架以其在模具中的应用方式，可分为直浇口与点浇口两种形式。其组成零件的名称分别如图4-68和图4-69所示。

图4-67　塑料注射模模架的结构组成

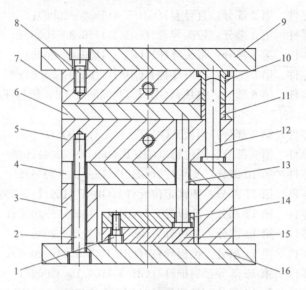

图 4-68　直浇口模架组成零件的名称

1—内六角螺钉；2—内六角螺钉；3—垫块；4—支承板；5—动模板；6—推件板；7—定模板；

8—内六角螺钉；9—定模板；10—带头导套；11—直导套；12—带头导柱；

13—复位杆；14—推杆固定板；15—推板；16—动模板

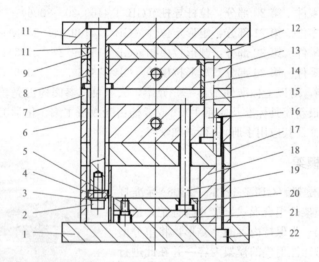

图 4-69　点浇口模架组成零件的名称

1—动模座板；2—内六角螺钉；3—弹簧垫圈；4—挡环；5—内六角螺钉；6—动模板；7—推件板；

8—带头导套；9—直导套；10—拉杆导柱；11—定模座板；12—推料板；13—定模板；

14—带头导套；15—直导套；16—带头导柱；17—支承板；18—垫块；19—复位杆；

20—推杆固定板；21—推板；22—内六角螺钉

2. 模架组合形式

塑料注射模模架按结构特征可分为 36 种主要结构。其中，直浇口模架为 12 种，点浇口模架为 16 种，简化点浇口模架为 8 种。

(1)直浇口模架。直浇口模架为 12 种。其中，直浇口基本型为 4 种，直身基本型为 4

种、直身无定模座板型为 4 种。

1)直浇口基本型分为 A 型、B 型、C 型和 D 型。其组合形式见表 4-25。

①A 型：定模二模板，动模二模板；

②B 型：定模二模板，动模二模板，加装推件板；

③C 型：定模二模板，动模一模板；

④D 型：定模二模板，动模一模板，加装推件板。

2)直身基本型可分为 ZA 型、ZB 型、ZC 型、ZD 型。

3)直身无定模座板型可分为 ZAZ 型、ZBZ 型、ZCZ 和 ZDZ 型。

表 4-25　直浇口基本型模架组合形式

组合形式	组合形式图	组合形式	组合形式图
直浇口基本型 A 型		直浇口基本型 B 型	
直浇口基本型 C 型		直浇口基本型 D 型	

(2)点浇口模架。点浇口模架为 16 种，其中，点浇口基本型为 4 种，直身点浇口基本型为 4 种，点浇口无推料板型为 4 种，直身点浇口无推料板型为 4 种。

1)点浇口基本型可分为 DA 型、DB 型、DC 型和 DD 型；

2)直身点浇口基本型可分为 ZDA 型、ZDB 型、ZDC 型和 ZDD 型；

3)点浇口无推料板型可分为 DAT 型、DBT 型、DCT 型和 DDT 型；

4)直身点浇口无推料板型可分为 ZDAT 型、ZDBT 型、ZDCT 型和 ZDDT 型。

(3)简化点浇口模架。简化点浇口模架为 8 种。其中，简化点浇口基本型为 2 种，直身简化点浇口型为 2 种，简化点浇口无推料板型为 2 种，直身简化点浇口无推料板型为 2 种。

1)简化点浇口基本型可分为 JA 型和 JC 型；

2)直身简化点浇口型可分为 ZJA 型和 ZJC 型；

3)简化点浇口无推料板型可分为 JAT 型和 JCT 型；

4)直身简化点浇口无推料板型可分为 ZJAT 型和 ZJCT 型。

3. 基本型模架组合尺寸

(1)组成模架的零件应符合《塑料注射模零件》(GB/T 4169)的规定。

(2)组合尺寸为零件的外形尺寸和孔径与空位尺寸。

(3)基本型模架组合尺寸如图 4-70、图 4-71 和表 4-26 所示。

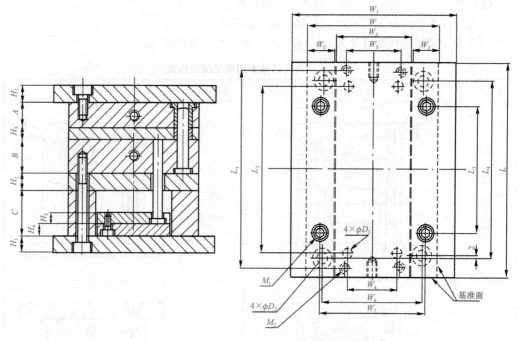

图 4-70 直浇口模架组合尺寸图示

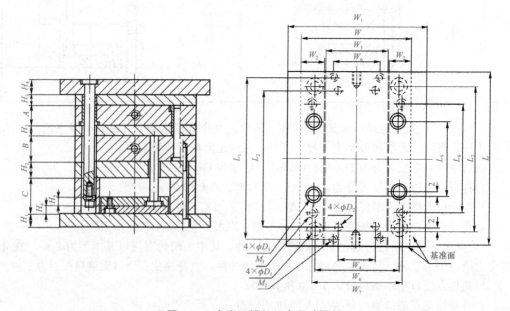

图 4-71 点浇口模架组合尺寸图示

表 4-26　基本型模架组合尺寸　　　　mm

代号	系列										
	1515	1518	1520	1523	1525	1818	1820	1823	1825	1830	1835
W	150					180					
L	150	180	200	230	250	180	200	230	250	300	350
W_1	200					230					
W_2	28					33					
W_3	90					110					
A、B	20、25、30、35、40、45、50、55、60、70、80					20、25、30、35、40、45、50、55、60、70、80					
C	50、60、70					60、70、80					
H_1	20					20					
H_2	30					30					
H_3	20					20					
H_4	25					30					
H_5	13					15					
H_6	15					20					
W_4	48					68					
W_5	72					90					
W_6	114					134					
W_7	120					145					
L_1	132	162	182	212	232	160	180	210	230	280	330
L_2	114	144	164	194	214	138	158	188	208	258	308
L_3	56	86	106	136	156	64	84	114	124	174	224
L_4	114	144	164	194	214	134	154	184	204	254	304
L_5	—	52	72	102	122	—	46	76	96	146	196
L_6	—	96	116	146	166	—	98	128	148	198	248
L_7	—	144	164	194	214	—	154	184	204	254	304
D_1	16					20					
D_2	12					12					
M_1	4×M10					4×M12				6×M12	
M_2	4×M6					4×M8					

代号	系列											
	2020	2023	2025	2030	2035	2040	2323	2325	2327	2330	2335	2340
W	200						230					
L	200	230	250	300	350	400	230	250	270	300	350	400
W_1	250						280					
W_2	38						43					
W_3	120						140					
A、B	25、30、35、40、45、50、60、70、80、90、100						25、30、35、40、45、50、60、70、80、90、100					
C	60、70、80						70、80、90					
H_1	25						25					
H_2	30						35					
H_3	20						20					
H_4	30						30					
H_5	15						15					
H_6	20						20					
W_4	84	80					106					
W_5	100						120					
W_6	154						184					
W_7	160						185					
L_1	180	210	230	280	330	380	210	230	250	280	330	380
L_2	150	180	200	250	300	350	180	200	220	250	300	350
L_3	80	110	130	180	230	280	106	126	144	174	224	274
L_4	154	184	204	254	304	354	184	204	224	254	304	354
L_5	46	76	96	146	196	246	74	94	112	142	192	242
L_6	98	128	148	198	248	298	128	148	166	196	246	296
L_7	154	184	204	254	304	354	184	204	224	254	304	354
D_1	20						20					
D_2	12	15					15					
M_1	4×M12			6×M12			4×M12		4×M14		6×M14	
M_2	4×M8						4×M8					

在国家标准中，除表 4-26 中所列的代号及其尺寸外，还有以下代号：2525、2527、2530、2535、2540、2545、2550；2727、2730、2735、2740、2745、2750；3030、3035、3040、3045、3050、3055、3060；3535、3540、3545、3550、3555、3560；4040、4045、4050、4055、4060、4070；4545、4550、4555、4560、4570；5050、5055、5060、5070、5080；5555、5560、5570、5580、5590、6060、6070、6080、6090、60100；6565、6570、6580、6590、65100；7070、7080、7090、70100、70125；8080、8090、80100、80125；

9090、90100、90125、90160；100100、100125、100160；125125、125160、125200。以上这些代号的尺寸请查阅《塑料注射模模架》(GB/T 12555—2006)。

4. 模架的型号、系列、规格及标记

(1)型号。每一组合形式代表一个型号。

(2)系列。同一型号中，根据定、动模板的周界尺寸(宽×长)划分系列。

(3)规格。同一系列中，根据定、动模板和垫块的厚度划分规格。

5. 模架的标记

按照《塑料注射模模架》(GB/T 12555—2006)标准规定的模架应有下列标记：模架；基本型号；系列代号；定模板厚度 A，以毫米为单位；动模板厚度 B，以毫米为单位；垫块厚度 C，以毫米为单位；拉杆导柱长度，以 mm 为单位；标准代号，即《塑料注射模模架》(GB/T 12555—2006)。

示例1：模板宽 200 mm、长 250 mm，$A=50$ mm，$B=40$ mm，$C=70$ mm 的直浇口 A 型模架标记为：模架　A 2025－50×40×70 GB/T 12555—2006。

示例2：模板宽 300 mm、长 300 mm，$A=50$ mm，$B=60$ mm，$C=90$ mm，拉杆导柱长度 200 mm 的点浇口 B 型模架标记为：模架 DB 3030－50×60×90－200 GB/T 12555—2006。

6. 标准模架的选用要点

选择模架的关键是确定型腔模板的周界尺寸(长×宽)和厚度。要确定模板的周界尺寸就要确定型腔到模板边缘之间的壁厚。在实际生产中常采用查表或经验公式来确定模板的壁厚。模板厚度主要由型腔的深度来确定，并考虑型腔底部的刚度和强度是否足够，如果型腔底部有支承板，型腔底部就不需太厚。另外，模板厚度确定还要考虑到整副模架的闭合高度、开模空间等与注塑机之间相适应。标准模架选择步骤如下：

(1)根据塑件成型所需的结构来确定模架的结构组合形式。

(2)通过查表或有关计算来确定型腔壁厚。

(3)计算型腔模板周界尺寸，根据计算出的数据向标准尺寸"靠拢"，一般向较大的修整，另外，在修整时还需考虑到在壁厚位置上应有足够的位置安装其他零部件，若尺寸不够，需要增加壁厚尺寸。

(5)根据型腔深度，确定模板厚度，并按照标准尺寸进行修整。

(6)根据确定下来的模板周界尺寸，配合模板所需厚度查标准选择模架。

(7)检验所选模架的合适性，校核模架与注塑机之间的关系，如闭合高度、开模空间等，若不合适，需重新选择。

(十七)推出机构计算

在注射成型的每个循环中，塑件必须由模具型腔中取出。完成取出塑件这个动作的机构就是推出机构，也称为脱模机构。

1. 推出机构驱动方式

(1)手动脱模。手动脱模是指当模具分型后，使用人工操纵推出机构(如手动杠杆)取出塑件。手动脱模时，工人的劳动强度大，生产效率低，推出力受人力限制，不能很大。但是推出动作平稳，对塑件无撞击，脱模后制品不易变形，操作安全。但在大批量生产中不宜采用这种脱模方式。

（2）机动脱模。利用注塑机的开模动力，分型后塑件随动模一起移动，达到一定位置时，脱模机构被机床上固定不动的推杆推住，不再随动模移动，此时脱模机构动作，将塑件从动模上脱下来。这种推出方式具有生产效率高，工人劳动强度低且推出力大等优点，但对塑件会产生撞击。

（3）液压或气动推出。在注塑机上专门设有推出油缸，由它带动推出机构实现脱模，或设有专门的气源和气路，通过型腔里微小的推出气孔，靠压缩空气吹出塑件。这两种推出方式的推出力可以控制，气动推出时塑件上还不留推出痕迹，但需要增设专门的液动或气动装置。

（4）带螺纹塑件的推出机构。成型带螺纹的塑件时，脱模前需靠专门的旋转机构先将螺纹型芯或型环旋离塑件，然后再将塑件从动模上推下，脱螺纹机构也有手动和机动两种方式。

2. 推出机构的结构设计要求

对推出机构的要求随制品形状、结构的不同而变化。

（1）塑件留在动模。在模具的结构上应尽量保证塑件留在动模一侧，因为大多数注塑机的推出机构都设在动模一侧。如果不能保证塑件留在动模上，就要将制品进行改形或强制留模；如这两点仍做不到，就要在定模上设计推出机构。

（2）塑件在推出过程中不变形、不损坏。保证塑件在推出过程中不变形、不损坏是推出机构应该达到的基本要求，所以，设计模具时要正确分析塑件对模具包紧力的大小和分布情况，用此来确定合适的推出方式、推出位置、型腔的数量和推出面积等。

（3）不损坏塑件的外观质量。对于外观质量要求较高的塑件，推出的位置应尽量设计在塑件内部，以免损伤塑件的外观。由于塑件收缩时包紧型芯，因此，推出力作用点应尽可能靠近型芯，同时推出力应施于塑件上强度、刚度最大的地方，如筋部、凸台等处，推杆头部的面积也尽可能大些，保证制品不损坏。

（4）合模时应使推出机构正确复位。推出机构设计时应考虑合模时推出机构的复位，在斜导杆和斜导柱侧向抽芯及其他特殊情况下，有时还应考虑推出机构的先复位问题。

（5）推出机构动作可靠。推出机构在推出与复位过程中，要求其工作准确可靠，动作灵活，制造容易，配换方便。

（6）推出机构本身要有足够的强度和刚度。

3. 推出力的计算

在注射成型过程中，型腔内熔融塑料因固化收缩包在型芯上，为使塑件能自动脱落，在模具开启后需在塑件上施加一推出力。推出力是确定推出机构结构和尺寸的依据。其近似计算式为

$$F = Ap(\mu\cos\alpha - \sin\alpha) \tag{4-32}$$

式中　F——推出力；

　　　A——塑件包容型芯的面积（mm^2）；

　　　p——塑件对型芯单位面积上的包紧力，一般情况下，模外冷却的塑件，p 取 $2.4 \times 10^7 \sim 3.9 \times 10^7 Pa$；模内冷却的塑件，$p$ 取 $0.8 \times 10^7 \sim 1.2 \times 10^7 Pa$；

　　　μ——塑件对钢的摩擦系数，为 $0.1 \sim 0.3$；

　　　α——脱模斜度。

从式（4-31）中可以看出，推出力的大小随着塑件包容型芯的面积增加而增大，随着脱

模斜度增大而减小，同时，也和塑料与钢(型芯材料)之间的摩擦系数有关。实际上，影响脱模力的因素很多，型芯的表面粗糙度、成型的工艺条件、大气压力及推出机构本身在推出运动时的摩擦阻力等都会影响推出力的大小。

(十八)一次推出机构设计

塑件在推出零件的作用下，通过一次推出动作，就能将塑件全部脱出。这种类型的脱模机构即一次推出机构，也称为简单脱模机构。其是最常见的，也是应用最广的一种脱模机构。一般有以下六种形式。

1. 推杆脱模机构

(1)推出机构组成和动作原理。推杆脱模是最典型的一次推出机构，它结构简单，制造容易且维修方便，其机构组成和动作原理如图 4-72 所示。其是由推杆 1、推杆固定板 2、推板导套 3、推板导柱 4、推杆垫板 5、拉料杆 6、复位杆 7 和限位钉 8 组成的。推杆、拉料杆、复位杆都安装在推杆固定板 2 上，然后用螺钉将推杆固定板和推杆垫板连接固定成一个整体，当模具打开并达到一定距离后，注塑机上的机床推杆将模具的推出机构挡住，使其停止随动模一起移动，而动模部分还在继续移动后退，于是塑件连同浇注系统一起从动模中脱出。合模时，复位杆首先与定模分型面相接触，使推出机构与动模产生相反方向的相对移动。模具完全闭合后，推出机构便回复到了初始的位置(由限位钉 8 保证最终停止位置)。

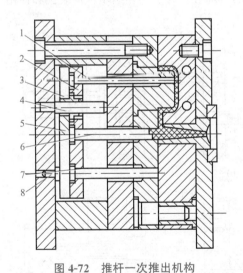

图 4-72　推杆一次推出机构

图 4-72

1—推杆；2—推杆固定板；3—推板导套；4—推板导柱；
5—推杆垫板；6—拉料杆；7—复位杆；8—限位钉

(2)推杆的设计。国家标准规定的推杆有推杆、扁推杆、带肩推杆三种。它们的设计已经国家标准化，具体参见本项目的"(十五)其他结构零部件设计"。推杆的位置应合理布置，其原则是：根据制品的尺寸，尽可能使推杆位置均匀对称，以及使制品所受的推出力均衡，并避免推杆弯曲变形。如果因为制品的某些特殊需要，推出位置必须设在制品的外表面时，可在推杆的工作端面加工一些装饰性标志。生产实践中使用的推杆如图 4-73 所示。

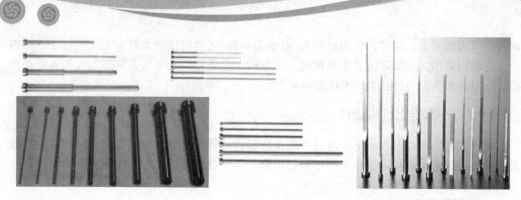

图 4-73　生产实践中使用的推杆

　　(3)推杆的固定方法(图 4-74)。图 4-74(a)所示为轴肩垫板连接，是最常用的固定方式。推杆与固定孔间应留一定的间隙，装配时推杆轴线可作少许移动，以保证推杆与型芯固定板上的推杆孔之间的同心度，并建议钻孔时采用配加工的方法。图 4-74(b)是采用等厚垫圈垫在推出固定板与垫板之间，这样可免去在固定板上加工凹坑。图 4-74(c)的特点是推杆高度可以调节，螺母起固定锁紧作用。图 4-74(d)、图 4-74(f)是采用顶丝和螺钉固定。以上三种固定方法均可省去垫板，图 4-74(e)用于较细的推杆，以铆接的方法固定。

　　(4)推杆的装配。推杆与推杆孔间为滑动配合，一般选 H7/f6，其配合间隙兼有排气作用，但不应大于所用塑料的排气间隙，以防漏料。配合长度一般为推杆直径的 2～3 倍。推杆端面应精细抛光，因其已构成型腔的一部分。为了不影响塑件的装配和使用，推杆端面应高出型腔表面 0.1 mm。

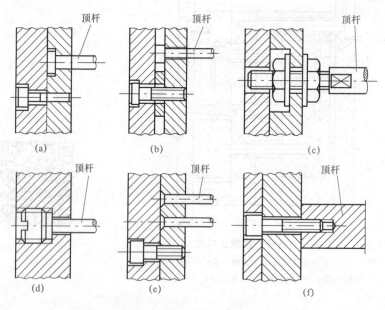

图 4-74　推杆的固定形式

　　(5)复位装置。推杆或推套将塑件推出后，必须返回其原始位置，才能合模进行下一次注射成型。最常用的方法是复位杆复位，这种复位杆又叫作回程杆。该方法经济、简单，回程动作稳定可靠。其工作过程如图 4-74 所示，当开模时，推杆、复位杆都向右推出，复位杆突出模具的表面；当注射模闭合时，复位杆与定模分型面接触，注塑机继续闭合时，则使复位杆随同推出机构一同返回原始位置。复位杆的设计已经国家标准化，具体参见本项目的"十五 其他结构零部件设计"。

(6)导向装置。对大型模具设置的推杆数量较多或由于塑件推出部位面积的限制，推杆必须做成细长形时及推出机构受力不均衡时(脱模力的总重心与机床推杆不重合)，推出后，推板可能发生偏斜，造成推杆弯曲或折断，此时应考虑设置导向装置，以保证推出板移动时不发生偏斜。一般采用推板导柱，也可加上推板导套来实现导向，如图 4-72 所示。

推板导柱和推板导套的设计已经国家标准化，具体参见本项目的"(十五)其他结构零部件设计"。推板导柱与导向孔或推板导套的配合长度不应小于 10 mm。当动模垫板支撑跨度较大时，推板导柱还可兼起辅助支撑作用。

推杆推出是应用最广的一种推出形式，它几乎可以适用于各种形状塑件的脱模。但其推出力作用面积较小，如设计不当，易发生塑件被推坏的情况，而且还会在塑件上留下明显的推出痕迹。

2. 推管脱模机构

推管脱模机构适用于环形、筒形塑件或带有孔的部分的塑件的推出，用于一模多腔成型更为有利。由于推管整个周边接触塑件，故推出塑件的力量均匀，塑件不易变形，也不会留下明显的推出痕迹。生产实践中使用的推管如图 4-75 所示。

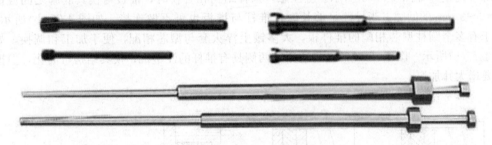

图 4-75 推管

对于台阶筒体和锥形筒体，如图 4-76(a)、(b)所示，只能用推管脱模。推管脱模机构要求推管内外表面都能顺利滑动。其滑动长度的淬火硬度为 HRC50 左右，且等于脱模行程与配合长度之和，再加上 5～6 mm 余量。非配合长度均应用 0.5～1 mm 的双面间隙。推管在推出位置与型芯有 8～10 mm 的配合长度，推管壁厚应在 1.5 mm 以上。必要时采用阶梯推管，如图 4-76(a)所示。

推管脱模机构有以下三类形式：

(1)长型芯。型芯紧固在模具底板上，如图 4-76(a)所示。结构可靠，但底板加厚，型芯延长，只用于脱模行程不大的场合。

(2)中长型芯。推管用推杆推拉，如图 4-76(b)所示。该结构的型芯和推管可短些，但动模板因容纳脱模行程需增厚。

(3)短型芯[图 4-76(c)]。这种结构使用较多。为避免型芯固定凸肩与运动推管相干涉，型芯凸肩须有缺口，或用键固定，致使型芯固定不可靠，且推管必须开窗，或剖切成(2～3)个脚，致使推管被削弱，制造也困难。

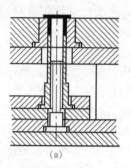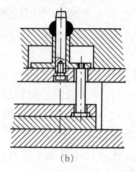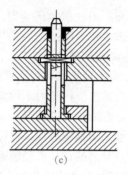

(a)   (b)   (c)

图 4-76 推管脱模的结构类型   图 4-76

3. 推板脱模机构

对于薄壁容器、壳体及表面不允许有推出的痕迹的制品,需要采用推板推出机构,推板也称为推件板。在分型面处从壳体塑件的周边推出,推出力大且均匀。对侧壁脱模阻力较大的薄壁箱体或圆筒制品,推出后外观上几乎不留痕迹,这对透明塑件尤为重要。

推板脱模机构不需要回程杆复位。推板应由模具的导柱导向机构导向定位,以防止推板孔与型芯间的过度磨损和偏移。为防止推杆与推板分离,推板滑出导柱,推杆与推板用螺纹连接,如图 4-77(a)所示。应注意,该种结构在合模时,推板与模具底脚之间应留 $S=2\sim3$ mm 的间隙。当导柱足够长时,推杆与推板也可不做连接,如图 4-77(b)所示。对于有多个圆柱型芯相配的推件板,大多镶上淬火套与型芯相配,便于加工和调换,如图 4-77(a)所示。图 4-77(c)的结构适用于两侧具有推杆的注塑机,模具结构可简化,但推板要增大并加厚。

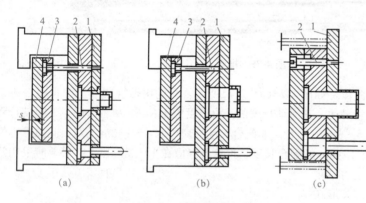

(a)   (b)   (c)

图 4-77 推板脱模机构   图 4-77
1—推板;2—推杆;3—推杆固定板;4—推板

推板与型芯之间要有高精度的间隙、均匀的动配合。要使推板灵活脱模和回复,又不能有塑料熔体溢料。为防止过度磨损和咬合发生,推板孔与型芯应作淬火处理。推板脱模的分型面应尽可能为简单无曲折的平面。在一些场合,如图 4-78 所示,在推板与型芯间留有单边 0.2 mm 左右的间距,避免两者之间接触。并又有锥形配合面起辅助定位作用,可防止推板孔偏心而引起溢料,其斜度为 10°左右。

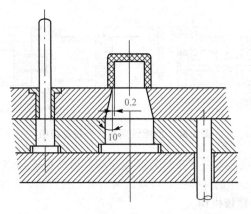

图 4-78 有周边间距和锥形配合面的脱模板

4. 推块脱模机构

对于端面平直的无孔塑件，或仅带有小孔的塑件，为保证塑件在模具打开时能留到动模一侧，一般都将型腔安排在动模一侧。如果塑件表面不希望留下推杆痕迹，则必须采用推块机构推动塑件，如图 4-79 所示。对于齿轮类或一些带有凸缘的制品，如果采用推杆推出容易变形或者采用推板推出容易使制品黏附模具时，也需采用推块作为推出零件。推动推块的推杆如果用螺纹连接在推块上，则复位杆可以与推杆安装在同一块固定板上，如图 4-79(a)所示。如果推块与推杆无螺纹连接，则必须采用图 4-79(b)所示的复位方法。推块实际上成为型腔底板或构成型腔底面大部分，推件运动的配合间隙既要小于溢料间隙，又不能产生过大的摩擦磨损，这就对配合面间的加工，特别是非圆形推块的配合面提出很高要求，常常要在装配时研磨。

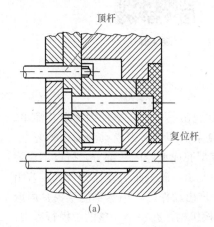

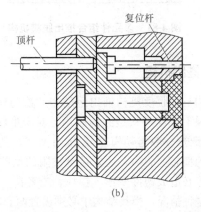

图 4-79

(a)　　　　　　　　　　　　　　　(b)

图 4-79 推块机构及复位方法

5. 拉板脱模机构

拉板脱模机构是推板脱模机构的特殊形式，适用的塑件与一般推板脱模机构相同。但拉板不是由推杆推动，而是由定距拉杆、伸缩性定距拉杆或链条拉动。这些拉动零件的两端分别与动、定模相连，模具打开时，动模后退，这些零件拉动拉板将塑件从主型芯上脱下。图 4-80 所示为伸缩性定距拉杆拉动的拉板脱模机构，脱模距＝$L_1+L_2+L_3$。

141

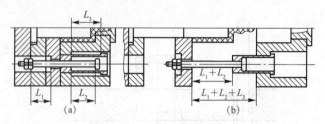

图 4-80　伸缩性定距拉杆拉动拉板

　　拉板脱模机构的优点是省去了推杆及其固定板，可简化模具结构，减小模具高度，对于开模行程受模具高度影响的注塑机，可以增大有效开模行程，增加脱模距。

　　6.多元件组合推出脱模机构

　　对于一些深腔壳体、薄壁制品及带有局部环状凸起、凸肋或金属嵌件的复杂制品，如果对它们只采用某一种推出零件，往往容易使制品在推出过程中出现缺陷，所以，可采用两种或两种以上的推出零件，如图4-81所示。

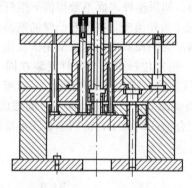

图 4-81　多元件组合推出脱模机构

图 4-81

(十九)二次推出机构

　　一次脱模机构是在脱模机构推出运动中一次将塑件脱出的，这些塑件因为形状简单，仅仅是从型芯上脱下或仅是从型腔内脱出。对于形状复杂的塑件，因模具型面结构复杂，塑件被推的半模部分(一般是动模部分)既有型芯，又有型腔或型腔的一部分，所以不仅要将塑件从被包紧的型芯上脱出，还要从被黏附的型腔中脱出，脱模阻力是比较大的，若由一次动作完成，势必造成塑件变形、损坏，或者在一次推出动作后，仍然不能从模具内取下或脱落。对于这种情况，模具结构中必须设置两套脱模机构，在一个完整的脱模行程中，使两套脱模机构分阶段工作，分别完成相应的顶推塑件的动作，以便达到分散总的脱模阻力和顺利脱件的目的，这样的脱模机构称为二次推出机构。

　　设计二次推出机构时应注意，第一次推出的脱模力大，应不使制品损伤；而第二次脱模应有较大的行程，保证制件自动坠落。机构的动作顺序安排为：第一次脱模时，两级脱模机构所有元件应同步推进。在一次脱模结束后，一次脱模元件静止不动而二次脱模元件沿原脱模方向继续运动，或者二次脱模元件超前于一次脱模元件向前运动(两者都动但速度不同)，直至将塑件完全脱出。为此，一次脱模元件在推出中，要用滑块让位、摆杆外摆、钢球打滑、弹簧、限位螺钉等方法使一次脱模元件在一次脱模结束后不动或慢速运动，从而达到使两套脱模机构分阶段工作的目的。

二次脱模机构形式很多，仅选出以下几例予以简介。

1. 弹开式二次推出机构

图 4-82 所示为弹开式二次推出机构。图 4-82(a)所示为尚未推出的状态。模具打开后，由于弹簧 4 的作用，使动模板 2 移动距离 l_1，塑件从型芯上脱下 l_1 距离，为一级脱模，如图 4-82(b)所示；因塑件带脱模斜度，这时就消除了或大大减小了对型芯的包紧力。当模具推出机构开始工作时，就将塑件从动模型腔内和型芯的剩余部分上脱出，如图 4-82(c)所示。设计该机构时应注意使：$L = l_1 + l_2 \geqslant h$，$l_2 \geqslant h_1$。

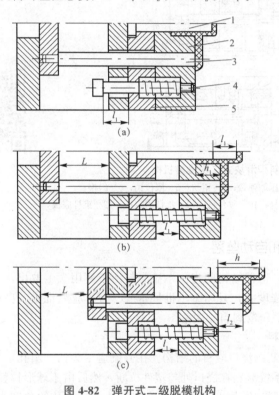

图 4-82   弹开式二级脱模机构
(a)未推出状态；(b)第一次推出；(c)推出完成
1—型芯；2—动模板；3—推杆；4—弹簧；5—型芯固定板

图 4-82

2. 斜楔滑块式二次推出机构

图 4-83 所示为斜楔滑块式二次推出机构。开模一定距离后，注塑机的推出装置通过推杆底板 12 同时驱动推杆 9 和凹模型腔板 7 移动，使制品与凸模 8 脱离，实现第一次推出动作。在这次推出中，斜楔 6 推动滑块 4 向模具中心移动。但由于此时滑块 4 与推杆 2 还存在平面接触，推杆 2 保持压缩弹簧 3 与推杆 9 与凹型腔板 7 同步运动。一旦一次推出结束，推杆 2 会坠落在滑块 4 的圆孔中，这样凹模型腔板 7 便会停止运动。推杆 9 继续运动，直到把制品从凹模型腔板中脱出，实现第二次推出。推出行程与制品高度的关系为 $l_1 \geqslant h_1$；$l_2 \geqslant h_2$；$L = l_1 + l_2$。

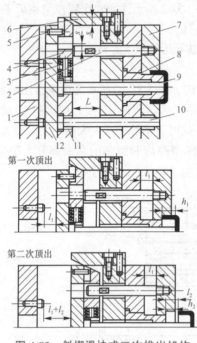

图 4-83　斜楔滑块式二次推出机构

1—动模座；2—推杆；3—压缩弹簧；4—滑块；5—限位销；6—斜楔；
7—凹模型腔板；8—凸模；9—推杆；10—复位杆；11—推杆固定板；12—推杆底板

(二十)点浇口凝料脱出和自动坠落

点浇口在模具的定模部分，这种结构的浇注系统凝料由于使用人工取出，虽然模具构造简单，但是生产率低，劳动强度大，只用于小批量生产。为适应大批量、自动化生产的要求，可采用以下办法使浇注系统凝料自动脱落。

1. 利用侧凹拉断点浇口凝料

图 4-84 所示为利用侧凹拉断点浇口凝料的结构。在分流道尽头钻一斜孔，开模时由于斜孔内冷凝塑料的限制，浇注系统凝料在浇口处与塑件拉断，然后由于球形拉料杆的作用，拉住浇注系统凝料从浇口套中脱出。侧凹部分的形状与尺寸为：斜孔的角度为 15°～30°，斜孔的直径为 3～5 mm，斜孔的深度为 5～12 mm。

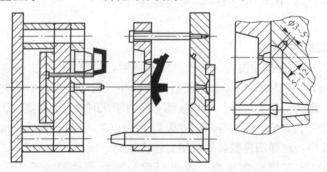

图 4-84　利用侧凹拉断点浇口凝料的结构

2.利用拉料杆拉断点浇口凝料

利用拉料杆拉断点浇口凝料的结构如图 4-85 所示。模具首先从 A 面分型，在拉料杆 2 的作用下，使浇注系统凝料与塑料切断留于定模一边，待分开一定距离后，定模型腔 5 接触到限位拉杆 6 的突肩，带动流道推板 3 从 B 面分型，这时，浇注系统脱离拉料杆 2 自动脱落。当继续开模时，定模型腔 5 受到限位拉杆 7 的阻碍不能移动，塑件随动模型芯 9 移动，脱离定模型腔 5，最后在推杆 10 的作用下由推板 8 将塑件推出。

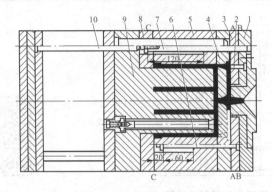

图 4-85 利用拉料杆拉断点浇口凝料

图 4-85

1—定模固定板；2—拉料杆；3—流道推板；4—分流道板
5—定模型腔；6、7—限位拉杆；8—推板；9—型芯；10—推杆

(二十一)潜伏式浇口凝料脱出和自动坠落

根据进料口位置的不同，潜伏浇口可以开设在定模部分、动模部分或开设在塑件内部的柱子或推杆上。

1.开设在定模部分的潜伏浇口推出

潜伏浇口开设在定模部分塑件外侧的结构形式如图 4-86 所示。开模时，在塑件随型芯 4 后退并从定模板 6 中脱出的同时，潜伏浇口被切断，浇注系统凝料在冷料穴的作用下拉出定模型腔而随动模一起后退，后退到一定程度因注塑机推杆作用而使模具推出机构工作时，推杆 2 将塑件从动模型芯 4 上推出，而浇道推杆 1 和主流道推杆将浇注系统凝料推出动模板 5，浇注系统凝料最后由自重落下。在模具设计时，流道推杆应尽量接近潜伏浇口，以便在分模时将潜伏浇口拉出模外。

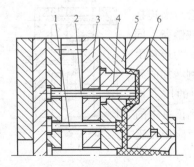

图 4-86 潜伏浇口在定模部分的结构

1—浇道推杆；2—推杆；3—动模支承板；4—型芯；5—动模板；6—定模板

2. 开设在动模部分的潜伏浇口

潜伏浇口开设在动模部分塑件外侧的结构形式如图 4-87 所示。开模时，塑件包在凸模 3 上随动模一起后移，浇注系统凝料由于冷料穴的作用留在动模一侧。推出机构工作时，推杆将塑件从凸模 3 上推出的同时，潜伏浇口被切断，浇注系统凝料在流道推杆 1 和主流道推杆的作用下推出动模板 4 而自动脱落。在这种形式的结构中，潜伏浇口的切断、推出与塑件的脱模是同时进行的。在设计模具时，流道推杆及倒锥穴也应尽量接近潜伏浇口。

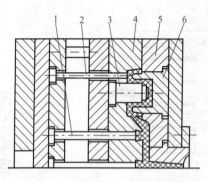

图 4-87

图 4-87　潜伏浇口在动模部分的结构

1—流道推杆；2—推杆；3—凸模；4—动模板；5—定模板；6—定模型芯

(二十二)定模脱模机构

由于注塑机的推出装置设置在动模板一侧，所以，模具的推出系统大多数是设计在动模一侧，但是有些制品要求外表面不允许有任何浇口的痕迹（如组合或收录机推盖），只能将浇口设置在内表面，或因制品结构的限制，在开模后，必须将制品滞留在定模型腔中（如塑料刷子），针对这些问题，推出系统需要设置在定模一侧。与设置动模一侧的推出系统相似，定模一侧的推出系统也是由推杆、复位杆、推杆固定板、垫板、导向装置等组成的。两者不同的是，定模部分没有为完成推出动作所需要的动力源，只能依靠开模时动、定模之间的相对运动，由动模带动定模的推出机构完成推出工作。因此，这种结构的推出机构必须在动模与推出系统之间设置拉杆或链条来传递动力。

值得注意的是，定模推出机构在成型过程中，必须严格控制其开模行程，否则，当开模行程过大时，会拉断连接动模与定模推出机构的拉杆或链条。同时，当采用定模推出机构时，为避免由于主流道过长所造成废料比例增加的问题，以及减少在成型过程中的压力损失，可采用以加长喷嘴深入到模具中的办法，以减小主流道的长度或应用无流道技术。

图 4-88 所示为用链条牵引定模推板使塑件脱模的机构。所需链条为 2 根

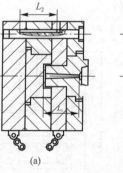

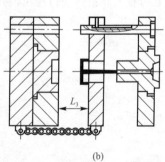

图 4-88　链条牵引的定模脱模机构

(a)合模；(b)开模和脱模

或 4 根，每根链条受力要均衡。另外，还要设连接座，保证合模时链条不被卡住。开模行程等于 L_1+L_3。考虑到注塑机的开模行程误差较大，故脱模行程 $L_2=L_1+(10\sim20)$mm。

(二十三)带螺纹塑件的脱模机构

1. 人工驱动脱螺纹

图 4-89 所示为机内手动脱螺纹型芯的结构。此种形式在设计时必须注意螺纹型芯的非成型端的螺距要与成型端的螺距相等，如果不等，则在脱出螺纹型芯时会将塑件损坏，这种螺纹型芯脱出形式生产率低。

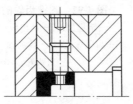

图 4-89　机内手动脱螺纹

2. 强制脱螺纹

实现强制脱螺纹的对象是聚烯烃类柔性塑料成型的内螺纹，螺牙为半圆形的粗牙，螺牙高度小于螺纹外径的 2.5%，制品必须要有足够厚度和吸收弹性变形能，如图 4-90 所示，通常用推板强制推出，塑件被推的应是平面。型芯外圆和推板孔应有 3°～5°斜度，单面间隙最大为 0.05 mm。

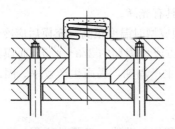 

图 4-90　强制脱螺纹结构　　　　　　图 4-90

3. 开模力驱动旋转脱模

利用开模力和开模方向的直线运动实现螺纹塑件的旋退，模内结构虽然复杂，但效率高，并可实现自动化生产，应用较普通。开模力驱动旋转脱模机构都用一根固定在定模部分的齿条导柱。如果成型螺纹的旋转轴线垂直开模方向，用有齿轮的螺纹型芯就可实现，如图 4-91 所示。该成型螺纹与另一端的传动螺纹的螺距和旋向相同。型芯轴上齿轮的宽度应保证在其进退的工作行程中，保持与齿条啮合。套筒螺母用来调节螺纹型芯的位置。

如果成型螺纹的轴线与开模方向一致，则要在齿轮齿条传动后，再用圆锥齿轮或螺旋斜齿轮来改变方向。此种模具一般一模多件，由行星齿轮机构驱动各螺纹型芯或型环转动。如图 4-92 所示为用圆锥齿轮传动模具中央有螺纹牙的拉料杆。各成型螺纹的旋向与拉料杆上螺纹旋向相反。开模后主流道凝料被螺牙拉至动模上。在开模中，由于流道凝料的止转，各螺纹塑件和流道凝料都被旋退。

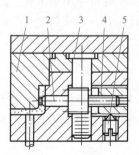

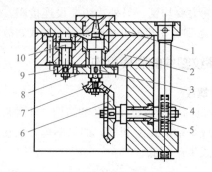

图 4-91　成型侧向螺纹的
齿轮旋退机构

1—凸模；2—螺纹型芯齿轮轴；

3—齿条导柱；4—套筒螺母；

5—紧定螺钉

图 4-92　圆锥齿轮的螺纹旋退机构

1—定模板；2—动模板；3—螺纹拉料杆；

4—齿条导柱；5—传动轴；6、7—圆锥齿轮；

8、9—直齿轮；10—螺纹型芯

图 4-92

(二十四)模具温度的调节

1. 温度调节系统的作用

(1)保证塑件质量。首先，塑料品种很多，每种塑料成型的最佳温度不同，通过温调系统，可以得到最佳模温，使塑料有良好的成型性；其次，温调系统可使型腔、型芯的温度相近和均匀，对减少塑件变形大有好处；再者，稳定的模温可使塑料的力学性能大为改善，使塑件具有良好的机械强度，能有效地减少塑件成型时收缩的波动，保证塑件的尺寸精度，改善塑件外观质量，使塑件表面光滑，具有光泽。

(2)提高生产效率。塑料熔体在注塑成型时温度很高，充模后应冷却、固化后才能开模取出塑件，一般来说，模具的冷却时间占成型周期的2/3～4/5，而模具温度调节系统就是要在较短的时间内使模温降低，以缩短生产周期，提高生产效率。因此，缩短成型周期内的冷却时间是提高生产效率的关键。

2. 模具的冷却与加热

注射模的温度调节系统必须有冷却和加热功能，必要时还要二者兼有。对于热塑性塑料来讲，无论是采用冷水和常温水对模具进行冷却，或者是采用温水、蒸汽、热油和电能对模具进行加热，其作用结果都是为了对模腔内的塑料制品进行合理的冷却。下面介绍一些确定冷却或加热措施的原则。

(1)对于黏度低、流动性好的塑料，如聚乙烯、聚丙烯、聚苯乙烯、聚酰胺等，可采用常温水对模具进行冷却，并通过调节水的流量大小控制模具温度。有时为了进一步缩短在模内的冷却时间，也可使用冷凝处理后的冷水进行冷却(尤其是在南方夏季)。

(2)对于黏度高、流动性差的塑料，如聚碳酸酯、聚砜、聚甲醛、聚苯醚和氟塑料等，成型工艺要求有较高的模具温度，经常需要对模具采用加热措施。

(3)对于黏流温度或熔点不太高的塑料，一般采用常温水或冷水对模具进行冷却；对于高黏流温度或高熔点塑料，可采用温水控制模温。

(4)对于热固性塑料，模具成型温度要求在150 ℃～200 ℃，必须对模具采取加热措施。

(5)由于制品几何形状影响，制品在模具内各处的温度不一定相等，可对模具采用局部加热或局部冷却方法，以改善制品分布情况。

（6）对于流程很长、壁厚又比较大的制品，或者是黏流温度或熔点虽然不高，但成型面积很大的制品，可对模具采取适当的加热措施；对于小型薄壁制品，且成型工艺要求的模温也不太高时，可直接依靠自然冷却。

（7）对于工作温度要求高于室温的大型模具，可在模内设置加热装置。

（8）为了实时准确地调节和控制模温，必要时可在模具中同时设置加热和冷却装置。

需要指出，模具中设置温度调节系统后，会给注射成型生产带来一些问题。如采用冷水调节模温时，大气中水分易凝聚在模具型腔的表壁，影响塑件表面质量，而采用加热措施后，模内一些间隙配合的零件可能由于膨胀而使间隙减小或消失，从而造成卡死或无法工作等，因此，在设计模具和温度调节系统时，均要想办法加以预防。

注射模中温度调节系统的组成零件有堵头、快速接头、螺塞、密封圈、密封胶带（主要用来使螺塞或水管接头与冷却通道连接处不泄漏）、软管（主要作用是连接并构制模外冷却回路）、喷管件（主要用在喷流式冷却系统上，最好用铜管）、隔片（用在隔片导流式冷却系统上，最好用黄铜片）和导热杆（用在导热式冷却系统）等，如图 4-93 所示。

图 4-93　温度调节系统的组成零件

（二十五）冷却系统设计

1. 冷却系统的设计原则

（1）冷却水道的位置取决于制件的形状和不同的壁厚。原则上，冷却水道应设置在塑料向模具热传导困难的地方，根据冷却系统的设计原则，冷却水道应围绕模具所成型的制品，且尽量排列均匀一致，如图 4-94、图 4-95 所示。由于顶出装置的影响，动模的冷却水道排列不能与定模的冷却水道排列完全一致。

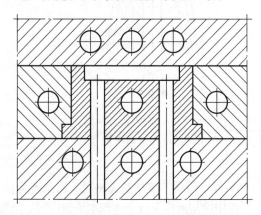

图 4-94　冷却水道的位置与制品的关系 1

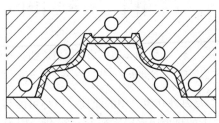

图 4-95　冷却水道的位置与制品的关系 2

（2）在保证模具材料有足够的机械强度的前提下，冷却水道应安排得尽量紧密；在保证模具材料有足够的机械强度的前提下，冷却水道尽可能设置在靠近型腔（型芯）表面，如图 4-96 所示；冷却水道的直径应优先采用大于 8 mm，并且各个水道的直径应尽量相同，避免由于因水道直径不同而造成的冷却液流速不均。

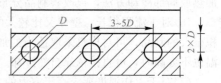

图 4-96　冷却水道的孔径与位置关系

（3）水道出入口的布置应该注意两个问题，即浇口处加强冷却和冷却水道的出入口温差应尽量小。塑料熔体充填型腔时，浇口附近温度最高，距离浇口越远，温度就越低，因此，浇口附近应加强冷却，其办法就是冷却水道的入口处要设置在浇口的附近。对于中、大型模具，由于冷却水道很长，会造成较大的温度梯度变化，导致在冷却水道末端（出口处）温度上升很高，从而影响冷却效果。从均匀冷却的方案考虑，对冷却液在出、入口处的温差，一般希望控制在 5 ℃ 以下，而精密成型模具、多型腔模具的出、入口温差则要控制在 2 ℃～3 ℃ 以下，冷却水道长度在 1.2～1.5 m 以下。因此，对于中、大型模具，可将冷却水道分成几个独立的回路来增大冷却液的流量，减少压力损失，提高传热效率。如图 4-97 所示为直浇口型芯、超宽侧浇口、侧浇口和中心点浇口型芯冷却水道的布置形式。

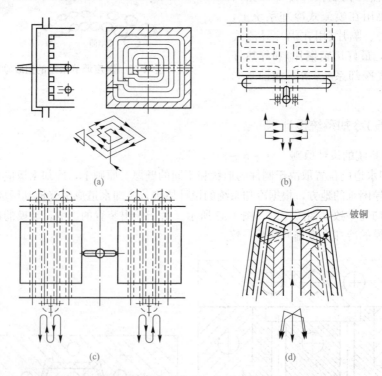

图 4-97　加强浇口冷却和减小出、入口温差的冷却水道布置

（a）直浇口型芯冷却水道；（b）超宽侧浇口冷却水道；（c）侧浇口冷却水道；（d）中心点浇口型芯冷却水道

（4）冷却液在模具中的流速，以尽可能高一些为好，但就其流动状态来说，以湍流为佳。在湍流下的热传递比层流高 10～20 倍，因为在层流中冷却液作平行于冷却水道壁诸同心层的运动，每个同心层都好比一个绝热体，从而妨碍了模具向冷却液散发热过程的进行（然而一旦

150

到达了湍流状态，再增加冷却液在冷却水道中的流速，其传热效率并无明显提高）。

（5）制品较厚的部位应特别加强冷却。

（6）充分考虑所用的模具材料的热传导率。通常，从力学强度出发，选择钢材为模具材料，如果只考虑材料的冷却效果，则导热系数越高，从熔融塑料上吸收热量越迅速，冷却得越快。因此，在模具中对于那些冷却液无法通到而又必须对其加强冷却的地方，可采用铍青铜材料进行拼镶。

2. 冷却系统的结构设计

（1）型芯冷却系统的结构设计。通常，型芯中冷却水道的设置有下列几种方式。

1）对于成型制品壁较薄，尺寸较小的型芯，可采用图 4-98 所示的结构，由于冷却水道距型芯表面的距离不等，所以冷却效果不均匀。

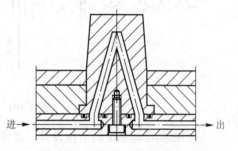

图 4-98　型芯的冷却方式 1

图 4-99 所示为一种冷却效果均匀、制品散热很好的冷却水道排列方法。常用于尺寸较大的型芯。值得注意的是，在制作这种冷却水道时，型芯侧面的水道封堵一定要平整，避免因出现侧面凹凸而影响制品脱模。如果这一部位受压较大时，可以采用镶入经过淬火处理的钢垫的方式来解决。

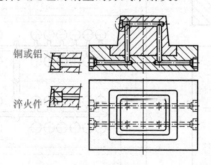

图 4-99　型芯的冷却方式 2

在型芯尺寸、力学强度允许的前提下，在型芯中加入带有螺旋的水槽镶件，图 4-100 所示的方式对其温度进行控制，可获得极佳的效果。但是这种镶件形状复杂，会因加工难度大而提高模具的制造费用。

2）对于直径较小且尺寸较长的型芯，由于表面积小，使得热传导非常困难。在成型过程中，因细长型芯散热不良，会引起制品在这一部位出现变形、缩孔等缺陷。因此，必须采取特殊的冷却方式对细长型芯的温度加以控制。图 4-101（a）所示为采用铍青铜材料制造型芯，让冷却水直接冷却其另一端；图 4-101（b）所示为在型芯内部较粗的部分加入细铜棒，让冷却水直接冷却细铜棒的另一端。

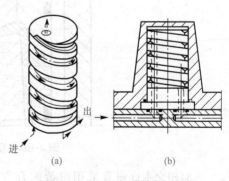

图 4-100　螺旋式型芯冷却水路

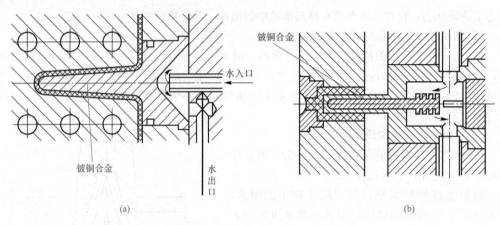

图 4-101　细小型芯的冷却方法

(2)凹模冷却系统的结构设计。通常，凹模冷却系统的设置有 3 几种方式：如图 4-102 所示为围绕在型腔四周的冷却系统；如图 4-103 所示为一模多腔的冷却系统，对于深型腔，可采用多层水道；对于嵌入式型腔，可采用螺旋形槽进行冷却，如图 4-104 所示。

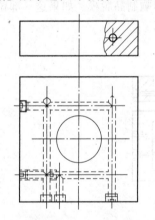

图 4-102　围绕型腔四周的冷却系统

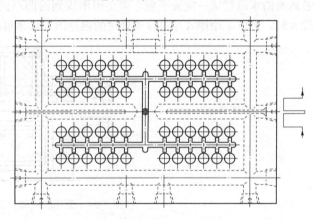

图 4-103　一模多腔的冷却系统

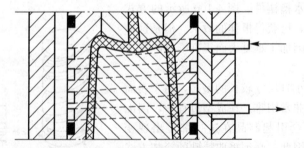

图 4-104　型腔的螺旋形槽冷却系统

(3)相交水道通常采用过盈配合方式插入镶件，使冷却液改变流向，如图 4-105 和图 4-106 所示。

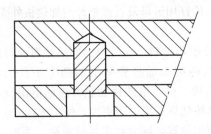

图 4-105 冷却水道中的封堵

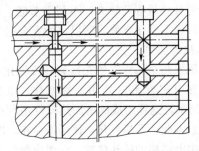

图 4-106 冷却水道间的接通方法

(4)一般情况下，模板中的冷却水道常采用钻床加工。有些水道较长且横竖交错，在加工时，为了减小难度和使钻孔所要求的精度相对降低，一般规定两条相交错的水道在长度小于 150 mm 时，最小间距为 3 mm，在长度大于 150 mm 时，最小间距为 5 mm，如图 4-107 所示。

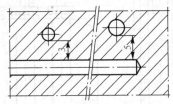

图 4-107 环绕型腔(或型芯)的冷却水道

(二十六)加热系统设计

对于熔融黏度高，流动性差的塑料，如聚碳酸酯、聚甲醛、氯化聚醚、聚砜、聚苯醚等，则要求较高的模温才能注射成型，此时需要对模具进行加热。若模温过低，则会影响塑料的流动性，产生较大的流动剪切力，使塑件的内应力较大，甚至还会出现冷流痕、银丝、注不满等缺陷。尤其是当冷模刚刚开始注射时，这种情况更为明显。但是，模温也不能过高，否则要延长冷却时间，且塑件脱模后易发生变形。当模温要求在 80 ℃以下时，模具上无须设置加热装置，可利用熔融塑料的余热使模具升温，达到要求的工艺温度。若模温要求在 80 ℃以上时，模具就要有加热装置。

电加热为最常采用的加热方式，其优点是设备简单、紧凑、投资小，便于安装、维修、使用，温度容易调节，易于自动控制；其缺点是升温缓慢，并有加热后效现象，不能在模具中交替地加热和冷却。模具电加热有电阻丝加热和工频加热两类，后者因加热装置构造比较复杂，体积大，所以很少采用。

1. 电阻丝加热

将电阻丝绕制成螺旋弹簧状，再将它套上瓷管或带孔的陶瓷元件，安放在加热板或模具的加热孔中，如图 4-108 所示。该方法虽然简单，成本低廉，但由于电阻丝直接与空气接触，容易氧化损耗，因而使用

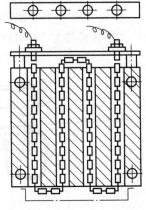

图 4-108 电阻丝加热的加热板

寿命短，而且热量损耗较大，不利于节能。另外，赤热的电阻丝暴露在模外也不安全，电阻丝烧坏后也不便于维修。所以，为安全起见，最好用云母及石棉垫片与加热板外壳绝缘。

2. 电热棒加热

在电阻丝与金属管内填充石英砂或氧化镁等耐热材料，在管内的两端垫有云母片或石棉垫片，在电阻丝出口处用瓷塞塞住，电阻丝两端头通过瓷塞上的两个小孔引出，如图 4-109 所示，这样组成的电加热元件俗称电热棒。由于电热棒加热方法的电阻丝与外界空气隔绝，因此，不易氧化，使用寿命长，电热棒烧坏后也便于更换，使用比较安全。

模具中电热棒的插孔位置，应考虑塑件的顶出位置，同时要求尽量对称、等距、靠边，顶杆的布置也需照顾电热棒插孔而进行适当的调整。

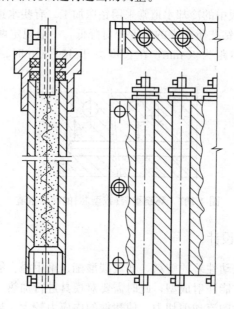

图 4-109　电热棒及其安装

3. 电热套加热

电热套加热就是在模具型腔外围套上电热套(圈)或装上 2～4 块电热套，以补充模具上加热量的不足。电热套应与模具外形相吻合，其最常见的形式有矩形和圆形两种，如图 4-110 所示。矩形电热套由四块电热片构成，用导线和螺钉连成一体。圆形电热套也是通过螺钉夹紧在模具上，它可以制成整体式和两半式，前者加热效率好，后者制造及安装方便。

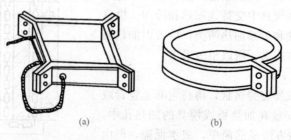

图 4-110　电热套的形式
(a)矩形；(b)圆形

三、项目实施

对于图 1-1 所示的塑件，已经在项目一中为其选择了材料品种为聚甲醛（POM），在项目二中为其选择了成型方法和成型工艺参数，在项目三中分析了该零件的成型工艺性能，下面将设计该零件的单分型面注射模。

(一)确定模具结构形式

(1)本模具的结构形式采用单分型面注射模。

(2)采用一模两腔，顶杆推出，流道采用平衡式，浇口采用侧浇口。

(3)为了缩短成型周期，提高生产率，保证塑件质量，动、定模均开设冷却通道。

(二)确定型腔数量和排列方式

1. 型腔数量的确定

该塑件精度要求不高，尺寸较小，可以采用一模多腔的形式。考虑到模具制造成本和生产效率，初定为一模两腔的模具形式。

2. 型腔排列形式的确定

该塑件为长方体，形状很规则，可以采用图 4-111 所示的排列方式。

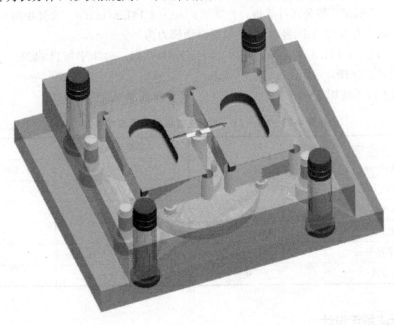

图 4-111　型腔布排

(三)分型面位置的确定

根据塑件的结构形式，最大截面为底平面，故分型面应选择在底平面处，如图 4-112 所示。

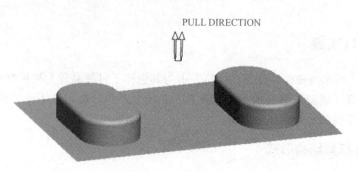

图 4-112　分型面

(四)注塑机的选择

1. 注射量的计算

通过计算或三维软件建模分析，可知塑件体积单个约 4.65 cm³，两个约 9.3 cm³。按公式计算得：$1.6 \times 9.3 = 14.88 (cm^3)$。

查表得聚甲醛(POM)的密度为 1.41 g/cm³。故所需塑料质量为 $1.41 \times 14.88 = 20.98 (g)$。

2. 锁模力的计算

通过计算或三维软件建模分析，可知单个塑件在分型面上的投影面积约为 1 534 mm²，两个约为 3 068 mm²。按公式计算得：$1.35 \times 3 068 = 4 141.8 (mm^2)$。又聚甲醛(POM)成型时型腔的平均压力为 35 MP(经验值)。故所需锁模力为

$$F_m = 4 141.8 \times 35 = 144 963 \times 10^{-3} (kN) = 144.963 (kN) \approx 145 \ kN.$$

3. 注塑机的选择

根据以上计算选用 XS—ZY—125 注塑机。其主要技术参数见表 4-27。

表 4-27　XS—ZY—125 注塑机的主要技术参数

理论注射容量/cm²	60	锁模力/kN	500
螺杆直径/mm	38	拉杆内间距/mm	190×300
注射压力/MPa	122	移模行程/mm	180
注射行程/mm	170	最大模厚/mm	200
注射方式	柱塞式	最小模厚/mm	70
喷嘴球半径/mm	12	定位圈尺寸/mm	55
锁模方式	液压—机械	喷嘴孔直径/mm	4

(五)浇注系统设计

1. 主流道设计

(1)主流道尺寸。根据所选注塑机，则主流道小端尺寸为

$$d = 注塑机喷嘴尺寸 + (0.5 \sim 1) = 4 \ mm + 1 \ mm = 5 \ mm$$

主流道球面半径为

$$SR = 注塑机喷嘴球面半径 + (1 \sim 2) = 12 \ mm + 1 \ mm = 13 \ mm$$

（2）主流道衬套形式。本设计虽然是小型模具，但为了便于加工和缩短主流道长度，将衬套和定位圈设计成分体式，主流道衬套长度取 57.5 mm。主流道设计成圆锥形，锥角取 5°，内壁粗糙度 Ra 取 0.4 μm。衬套材料采用 T10 A 钢，热处理淬火后表面硬度为 53～57HRC。

2. 分流道设计

（1）分流道布置形式。分流道应能满足良好的压力传递和保持理想的填充状态，使塑料熔体尽快地经分流道均衡地分配到各个型腔。本模具采用一模两腔的结构形式，考虑结构特点，决定采用平衡式分流道，如图 4-113 所示。

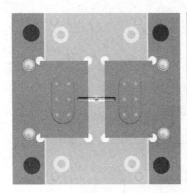
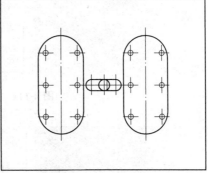

图 4-113　分流道形式

（2）分流道长度。分流道只有一级，对称分布，考虑到浇口的位置，取总长为 26 mm。

（3）分流道的形状、截面尺寸。为了便于机械加工及凝料脱模，分流道的截面形状常采用加工工艺性比较好的圆形截面。根据经验，分流道的直径一般取 2～12 mm，比主流道的大端小 1～2 mm。本模具分流道的直径取 5 mm，以分型面为对称中心，分别设置在定模和动模上。

（4）分流道的表面粗糙度。分流道的表面粗糙度 Ra 一般取 0.8～1.6 μm 即可，在此取 1.6 μm。

3. 浇口设计

塑件结构较简单，表面质量无特殊要求，故选择采用侧浇口。侧浇口一般开设在模具的分型面上，从制品侧面边缘进料。它能方便地调整浇口尺寸，控制剪切速率和浇口封闭时间，是被广泛采用的一种浇口形式。

本模具侧浇口的截面形状采用矩形，长为 2 mm，宽为 3 mm，高为 0.8 mm。

4. 冷料穴和拉料杆设计

本模具只有一级分流道，流程较短，故只在主流道末端设置冷料穴。冷料穴设置在主流道正面的动模板上，直径稍大于主流道的大端直径，取 6 mm。长度取 10 mm。

拉料杆采用钩形拉料杆，直径取 6 mm。拉料杆固定在推杆固定板上，开模时随着动、定模分开，将主浇道凝料从主流道衬套中拉出。在制品被推出的同时，冷凝料也被推出。

（六）排气系统设计

由于制品尺寸较小，排气量很小，利用分型面和推杆、型芯间的配合间隙排气即可。该套模具较小，设置了 6 根推杆，因此不需单独开设排气槽。

(七)成型零件结构设计

本模具采用一模两腔、侧浇口的成型方案。型腔和型芯均采用镶嵌结构，通过螺钉和模板相连。采用 Pro/E、UG 等三维软件进行分模设计，得到图 4-114 所示的型腔和图 4-115 所示的型芯。

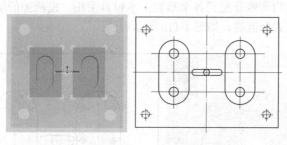

图 4-114　型腔

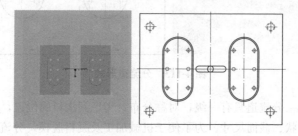

图 4-115　型芯

因为塑件尺寸精度不高且用 Pro/E、UG 等三维软件设计时已经考虑了收缩率和绝对精度，因此可直接由分模后的三维模型转换为工程图。原则上模具各零件的制造公差应取塑件公差的 1/3，但实际生产中常根据经验确定。

1. 型腔

塑件表面光滑，无其他特殊结构。塑件总体尺寸为 60 mm×30 mm×12 mm，考虑到一模两腔及浇注系统和结构零件的设置，型腔镶件尺寸取 120 mm×100 mm，深度根据模架的情况进行选择。为了安装方便，在定模模板上开设相应的型腔切口，并在直角上钻直径为 10 mm 的孔以便于装配。

2. 型芯

与型腔相一致，型芯的尺寸也取 120 mm×100 mm，并在动模模板上开设相应的型芯切口。

(八)成型零件的尺寸计算

该塑件所用的材料聚甲醛(POM)是一种收缩范围比较大的塑料，因此，成型零件的尺寸均按平均值法进行计算。

从相关资料查得，聚甲醛(POM)的收缩率为 1.5%～3.0%，故平均收缩率为

$$\bar{S}=\frac{S_{max}+S_{min}}{2}\times100\%=\frac{1.5\%+3.0\%}{2}=2.25\%$$

根据塑件尺寸公差的要求，模具的制造公差取塑料制品公差的 1/3，则型腔的径向尺寸（以尺寸 60 mm 为例进行计算）为

$$(L_M)_0^{+\delta_z} = [(1+\overline{S})H_s - \chi\Delta]_0^{+\delta_z}$$
$$= [(1+0.023)\times60 - 0.75\times0.74]_0^{+0.25}$$
$$= 60.83_0^{+0.25}$$

用同样的方法，可计算出成型零件的全部工作尺寸，见表 4-28。

表 4-28 成型零件的工作尺寸   mm

尺寸类别	塑件尺寸	计算公式	计算结果
型腔尺寸	$60_{-0.76}^{0}$	$(L_m)^{+\delta_z} = \left[(1+S)L_s - \dfrac{3}{4}\Delta\right]^{+\delta_z}$	$60.83_0^{+0.25}$
	$30_{-0.48}^{0}$	$(L_m)^{+\delta_z} = \left[(1+S)L_s - \dfrac{3}{4}\Delta\right]^{+\delta_z}$	$30.33_0^{+0.16}$
	$R15_{-0.76}^{0}$	$(L_m)^{+\delta_z} = \left[(1+S)L_s - \dfrac{3}{4}\Delta\right]^{+\delta_z}$	$R14.78_0^{+0.25}$
	$12_{-0.34}^{0}$	$(H_m)^{+\delta_z} = \left[(1+S)H_s - \dfrac{2}{3}\Delta\right]^{+\delta_z}$	$12.05_0^{+0.11}$
型芯尺寸	$\phi8_{}^{+0.24}$	$(l_m)_{-\delta_z}^{0} = \left[(1+S)l_s - \dfrac{3}{4}\Delta\right]_{-\delta_z}^{0}$	$\phi8_{-1.08}^{0}$
	$R13.5_{}^{+0.68}$	$(h_m)_{-\delta_z}^{0} = \left[(1+S)L_s - \dfrac{3}{4}\Delta\right]_{-\delta_z}^{0}$	$R14.32_{-0.21}^{0}$
	$57_0^{+1.54}$	$(l_m)_{-\delta_z}^{0} = \left[(1+S)l_s - \dfrac{3}{4}\Delta\right]_{-\delta_z}^{0}$	$59.47_{-0.51}^{0}$
	$27_0^{+1.00}$	$(h_m)_{-\delta_z}^{0} = \left[(1+S)L_s - \dfrac{3}{4}\Delta\right]_{-\delta_z}^{0}$	$28.37_{-0.33}^{0}$
	$10.5_0^{+0.68}$	$(l_m)_{-\delta_z}^{0} = \left[(1+S)l_s - \dfrac{2}{3}\Delta\right]_{-\delta_z}^{0}$	$11.19_{-0.23}^{0}$
距离尺寸	30 ± 0.23	$C_m = (1+S)C_z \pm \dfrac{\delta_z}{2}$	30.69 ± 0.08

(九)成型零件材料的选用

该塑件是大批量生产，成型零件所选用钢材耐磨性和抗疲劳性能应该良好；机械加工性能和抛光性能也应良好。因此，决定采用硬度比较高的模具钢 Gr12MoV，淬火后表面硬度为 58～62HRC。

(十)冷却系统设计

一般注射到模具内的塑料温度为 200 ℃左右，而塑件固化后从模具型腔中取出时其温度在 60 ℃以下。本项目选择常温水对模具进行冷却。

由于冷却水道的位置、结构形式、孔径、表面状态、水的流速、模具材料等很多因素都会影响模具的热量向冷却水传递，精确计算比较困难。在实际生产中，通常都是根据模具的结构确定冷却水路，通过调节水温、水速来满足要求。

无论多大的模具，水孔的直径不能大于 14 mm，否则冷却水难以成为湍流状态，以致降低热交换效率。通常，水孔的直径可根据塑件的平均厚度来确定。平均壁厚为 2 mm 时，水孔直径可取 8～10 mm；平均壁厚为 2～4 mm 时，水孔直径可取 10～12 mm；平均壁厚为

4～6 mm 时，水孔直径可取 10～14 mm。

本塑件壁厚均为 1.5 mm，制品总体尺寸较小，为 60 mm×30 mm×12 mm，确定水孔直径为 6 mm。在型腔和型芯上均采用直流循环式冷却装置。由于动模、定模均为镶拼式，受结构限制，冷却水路布置如图 4-116 所示。

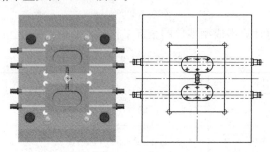

图 4-116　冷却水路布置

(十一)模架的选择

根据型腔的布局可以看出，采用一模两腔两个嵌件，嵌件的尺寸为 90 mm×57 mm。又查表可知此种矩形型腔侧壁厚度为 10～11 mm。再考虑到导柱、导套及连接螺钉布置应占的位置和采用的推出机构等各方面问题，确定选用板面为 250 mm×250 mm，结构为 A 型的模架，定模座板和动模座板厚度均取 25 mm。下面确定各模板的尺寸。

1. A 板尺寸

A 板为定模型腔板，塑件高度 12 mm，在模板上还要开设冷却水道，冷却水道离型腔应有一定的距离，因此 A 板厚度取 50 mm。

2. B 板尺寸

B 板是型芯(型芯)固定板，在模板上也要开设冷却水道，冷却水道离型腔应有一定的距离，因此 B 板厚度取 40 mm。

3. C 垫块尺寸

垫块＝推出行程＋推板厚度＋推杆固定板厚度＋(5～10)＝12＋10＋15＋(5～10)＝42～47 mm。根据计算并查相关手册，垫块厚度取 63 mm。

从选定模架可知，模架外形尺寸为：宽×长×高＝250 mm×250 mm×203 mm。

(十二)标准件选用

1. 螺钉

分别用 4 个 M12 的内六角圆柱螺钉将定模板与定模座板、动模板与动模座板连接。定位圈通过 4 个 M6 的内六角圆柱螺钉与定模座板连接。

2. 导柱导套

本模采用 4 导柱对称布置。导柱和导套的直径均为 20 mm，采用 H7/f7 间隙配合。直接在模板上加工出导套孔，导柱工作部分的表面粗糙度为 0.4 μm。

3. 推杆

根据制品的结构特点，确定在制品上设置六根普通的圆顶杆。普通的圆形顶杆按《塑料注射模零件　第 1 部分：推杆》(GB/T 4169.1—2006)选用，均可满足顶杆刚度要求。查手

册选用 $\phi3$ mm×100 mm 型号的圆形顶杆 12 根。由于塑件小且精度要求不高，推出装置不需要设导向装置。

(十三)注塑机有关参数的校核

1. 最大注射量的校核

为了保证正常的注射成型，注塑机的最大注射量应稍大于制品的质量或体积(包括流道凝料)。通常，注塑机的实际注射量最好在注塑机的最大注射量的 80% 以内。XS—ZY—125 注塑机允许的最大注射量约为 60 cm³，利用系数取 0.8，则

$$0.8×125 \text{ cm}^3 = 100 \text{ cm}^3$$

$$14.88 \text{ cm}^3 < 100 \text{ cm}^3$$

所以，最大注射量符合要求。

2. 注射压力的校核

安全系数取 1.3，注射压力根据经验取 80 MPa。

$$1.3×80 \text{ MPa} = 104 \text{ MPa}$$

$$104 \text{ MPa} < 122 \text{ MPa}$$

所以，注射压力校核合格。

3. 锁模力校核

安全系数取 1.2，则

$$1.2×145 \text{ kN} = 174 \text{ kN} < 900 \text{ kN}$$

所以，锁模力校核合格。

4. 模具尺寸的校核

模具平面尺寸 250 mm×250 mm < 290 mm×260 mm(拉杆间距)，合格；模具高度 203 mm，200 mm < 203 mm < 300 mm 合格；模具开模所需行程 = 10.5 mm(型芯高度) + 12 mm(塑件高度) + (5～10)mm = (27.5～32.5)mm < 300 mm(注塑机开模行程)，合格。

综合分析，选择 XS—ZY—125 注塑机是合适的。

(十四)模具装配图的绘制

1. 模具装配图绘制要求

模具装配图用以表明模具结构、工作原理、组成模具的全部零件及其相互位置关系和装配关系。

一般情况下，模具装配图用主视图和俯视图表示，若表达不够清楚时，再增加其他视图。一般按 1:1 的比例绘制。装配图上要标明必要的尺寸和技术要求。

(1)主视图。主视图一般放在图样上面偏左，按模具正对操作者方向绘制，采取剖视画法，一般按模具闭合状态绘制，在上、下模或定模与动模之间有一完成的塑件，塑件及流道画网格线。

主视图是模具装配图的主体部分，应尽量在主视图上将结构表达清楚，力求将成型零件的形状画完整。

剖视图的画法一般按照机械制图国家标准执行，但也有一些行业习惯和特殊画法：如为减少局部视图，在不影响剖视图表达剖面迹线通过部分结构的情况下，可以将剖面迹线以外部分旋转或平移到剖视图上，螺钉和销钉可各画一半等，但不能与国家标准发生矛盾。

(2)俯视图。俯视图通常布置在图样的下面偏左，与主视图相对应。通过俯视图可以了解模具的平面布置，排样方式或浇注系统、冷却系统的布置，以及模具的轮廓形状等。

(3)塑件图。塑件图布置在图样的右上角，并注明塑件名称、塑料牌号等要素，标全塑件尺寸。塑件图尺寸较大或形状较为复杂时，可单独画在零件图上，并装订在整套模具图样中。

(4)标题栏和零件明细栏。标题栏内容应按统一要求填写。特别是设计者必须在相应位置签名。编制明细栏必须包括序号、代号、零件名称、图号(或页次)、数量、材料及热处理要求等。其中，零件序号应自下往上进行排列。选材时应注明牌号并尽量减少材料种类。标准件应按规定进行标记，零件名称栏中文字应首尾两字对齐，字间距应均匀、字体大小一致等。

(5)尺寸标注。装配图上需标注出模具的总体尺寸、必要的配合尺寸和安装尺寸，其余尺寸一般不标注。零件序号标注要求是不漏标、不重复标，引线间不交叉，序号编制一般按顺时针方向排列，字体严格使用仿宋体，字间布置均匀、对齐等。

(6)技术要求。根据各模具的实际情况撰写技术要求。

2. 绘制模具装配图

模具装配图的设计过程一般有三个阶段，即初步绘制模具结构草图、绘制模具装配草图视图、完成模具装配图。

(1)初步绘制模具结构草图。这是设计模具装配图的第一阶段，基本内容是根据塑件所用塑料的品种、塑件的尺寸大小、复杂程度、精度高低、批量大小来确定模具的结构形式，随后开始草图绘制。

模具装配图通常用3个视图并辅以必要的局部视图来表达。绘制装配图时，应根据塑件的外形和流道的分布，确定型腔在模板上的布置，然后配置各相应机构，大体可确定模具在主分型面上的平面尺寸(长×宽)。再根据分型面个数，就可以按标准选择模架，其中，型腔板的厚度需根据本设计的型腔深度来确定，这样就可以大体上确定模具的外形尺寸。注意合理布置3个主要视图，同时，还要考虑标题栏、明细栏、技术要求、尺寸标注等需要的图面位置。

(2)绘制模具装配草图。

1)在结构草图的基础上，绘制出主流道及定位圈；绘制出脱模推出机构；绘制出抽芯机构(本设计不需抽芯)、定位机构及复位机构；绘制出温度调节系统等。

2)根据各零件的装配关系是否表达清楚，调整各视图的剖切位置，增加一个全剖左视图，删除一些不必要的线段，标注出视图的剖切位置。

(3)完成模具装配图。完整的模具装配图应包括表达模具结构的各个视图、主要尺寸和配合、技术要求、零件编号、零件明细栏和标题栏等，如图4-117所示。

本阶段应完成的各项工作内容如下：

1)标注尺寸。

2)编写技术要求。

3)零件编号。

4)编写零件明细表、标题栏。

5)绘制塑料零件简图。

6)检查装配图。

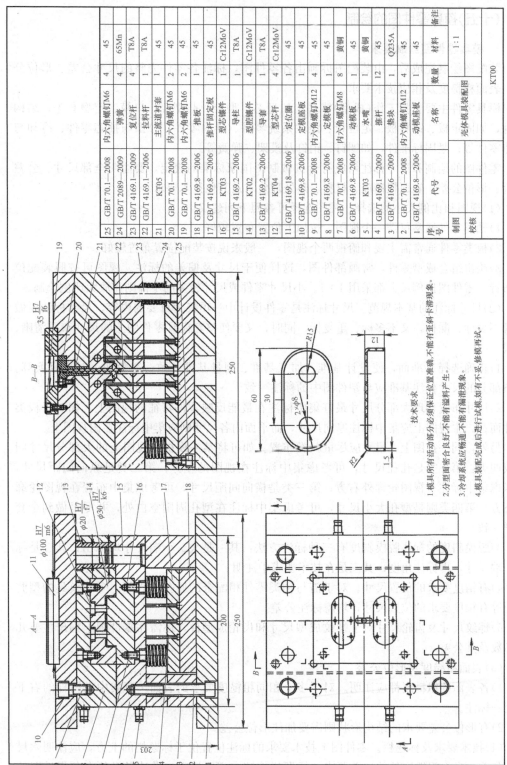

序号	代号	名称	数量	材料	备注
25	GB/T 70.1—2008	内六角螺钉M6	4	45Mn	
24	GB/T 2089—2009	弹簧	4	65Mn	
23	GB/T 4169.1—2009	复位杆	4	T8A	
22	GB/T 4169.1—2006	拉料杆	1	T8A	
21	KT05	主流道衬套	1	45	
20	GB/T 70.1—2008	内六角螺钉M6	2	45	
19	GB/T 70.1—2008	内六角螺钉M6	1	45	
18	GB/T 4169.8—2006	推杆固定板	1	45	
17	KT03	型芯镶件	1	Cr12MoV	
16	GB/T 4169.2—2006	导柱	1	T8A	
15	KT02	型腔镶件	4	Cr12MoV	
14	GB/T 4169.2—2006	导套	1	T8A	
13	KT04	型芯杆	4	Cr12MoV	
12	GB/T 4169.18—2006	定位圈	1	45	
11	GB/T 4169.8—2006	定模座板	1	45	
10	GB/T 70.1—2008	内六角螺钉M12	4	45	
9	GB/T 4169.8—2006	定模板	1	45	
8	GB/T 70.1—2008	内六角螺钉M8	8	45	
7	GB/T 4169.8—2006	动模板	1	黄铜	
6	KT03	水嘴	1	黄铜	
5	GB/T 4169.6—2009	推杆	12	45	
4	GB/T 4169.1—2009	垫块	1	Q235A	
3	GB/T 70.1—2008	内六角螺钉M12	4	45	
2	GB/T 4169.8—2006	动模座板	1	45	
1					

		壳体模具装配图			1:1
制图					KT00
校核					

技术要求

1. 模具所有活动部分必须保证位置准确,不能有歪斜卡滞现象。
2. 分型面密合良好,不能有溢料产生。
3. 冷却系统应畅通,不能有漏泄现象。
4. 模具装配完成后进行试模,如有不妥,修模再试。

图4-117 塑料壳体模具装配图

163

(十五)模具零件图的绘制

1. 模具零件图绘制要求

装配图绘制完成后,由装配图拆画出各零件图,标注各零件完整的尺寸公差、形位公差、表面粗糙度及相应技术要求。

模具零件主要包括工作(成型)零件,如型芯、型腔、凸型腔、口模、定型套等;结构零件,如固定板、卸料板、定位板、浇注系统零件、导向零件、分型与抽芯零件、冷却与加热零件等;紧固标准件,如螺钉、销钉及模架、弹簧等。

零件图的绘制和尺寸标注均应符合机械制图国家标准的规定,要注明全部尺寸、公差配合、形位公差、表面粗糙度、材料、热处理要求及其他技术要求。

(1)视图和比例大小的选择。视图选择可参照下列建议:

1)轴类零件通常仅需一个视图,按加工位置布置较好。

2)板类零件通常需主视和俯视两个视图,一般来说按装配位置布置较好。

3)镶拼组合成型零件,常画部件图,这样便于尺寸及偏差的标注。视图可按照装配位置布置。零件图比例尺大都采用1:1。小尺寸零件或尺寸较多的零件则需放大比例绘制。

(2)尺寸标注的基本规范。尺寸标注是零件设计中一项极为重要的内容,尺寸标注要做到既不少标、漏标,又不多标、重复标,同时,又要使整套模具零件图上的尺寸布置清晰、美观。

1)正确选择基准面,使设计基准、加工基准、测量基准一致,避免加工时反复换算。成型部分的尺寸标注基准应与塑件图中的标注一致。

2)尺寸布置合理大部分尺寸最好集中标注在最能反映零件特征的视图上。如对于板类零件而言,主视图上应集中标注厚向尺寸,而平面内各尺寸则应集中标注在俯视图上。

另外,同一视图上,尺寸应尽量归类布置。如可将某一模板俯视图上的大部分尺寸归类成四类:第一类是孔径尺寸,可考虑集中标注在视图的左方;第二类是纵向间距尺寸,可考虑集中标注在视图轮廓外右方;第三类是横向间距尺寸,可考虑集中布置在视图轮廓外下方;第四类则是型孔大小尺寸,可考虑集中标注在型孔周围空白处,并尽量做到全套图样一致。

3)脱模斜度的标注脱模斜度有三种标注方法:其一是大、小端尺寸均标出;其二是标出一端尺寸,再标注角度;其三是在技术要求中注明。

4)有精度要求的位置尺寸。对于需与轴类零件相配合的通孔中心距、多腔模具的型腔间距等有精度要求的位置尺寸,均需标注公差。

5)螺纹尺寸及齿轮尺寸对于螺纹成型尺寸和齿轮成型件,还需在零件图上列出主要几何参数及其公差。

(3)表面粗糙度及形位公差。

1)各表面的粗糙度都应注明。对于多个相同粗糙度要求的表面,可集中在图样的右下角统一标注。

2)有形位公差要求的结构形状则需要加注形位公差。

(4)技术要求及标题栏。零件图上技术要求的标注位置位于标题栏的上方,应注明除尺寸、公差、表面粗糙度外的加工要求。标题栏按统一规格填写。设计者必须在各零件图的标题栏相应位置上签名。

2. 绘制模具零件图

（1）型腔零件图的绘制。采用 Pro/E、UG 等软件直接绘制型腔零件图，然后转到AutoCAD里进行修改，完成后的零件图如图 4-118 所示。

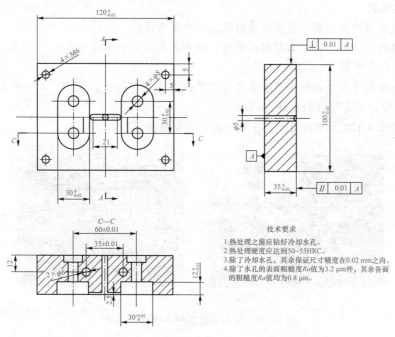

技术要求

1. 热处理之前应钻好冷却水孔。
2. 热处理硬度应达到50~55HRC。
3. 除了冷却水孔，其余保证尺寸精度在0.02 mm之内。
4. 除了水孔的表面粗糙度Ra值为3.2 μm外，其余各面的粗糙度Ra值均为0.8 μm。

图 4-118　塑料壳体模具型腔零件图

（2）型芯零件图的绘制。采用 Pro/E、UG 等软件直接绘制型芯零件图，然后转到 Auto-CAD 里进行修改，完成后的零件图如图 4-119 所示。

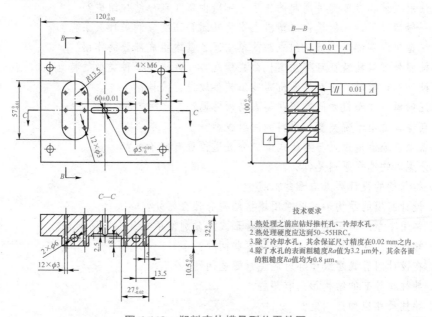

技术要求

1. 热处理之前应钻好推杆孔、冷却水孔。
2. 热处理硬度应达到50~55HRC。
3. 除了冷却水孔，其余保证尺寸精度在0.02 mm之内。
4. 除了水孔的表面粗糙度Ra值为3.2 μm外，其余各面的粗糙度Ra值均为0.8 μm。

图 4-119　塑料壳体模具型芯零件图

四、实训与练习

(一)实训题

1. 在实训基地拆、装一套塑料注射模，写出实训报告。

2. 在实训基地拆、装一套塑料注射模，观察其导向机构的设计并进行测量，画出导向机构各零件的零件图。

3. 在老师的带领下，到生产企业观察其产品浇注系统的设计实例，如电视机后壳、电冰箱塑料件等，讨论设计的优缺点。

4. 讨论图 4-120 所示的两个浇注系统设计的合理性。

(a) (b)

图 4-120　分析浇注系统合理性的示意

5. 在老师的带领下，到生产企业观察由于注射模温度调节不当引起缺陷的制件，分析其缺陷形成的原因。

(二)练习题

1. 注射模按其各零部件所起的作用，一般由哪几部分结构组成？

2. 一般情况下，注射模在注塑机上安装其闭合高度应满足什么条件？

3. 注塑机由哪些基本部分组成？简单描述各基本组成部分的作用。

4. 按照外形结构特征可将注塑机分成哪几类？并描述每种类型的特点。

5. 设计注射模时，应对注塑机哪些工艺参数进行校核？

6. 注射模与注塑机之间有哪些要素必须协调？

7. 点浇口适用于哪类塑料原料的注射成型？

8. 点浇口分流道位置与潜伏式浇口分流道位置有何不同？

9. 分型面的选择原则是什么？

10. 排气槽的设计要点有哪些？

11. 设计凹模的结构形式时采用镶拼结构有什么好处？

12. 常用小型芯的固定方法有哪几种形式？分别使用在什么不同场合？

13. 螺纹型芯在结构设计上应注意哪些问题？

14. 在设计组合式螺纹型环时应注意哪些问题？

15. 导柱和导套的结构形式有哪些？

16. 导柱尺寸应如何确定？

17. 画图表示导柱的布置可采取哪几种方案？

18. 简述导柱的两种基本结构形式的特点。

19. 国家标准规定的塑料注射模模架应如何标记？

20. 国家标准规定的塑料注射模模架有哪些基本形式？共分为多少种？

21. 满足什么条件可以对塑件强制脱模而不采用侧抽芯机构？

22. 为什么用斜导柱来抽芯时会出现干涉现象？如何克服？

23. 斜导柱分型与抽芯机构的结构形式有哪些？各自有什么特点？

24. 斜导柱分型与抽芯机构的设计要点有哪些？请分别叙述。

25. 斜导柱倾斜角一般如何选取？楔紧块的楔紧角如何选取？

26. 注射模具为什么要设置温度调节系统？

27. 应如何进行型芯的冷却系统结构设计？

28. 应如何进行凹模的冷却系统结构设计？

(三)判断题

1. 当塑件上带有加强筋时，可以利用加强筋作改善塑料流动的通道。　　　　（　）

2. 当塑件壁厚相差较大时，应在避免喷射的前提下，将浇口开在接近截面最薄处。
　　　　　　　　　　　　　　　　　　　　　　　　　　　　　　　　　　（　）

3. 浇注系统中所有流道截面形状相似，所以尺寸必须相同。　　　　　　　（　）

4. 当模具采用脱件板脱模机构时，可以采用Z形拉料杆与冷料井匹配。　（　）

5. 成型的首要条件是能否填充，而填充又与流动性有密切的关系，而流动性又与流道长度及厚度有关。　　　　　　　　　　　　　　　　　　　　　　　　　　　　（　）

(四)选择题

1. 下面浇注系统的设计原则叙述错误的是（　　　）。

　　A. 排气良好　　　　B. 防止塑件翘曲变形　　　C. 流程要长　　　D. 整修方便

2. 主流道设计时应注意下列事项，其中不正确的是（　　　）。

　　A. 主流道截面面积的大小最先影响塑料熔体的流速和充模时间

　　B. 在保证制品成型的条件下，主流道长度应尽量长，以缓解压力

　　C. 为了便于取出主流道凝料，主流道应呈圆锥形，锥角取 $2°\sim4°$。对流动性差 D 的塑料可取到 $6°\sim10°$

　　D. 主流道进口端与喷嘴头部接触应做成凹下的球面，便与喷嘴头部的球面半径匹配

3. 横浇口式主流道结构比较简单，其截面形状可为圆形、半圆形、椭圆形和梯形，但以（　　　）应用最广。

　　A. 半圆形　　　　B. 圆形　　　　C. 椭圆形　　　D. 梯形

(五)填空题

1. 推出机构的驱动方式有_____、_____、_____、_____。

2. 在推出过程中，对推出机构的最基本要求是_____。

3. 推出力的分布应尽量靠近_____，且推出面积应尽可能_____，以防塑件被推坏。

4. 推杆与推杆孔之间为_____配合，一般取_____，其配合间隙兼有排气作用，但不应大于所用塑料的排气间隙，以防_____。

5. 推板脱模机构不需要_____复位。为防止推杆与推板分离，推板滑出导柱，推杆与推板用_____连接。

6.定模推出系统在成型过程中，必须严格控制其_____，否则当_____过大时，会拉断连接动模与定模推出装置的拉杆或链条。

(六)综合题

生产图 4-121 所示的防护端盖，材料为 ABS，采用注射成型大批量生产，试分析塑件结构的合理性并设计生产该塑件的单分型面注射模。

AR

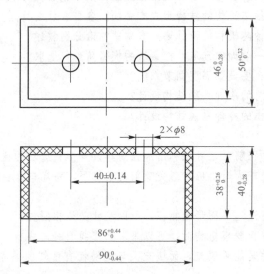

图 4-121　塑料防护端盖制件图

项目五　塑料侧向分型与抽芯注射模设计

知识目标

1. 掌握抽芯距的计算方法。
2. 掌握斜导柱分型与抽芯机构的动作原理。
3. 掌握斜导柱分型与抽芯机构的设计要点。
4. 掌握斜导柱分型与抽芯机构各种形式的结构。
5. 熟悉其他侧抽芯机构的应用。

能力目标

1. 能够设计一般复杂程度的侧向分型与抽芯注射模。
2. 具备侧向分型与抽芯注射模具的识图能力。

一、项目引入

当注射成型图 5-1 所示的侧壁带有孔、凹穴和凸台等塑件时,模具上成型该处的零件就必须制成可侧向移动的零件,称为活动型芯,在塑件脱模前必须先将活动型芯抽出,否则就无法脱模。带动活动型芯作侧向移动(抽拔与复位)的整个机构称为侧向分型与抽芯机构。

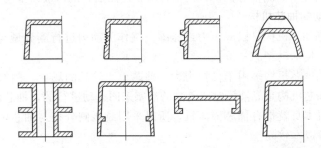

图 5-1　成型时需要侧向分型与抽芯机构的制品

图 5-1 所示为需要模具设置侧向分型或抽芯机构的典型制品。除此之外,对于成型深型腔并侧壁不允许有脱模斜度、深型腔且侧壁要求高光亮的制品,其模具结构也需要侧向分型与抽芯机构。

本项目以图 5-2 所示的塑料防护罩为载体,使学生掌握侧向分型与抽芯注射模设计的相关知识，能够设计一般复杂程度的侧向分型与抽芯注射模。

已知塑料防护罩所用材料为 ABS(抗冲)、大批量生产，颜色为红色。要求塑件外表面光滑、美观，下端外缘不允许有浇口痕迹，塑件允许的最大脱模斜度为 $0.5°$。

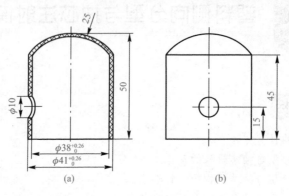

(a)　　　　　　　(b)

图 5-2　塑料防护罩

二、相关知识

(一)侧向分型与抽芯机构的类型

根据动力来源的不同，侧向分型或抽芯机构(简称侧抽芯机构)一般可分为机动、液压(液动)或气动及手动三大类型。

1. 机动侧抽芯机构

机动侧抽芯机构是利用注射机开模力作为动力，通过有关传动零件(如斜导柱)使力作用于侧向成型零件，将模具侧分型或将活动型芯从塑件中抽出，合模时又靠它使侧向成型零件复位。

机动侧抽芯机构虽然结构比较复杂，但分型与抽芯不用手工操作，生产率高，在生产中应用最为广泛。根据传动零件的不同，这类机构可分为斜导柱、弯销、斜导槽、斜滑块和齿轮齿条等不同类型的侧抽芯机构，其中，斜导柱侧抽芯机构最为常用。

2. 液压或气动侧抽芯机构

液压或气动侧抽芯机构是以液压力或压缩空气作为动力进行侧分型与抽芯，同样也靠液压力或压缩空气使活动型芯复位。

液压或气动侧抽芯机构多用于抽拔力大、抽芯距比较长的场合，例如大型管子塑件的抽芯等。这类侧抽芯机构是靠液压缸或气缸的活塞来回运动进行的，抽芯的动作比较平稳，特别是有些注射机本身就带有抽芯液压缸，所以采用液压侧分型与抽芯更为方便，但缺点是液压或气动装置成本较高。

3. 手动侧分型与抽芯机构

手动侧抽芯机构是利用人力将模具侧分型或将侧向型芯从成型塑件中抽出。这一类机构操作不方便、工人劳动强度大、生产率低，但模具的结构简单、加工制造成本低，因此，常用于产品的试制、小批量生产或无法采用其他侧抽芯机构的场合。

手动侧抽芯机构的形式很多，可根据不同塑件设计不同形式的手动侧抽芯机构。手动侧抽芯可分为两类，一类是模内手动分型抽芯；另一类是模外手动分型抽芯，而模外手动分型抽芯机构实质上是带有活动镶件的模具结构。

(二)抽芯距与抽拔力的计算

1. 抽芯距的计算

抽芯距是将侧型芯或侧哈夫块从成型位置抽到不妨碍塑件顶出时侧型芯或哈夫块所移动的距离。

$$S = S_C + (2\sim3)\text{mm} \qquad (5-1)$$

式中 S——设计抽芯距；

　　S_C——临界抽芯距。

临界抽芯距就是侧型芯或哈夫块抽到恰好与塑件投影不重合时所移动的距离，它的值不一定总是等于侧孔或侧凹的深度，需要根据塑件的具体结构和侧表面形状而确定，例如，对于图5-3所示的线圈骨架类塑件，S_C 可按下式计算：

$$S_c = \sqrt{R^2 - r^2} \qquad (5-2)$$

2. 抽拔力的计算

对塑件侧向抽芯，就是侧向脱模，抽拔力就是侧向脱模力，其计算方法与脱模推出力计算方法相同，具体参见项目四的相关知识(十七)的"3. 推出力的计算"。

带侧孔和侧凹的塑件，除在特定条件下可强制脱模、小批量生产和抽拔力较小的塑件可采用活动镶块与塑件一起顶出后在模外抽芯外，绝大多数情况下，抽芯都是依靠模具打开时注射机的开模动作进行抽芯。随着注射机的发展，液压抽芯应用也逐渐增多。

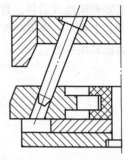
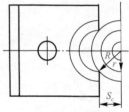

图 5-3 线圈骨架类塑件的临界抽芯距

(三)斜导柱侧抽芯机构的结构组成及工作过程

1. 斜导柱侧抽芯机构的概念

斜导柱侧抽芯机构是利用斜导柱等零件将开模力传递给侧型芯或侧向成型块，使之产生侧向运动完成抽芯与分型动作。这类侧抽芯机构的特点是结构紧凑、动作安全可靠、加工制造方便，是设计和制造注射模抽芯时最常用的机构，但它的抽芯力和抽芯距受到模具结构的限制，一般适用于抽芯力不大及抽芯距小于 $60\sim80$ mm 的场合，如图5-4所示。

2. 斜导柱侧抽芯机构的组成

如图5-4所示，斜导柱侧抽芯机构主要由斜导柱、侧型芯滑块、导滑槽、楔紧块和型芯滑块定距限位装置等组成。斜导柱10又叫作斜销，它靠开模力来驱动从而产生侧向抽芯力，迫使侧型芯滑块在导滑槽内向外移动，达到侧抽芯的目的。侧型芯滑块11是成型塑件上侧凹或侧孔的零件，滑块与侧型芯既可做成整体式，也可做成组合式。导滑槽是维持滑块运动方向的支撑零件，要求滑块在导滑槽内运动平稳，无上下窜动和卡紧现象。使型芯滑块在抽芯后保持最终位置的限位装置由限位挡块5、滑块拉杆8、螺母6和弹簧7组成，它可以保证闭模时斜导柱能很准确地插入滑块的斜孔，使滑块复位。楔紧块9是闭模装置，其作用是在注射成型时，承受滑块传来的侧推力，以免滑块产生位移或使斜导柱因受力过大产生弯曲变形。

3. 斜导柱侧抽芯机构的工作过程

斜导柱侧抽芯机构注射模的工作过程如图 5-4 所示。图 5-4 中的塑件有一侧通孔，开模时，动模部分向后移动，开模力通过斜导柱 10 驱动侧型芯滑块 11，迫使其在动模板 4 的导滑槽内向外滑动，直至滑块与塑件完全脱开，完成侧向抽芯动作。这时，塑件包在型芯 12 上随动模继续后移，直到注射机顶杆与模具推板接触，推出机构开始工作，推杆将塑件从型芯上推出。合模时，复位杆使推出机构复位，斜导柱使侧型芯滑块向内移动复位，最后由楔紧块锁紧。

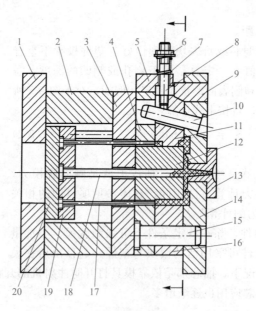

图 5-4   斜导柱侧向分型与抽芯机构

1—动模座板；2—垫块；3—支承板；4—动模板；5—限位挡块；6—螺母；7—弹簧；8—滑块拉杆；
9—楔紧块；10—斜导柱；11—侧型芯滑块；12—型芯；13—浇口套；14—定模座板；
15—导柱；16—定模板；17—推杆；18—拉料杆；19—推杆固定板；20—推板

(四)斜导柱侧抽芯机构设计

1. 斜导柱设计

(1)斜导柱的形状及技术要求。斜导柱的形状及其在模具中的安装如图 5-5 所示。工作端可以是半球形也可以是锥台形，由于车削半球形较困难，所以绝大部分斜导柱设计成锥台形。设计成锥台形时，其斜角 θ 应大于斜导柱的倾斜角 α，一般 $\theta=\alpha+2°\sim3°$，否则，其锥台部分也会参与侧抽芯，导致侧滑块停留位置不符合设计计算的要求。固定端可设计成图 5-5(a)或图 5-5(b)的形式。斜导柱固定端与模板之间可采用 H7/m6 过渡配合，斜导柱工作部分与滑块上斜导孔之间的配合采用 H11/b11 或两者之间采用 0.4~0.5 mm 的大间隙配合。在某些特殊的情况下，为了让滑块的侧向抽芯迟于开模动作，即开模分型一段距离后再侧抽芯(抽芯动作滞后于开模动作)，这时，斜导柱与侧滑块上的斜导孔之间间隙可放大至 2~3 mm。斜导柱的材料多为 T8、T10 等碳素工具钢，也可采用 20 钢渗碳处理。热处理要求硬度 HRC≥55，表面粗糙度为 $Ra\leqslant0.8\ \mu m$。

172

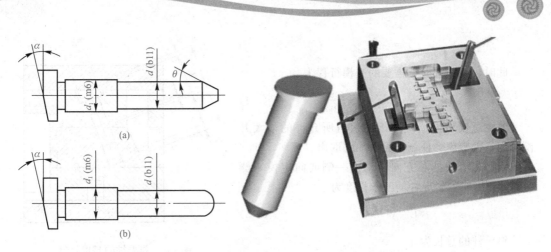

图 5-5　斜导柱的形状及其在模具中的安装

（2）斜导柱的倾斜角。斜导柱侧向分型与抽芯机构中斜导柱与开合模方向的夹角称为斜导柱的倾斜角 α。其是决定斜导柱抽芯机构工作效果的重要参数，α 的大小对斜导柱的有效工作长度、抽芯距、受力状况等有直接的重要影响。

斜导柱的倾斜角可分三种情况，如图 5-6 所示。图 5-6(a) 所示为侧型芯滑块抽芯方向与开合模方向垂直的状况，也是最常采用的一种方式。通过受力分析与理论计算可知，斜导柱的倾斜角 α 取 $22°33'$ 比较理想，一般在设计时取 $\alpha \leqslant 25°$，最常用的是 $12° \leqslant \alpha \leqslant 22°$。在这种情况下，楔紧块的楔紧角 $\alpha' = \alpha + 2° \sim 3°$。图 5-6(b) 所示为侧型芯滑块抽芯方向向动模一侧倾斜 β 角度的状况。影响抽芯效果的斜导柱的有效倾斜角为 $\alpha_1 = \alpha + \beta$，斜导柱的倾斜角 α 取值应在 $\alpha + \beta \leqslant 25°$ 内选取，应比不倾斜时取得小些，此时，楔紧块的楔紧角也为 $\alpha' = \alpha + 2° \sim 3°$。图 5-6(c) 所示为侧型芯滑块抽芯方向向定模一侧倾斜 β 角度的状况。影响抽芯效果的斜导柱的有效倾斜角为 $\alpha_2 = \alpha - \beta$，斜导柱的倾斜角 α 值应在 $\alpha - \beta \leqslant 25°$ 内选取，应比不倾斜时取得大些，此时，楔紧块的楔紧角仍为 $\alpha' = \alpha + 2° \sim 3°$。

在确定斜导柱倾角时应注意：通常抽芯距长时 α（或 α_1、α_2）可取大些，抽芯距短时，可适当取小些；抽芯力大时 α 可取小些，抽芯力小时 α 可取大些。

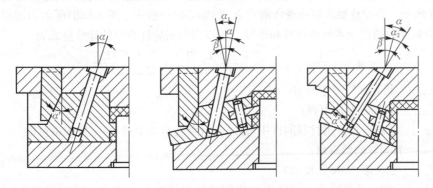

图 5-6　侧型芯滑块抽芯方向与开模方向的关系

（3）斜导柱长度计算。斜导柱长度的计算如图 5-7 所示。在侧型芯滑块抽芯方向与开合模方向垂直时，斜导柱的工作长度 L 与抽芯距 S 及倾斜角 α 有关，即

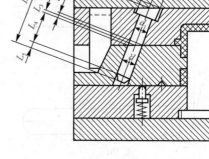

$$L = \frac{S}{\sin\alpha} \qquad (5\text{-}3)$$

此时，完成抽芯所需要的开模行程为

$$H = S\arctan\alpha = S\frac{\cos\alpha}{\sin\alpha} \qquad (5\text{-}4)$$

要注意校核该值应小于注射机所允许的最大开模行程，否则就会使制件无法顺利取出。

当型芯滑块抽芯方向向动模一侧或向定模一侧倾斜 β 角度时，斜导柱的工作长度为

$$L = S\frac{\cos\beta}{\sin\alpha} \qquad (5\text{-}5)$$

斜导柱的总长为

图 5-7　斜导柱的长度计算

$$L_z = L_1 + L_2 + L_3 + L_4 + L_5$$
$$= \frac{d_2}{2}\tan\alpha + \frac{h}{\cos\alpha} + \frac{d}{2}\tan\alpha + \frac{S}{\sin\alpha} + (10\sim15)\text{mm} \qquad (5\text{-}6)$$

式中　L_z——斜导柱总长度；

$\quad\quad d_2$——斜导柱固定部分大端直径；

$\quad\quad h$——斜导柱固定板厚度；

$\quad\quad d$——斜导柱工作部分的直径（$d\approx d_1$）；

$\quad\quad S$——抽芯距。

斜导柱安装固定部分的尺寸为

$$L_g = L_2 - l - (0.5\sim1)\text{mm}$$
$$= \frac{h}{\cos\alpha} - \frac{d_1}{2}\tan\alpha - (0.5\sim1)\text{mm} \qquad (5\text{-}7)$$

式中　L_g——斜导柱安装固定部分的尺寸；

$\quad\quad d_1$——斜导柱固定部分的直径。

（4）斜导柱的直径确定。在设计斜导柱侧向分型与抽芯机构时，需要选择合适的斜导柱直径，也就是要对斜导柱的直径进行计算或对已选好的直径进行校核。斜导柱的受力情况如图 5-8 所示。斜导柱抽芯时所受弯曲力 F_w 如图 5-8(a)所示。图 5-8(b)所示为侧型芯滑块的受力分析图。通过一系列的计算和推导，可以得出斜导柱直径的计算公式为

$$d = \left[\frac{F_w L_w}{0.1[\sigma_w]}\right]^{\frac{1}{3}} = \left[\frac{10F_t L_w}{[\sigma_w]\cos\alpha}\right]^{\frac{1}{3}} = \left[\frac{10F_c H_w}{[\sigma_w]\cos^2\alpha}\right]^{\frac{1}{3}} \qquad (5\text{-}8)$$

式中　F_w——斜导柱所受弯曲力；

$\quad\quad L_w$——斜导柱弯曲力臂；

$\quad\quad [\sigma_w]$——斜导柱所用材料的许用弯曲应力（可查有关手册），一般碳钢可取 $3\times10^8\,\text{Pa}$；

$\quad\quad \alpha$——斜导柱的倾斜角；

$\quad\quad F_t$——抽拔阻力（即脱模力）；

$\quad\quad H_w$——侧型芯滑块受到脱模力的作用线与斜导柱中心线交点到斜导柱固定板的距离，它并不等于滑块高度的一半。

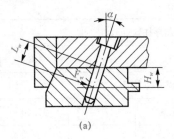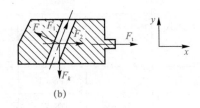

(a)   (b)

图 5-8　斜导柱的受力分析

　　由于计算比较复杂，有时为了方便，也可用查表的方法确定斜导柱的直径。先按已求得的抽拔力 F_c 和选定的斜导柱倾斜角 α 在表 5-1 中查出最大弯曲力 F_w，然后根据 F_w 和 H_w 及斜导柱倾斜角 α 在表 5-2 中查出斜导柱的直径 d。

表 5-1　最大弯曲力与抽拔力和斜导柱倾斜角

最大弯曲力 F_w/kN	斜导柱倾角 α/(°)					
	8	10	12	15	18	20
	脱模力(抽芯力)F_t/kN					
1.00	0.99	0.98	0.97	0.96	0.95	0.94
2.00	1.98	1.97	1.95	1.93	1.90	1.88
3.00	2.97	2.95	2.93	2.89	2.85	2.82
4.00	3.96	3.94	3.91	3.86	3.80	3.76
5.00	4.95	4.92	4.89	4.82	4.75	4.70
6.00	5.94	5.91	5.86	5.79	5.70	5.64
7.00	6.93	6.89	6.84	6.75	6.65	6.58
8.00	7.92	7.88	7.82	7.72	7.60	7.52
9.00	8.91	8.86	8.80	8.68	8.55	8.46
10.00	9.90	9.85	9.78	9.65	9.50	9.40
11.00	10.89	10.83	10.75	10.61	10.45	10.34
12.00	11.88	11.82	11.73	11.58	11.40	11.28
13.00	12.87	12.80	12.71	12.54	12.35	12.22
14.00	13.86	13.79	13.69	13.51	13.30	13.16
15.00	14.85	14.77	14.67	14.47	14.25	14.10
16.00	15.84	15.76	15.64	15.44	15.20	15.04
17.00	16.83	16.74	16.62	16.40	16.15	15.93

最大弯曲力 F_w/kN	斜导柱倾角 $\alpha/(°)$					
	8	10	12	15	18	20
	脱模力（抽芯力）F_t/kN					
18.00	17.82	17.73	17.60	17.37	17.10	17.80
19.00	18.81	18.71	18.85	18.33	18.05	
20.00	19.80	19.70	19.56	19.30	19.00	18.80
21.00	20.79	20.68	20.53	20.26	19.95	19.74
22.00	21.78	21.67	21.51	21.23	20.90	20.68
23.00	22.77	22.65	22.49	22.19	21.85	21.62
24.00	23.76	23.64	23.47	23.16	22.80	22.56
25.00	24.75	24.62	24.45	24.12	23.75	23.50
26.00	25.74	25.61	25.42	25.09	24.70	24.44
27.00	26.73	26.59	26.40	26.05	25.65	25.38
28.00	27.72	27.58	27.38	27.02	26.60	26.32
29.00	28.71	28.56	28.36	27.98	27.55	27.26
30.00	29.70	29.65	29.34	28.95	28.50	28.20
31.00	30.69	30.53	30.31	29.91	29.45	29.14
32.00	31.68	31.52	31.29	30.88	30.40	30.08
33.00	32.57	32.50	32.27	31.84	31.35	31.02
34.00	33.66	33.49	33.25	32.81	32.30	32.96
35.00	34.65	34.47	34.23	33.77	33.25	32.00
36.00	35.64	35.46	35.20	34.74	34.20	33.81
37.00	36.63	36.44	36.18	35.70	35.15	34.78
38.00	37.62	37.73	37.16	36.67	36.10	35.72
39.00	38.61	38.41	38.14	37.63	37.05	36.66
40.00	39.60	39.40	39.12	38.60	38.00	37.60

表 5-2　斜导柱倾角、高度 H_w、最大弯曲力、斜导柱直径之间的关系

最大弯曲力/kN（斜导柱直径/mm）

斜导柱倾角 α/(°)	H_w/mm	1	2	3	4	5	6	7	8	9	10	11	12	13	14	15	16	17	18	19	20	21	22	23	24	25	26	27	28	29	30
8	10	8	10	10	12	12	14	14	14	15	15	16	16	18	18	18	18	18	20	20	20	20	20	20	20	22	22	22	22	22	22
8	15	8	10	12	14	14	15	16	16	18	18	18	20	20	20	20	20	22	22	22	22	24	24	24	24	24	24	24	25	25	25
8	20	10	12	14	14	15	16	18	18	20	20	18	20	22	22	22	24	24	24	24	24	25	25	25	26	26	26	28	28	28	28
8	25	10	12	14	15	18	18	18	20	20	22	22	22	24	24	24	24	25	25	26	26	26	28	28	28	28	28	30	30	30	30
8	30	10	14	15	16	18	18	20	20	22	22	24	24	24	24	25	26	26	28	28	28	28	28	30	30	30	30	32	32	32	32
8	35	12	14	16	18	18	18	20	20	22	24	24	24	25	26	26	28	28	28	30	30	30	30	30	32	32	32	34	34	34	34
8	40	12	14	16	18	20	20	22	22	24	24	25	25	26	28	28	28	30	30	30	30	32	32	32	32	34	34	34	34	34	35
10	10	8	10	12	12	12	14	14	14	15	15	16	16	18	18	18	18	18	20	20	20	20	20	20	22	22	22	22	22	22	22
10	15	8	10	12	12	14	14	14	14	15	15	16	18	18	18	18	18	18	20	20	20	20	20	22	22	22	22	22	22	22	22
10	20	10	12	14	14	15	16	18	18	20	20	18	18	20	20	20	20	24	24	24	24	25	25	25	26	26	28	28	28	28	28
10	25	10	12	14	14	18	18	18	20	20	20	20	22	22	22	22	22	24	24	24	24	28	28	28	28	28	30	30	30	30	30
10	30	12	14	15	15	18	18	20	20	22	22	22	22	24	24	24	24	25	25	26	26	28	30	30	30	30	30	32	32	32	32
10	35	12	14	16	16	18	20	20	22	22	22	24	24	24	25	24	24	26	26	28	28	30	30	32	32	32	32	34	34	34	34
10	40	12	14	18	18	20	20	22	22	24	24	24	25	25	26	26	26	28	28	30	30	32	32	32	32	34	34	34	34	34	36
12	10	8	10	12	12	12	14	14	14	15	16	16	16	18	18	18	18	18	20	20	20	20	20	22	22	22	22	22	22	22	22
12	15	8	12	12	14	14	15	16	16	18	18	18	18	20	20	20	20	22	22	22	22	24	24	24	24	24	24	24	24	25	25
12	20	10	12	14	14	16	16	18	18	20	20	20	20	22	22	22	22	24	24	24	26	26	26	25	26	26	26	28	28	28	28
12	25	10	12	15	16	18	18	20	20	22	22	24	22	24	24	22	24	25	24	26	26	28	28	28	28	30	30	30	30	30	30
12	30	12	14	15	16	18	18	20	20	22	22	24	24	24	25	24	24	26	26	28	28	30	30	30	30	30	30	30	32	32	32
12	35	12	14	16	18	18	20	22	22	24	24	24	24	25	25	25	25	28	28	30	30	30	30	30	32	32	32	32	34	34	34
12	40	12	14	16	18	20	22	22	24	24	24	25	26	26	28	28	28	30	30	30	32	32	32	32	32	34	34	34	34	34	35

续表

最大弯曲力/kN（斜导柱直径/mm）

斜导柱倾角 α/(°)	H_w/mm	1	2	3	4	5	6	7	8	9	10	11	12	13	14	15	16	17	18	19	20	21	22	23	24	25	26	27	28	29	30
15	10	8	10	12	12	12	14	14	14	15	16	16	16	18	18	18	18	18	20	20	20	20	20	20	22	22	22	22	22	22	22
	15	10	12	12	14	14	15	16	16	18	18	20	20	20	20	20	22	22	22	22	22	24	24	24	24	24	24	25	25	25	25
	20	10	12	14	14	16	16	18	18	20	20	20	22	22	22	22	22	22	24	24	24	25	25	26	26	26	28	28	28	28	28
	25	10	14	14	16	18	18	20	20	20	22	22	24	24	24	24	24	25	25	26	26	28	28	28	28	28	30	30	30	30	80
	30	12	14	15	16	18	18	20	22	22	22	24	24	24	25	25	26	26	28	28	28	28	30	30	30	30	30	32	32	32	32
	35	12	15	16	18	18	20	22	22	22	24	24	24	25	26	28	28	28	28	28	30	30	30	32	32	30	32	32	34	34	34
	40	12	15	16	18	20	20	22	24	24	24	25	26	28	28	28	30	30	30	30	32	32	32	32	34	32	34	34	34	35	36
18	10	8	10	12	12	14	14	14	16	15	16	16	18	18	18	18	18	18	20	20	20	20	20	22	22	22	22	22	22	22	22
	15	10	12	12	14	14	14	16	18	18	18	18	20	20	20	20	22	22	22	22	22	24	24	24	24	24	24	25	25	25	25
	20	10	12	14	15	16	18	18	18	20	20	20	22	22	22	22	24	24	24	24	25	25	25	26	26	26	28	28	28	28	28
	25	10	14	14	16	18	18	18	20	20	20	22	22	24	24	24	25	25	26	26	26	28	28	28	28	28	30	30	30	30	30
	30	12	14	15	18	18	18	20	20	22	22	24	24	24	25	25	26	26	28	28	28	30	30	30	30	30	32	32	32	32	32
	35	12	14	16	18	20	20	20	22	24	24	24	24	26	26	28	28	28	28	30	30	30	30	32	32	32	32	34	34	34	34
	40	12	15	18	18	20	20	22	24	24	25	25	26	28	28	28	30	30	30	30	32	32	32	32	34	34	34	34	34	34	35
20	10		8	10	12	12	14	14	14	14	15	16	16	18	18	18	18	18	20	20	20	20	20	22	22	22	22	22	22	22	22
	15	10	12	12	14	14	15	16	18	18	18	18	20	20	20	20	22	22	22	22	22	24	24	24	24	24	25	25	25	25	25
	20	10	12	14	14	16	18	18	18	20	20	20	22	22	22	22	24	24	24	24	25	25	25	26	26	28	28	28	28	28	28
	25	10	14	14	16	18	18	20	20	20	22	22	22	24	24	24	25	25	26	26	26	28	28	28	28	30	30	30	30	30	30
	30	12	14	15	18	18	20	20	22	22	22	24	24	24	25	25	26	28	28	28	28	30	30	30	30	30	32	32	32	32	32
	35	12	14	16	18	20	20	22	22	24	24	24	24	26	26	28	28	28	28	30	30	30	32	32	30	32	32	34	34	34	34
	40	12	14	18	18	20	22	22	24	24	25	25	26	28	28	28	30	30	30	30	32	32	32	32	32	34	34	34	34	35	35

2. 侧滑块的设计

侧滑块是斜导柱侧向分型与抽芯机构中的一个重要的零部件，一般情况下，它与侧向型芯(或侧向成型块)组合成侧滑块型芯，称为组合式侧滑块。在侧型芯简单且容易加工的情况下，也有将侧滑块和侧型芯制成一体的，称为整体式侧滑块。在侧向分型或抽芯过程中，塑件的尺寸精度和侧滑块移动的可靠性都要靠其运动的精度来保证。图 5-9 所示为常见的几种侧型芯与侧滑块的连接形式。图 5-9(a)、图 5-9(b)所示为小的侧型芯在固定部分适当加大尺寸后插入侧滑块再用圆柱销定位的形式。前者使用单个圆柱销；后者使用两个骑缝圆柱销，如果侧型芯足够大，在其固定端就不必加大尺寸；图 5-9(c)所示为侧型芯采用燕尾槽直接镶入侧滑块中的形式；图 5-9(d)所示为小的侧型芯从侧滑块的后端镶入后再使用螺塞固定的形式；图 5-9(e)所示为片状侧型芯镶入开槽的侧滑块后再用两个圆柱销定位的形式；图 5-9(f)适用于多个小型芯的形式，即将各个型芯镶入一块固定板后，用螺钉和销钉将其从正面与侧滑块连接和定位，如果影响成型，螺钉和销钉也可从侧滑块的背面与侧型芯固定板连接和定位。

侧型芯是模具的成型零件，常用 T8、T10、45 钢、CrWMn 等材料制造，热处理硬度要求 HRC≥50(对于 45 钢，则要求 HRC≥40)。侧滑块采用 45 钢、T8、T10 等制造，硬度要求 HRC≥40。镶拼组合的材料粗糙度 $Ra=0.8~\mu m$，镶入的配合精度为 H7/m6。

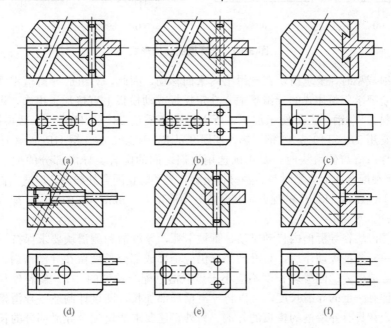

图 5-9　侧型芯与侧滑块的连接形式

3. 导滑槽的设计

斜导柱的侧抽芯机构工作时，侧滑块是在有一定精度要求的导滑槽内沿一定的方向作往复移动的。根据侧型芯的大小、形状和要求不同，以及各工厂的使用习惯不同，导滑槽的形式也不相同，最常用的是 T 形槽和燕尾槽。图 5-10 所示为导滑槽与侧滑块的导滑结构形式。图 5-10(a)所示为整体式 T 形槽，结构紧凑，槽体用 T 形铣刀铣削加工，加工精度要求较高；图 5-10(b)、(c)所示为整体的盖板式，但是前者导滑槽开在盖板上，后者导滑槽开在底板上；盖板也可以设计成局部有盖板的形式，甚至设计成侧型芯两侧的单独压块。前者如图5-10(d)所示；后者如图5-10(e)所示，这解决了加工困难的问题；在图5-10(f)所示的形式中，侧滑块的高度方向仍由T形槽导滑，而其移动方向则由中间所镶入的镶块导滑；图5-10(g)所示为整体式燕尾槽导滑的形式，导滑精度较高，但加工更困难，为了使燕尾槽加工方便，可将其中一侧的燕尾槽改用局部镶件的形式。

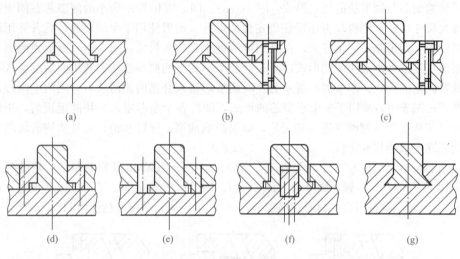

图5-10 导滑槽的结构形式

由于注射成型时，要求滑块在导滑槽内来回移动，因此，对组成导滑槽零件的硬度和耐磨性有一定要求。整体式的导滑槽通常在定模板或动模板上直接加工出来，由于动、定模板常用材料为45钢，为了便于加工，所以通常调质至28～32HRC，然后再铣削成型。盖板的材料常用T8、T10或45钢，热处理硬度要求HRC≥50(45钢HRC≥40)。

在设计导滑槽与侧滑块时，要正确选用它们之间的配合。导滑部分的配合一般采用H8/f8。如果在配合面上成型时与熔融材料接触，为了防止配合处漏料，应适当提高配合精度，可采用H8/f7或H8/g7的配合，其余各处均应留0.5 mm左右的间隙。配合部分的粗糙度要求Ra≤0.8 μm。

为了让侧滑块在导滑槽内移动灵活，不被卡死，导滑槽和侧滑块要求保持一定的配合长度。侧滑块完成抽拔动作后，其滑动部分仍应全部或部分长度留在导滑槽内，一般情况下，保留在导滑槽内的侧滑块长度不应小于导滑槽总配合长度的2/3。倘若模具的尺寸较小，为了保证有一定的导滑长度，可以将导滑槽局部加长，即设计制造一导滑槽块，用螺钉和销钉固定在具有导滑槽的模板的外侧。另外，还要求滑块配合导滑部分的长度大于宽度的1.5倍以上。如果因塑件形状的特殊和模具结构的限制，侧滑块的宽度反而比其长度大，那么，增加该斜导柱的数量则是解决上述问题的最好办法。

4. 楔紧块的设计

在注射成型的过程中，侧向成型零件在成型压力的作用下会使侧滑块向外位移，如果没有楔紧块楔紧，侧向力就会通过侧滑块传给斜导柱，使斜导柱发生变形。如果斜导柱与侧滑块上的斜导孔采用较大的间隙(0.4～0.5 mm)配合，侧滑块的外移会极大降低塑件侧向凹凸处的尺寸精度，因此，在斜导柱侧向抽芯机构设计时，必须考虑侧滑块的锁紧。楔紧块的各种结构形式如图5-11所示。图5-11(a)所示为将楔紧块与模板制成一体的整体式结构，牢固、可靠、刚性大，但浪费材料，耗费加工工时，并且加工的精度要求很高，适用于侧向力很大的场合；图 5-11(b)所示为采用销钉定位、螺钉固定的形式，结构简单，加工方便，应用较为广泛，其缺点是承受的侧向力较小；图 5-11(c)所示为楔紧块以 H7/m6 配合镶入模板中的形式，其刚度比图 5-11(b)所示的形式有所提高，承受的侧向力也略大；图 5-11(d)是在图 5-11(b)形式的基础上，在楔紧块的后面又设置了一个挡块，对楔紧块起加强作用；图 5-11(e)采用的是双楔紧块的形式，这种结构适用于侧向力较大的场合。

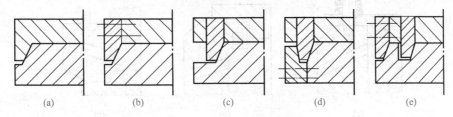

(a)　　　　(b)　　　　(c)　　　　(d)　　　　(e)

图 5-11　楔紧块的结构形式

楔紧块的楔紧角 α' 的选择在前面已经介绍，这里再重复提一下(图 5-6)。当侧滑块抽芯方向垂直于合模方向时，$\alpha'=\alpha+2°\sim3°$；当侧滑块抽芯方向向动模一侧倾斜 β 角度时，$\alpha'=\alpha+2°\sim3°=\alpha_1-\beta+2°\sim3°$；当侧滑块抽芯方向向定模一侧倾斜 β 角度时，$\alpha'=\alpha+2°\sim3°=\alpha_2+\beta+2°\sim3°$。

楔块楔角 α' 与斜导柱斜角 α 和楔块压紧高度 h 有关，表 5-3 为压紧楔块楔角选用表。在保证开模时让位和闭模时避免干涉撞击情况下，楔角 α' 也不宜取过大值，因为 α' 越大，对滑块的压紧作用越小。

表 5-3　压紧楔块楔角选用表

h/mm　　　α'＼α	10°	11°	12°	13°	14°	15°	16°	17°	18°	19°	20°	21°	22°	23°	24°
10	16°	17°	18°	19°	20°	21°	22°	23°	24°	25°	26°	27°	28°	29°	29°
20	13°	14°	15°	16°	17°	18°	19°	20°	21°	22°	23°	24°	25°	26°	27°
30	12°	13°	14°	15°	16°	17°	18°	19°	20°	21°	22°	23°	24°	25°	26°
40	12°	13°	14°	15°	16°	17°	18°	19°	20°	21°	22°	23°	24°	25°	26°
50	12°	13°	14°	15°	16°	17°	18°	19°	20°	21°	22°	23°	24°	25°	25°

5. 侧滑块定位装置的设计

为了合模时让斜导柱能准确地插入侧滑块的斜导孔中，在开模过程中侧滑块刚脱离斜导柱时必须定位，否则合模时会损坏模具。根据侧滑块所在的位置不同，可选择不同的定位形式。图 5-12 所示为侧滑块定位装置常见的几种不同形式。图 5-12(a)是依靠压缩弹簧的弹力使侧滑块留在限位挡块处，称为弹簧拉杆挡块式，它适用于任何方位的侧向抽芯，尤其适用于向上方向的侧向抽芯，但它的缺点是使模具空间的尺寸增大，模具放置、安装有时会受到阻碍；弹簧定位的另一种形式如图 5-12(b)所示，它是将弹簧(至少一对)安置在侧滑块的内侧，侧抽芯结束，在此弹簧的作用下，侧滑块靠在外侧挡块上定位，它适用于抽芯距不大的小模具；图 5-12(c)是适用于向下侧抽芯模具的结构形式，侧抽芯结束，利用侧滑块的自重停靠在挡块上定位；图 5-12(d)、图 5-12(e)是弹簧顶销定位的形式，称为弹簧顶销式,适用于侧面方向的侧抽芯动作,弹簧的直径可选 1 mm 左右,顶销的头部制成半球头形,侧滑块上的定位穴设计成 90°锥穴或球冠状;图 5-12(f)的形式是将上述的顶销换成了钢珠,使用的场合与其相同,称为弹簧钢珠式,钢珠的直径可取 5~10 mm。

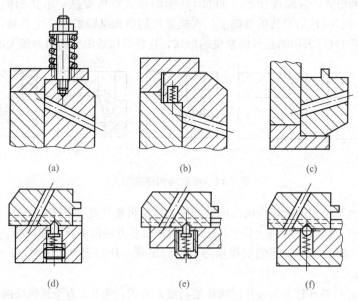

(a) (b) (c)

(d) (e) (f)

图 5-12　侧滑块定位的形式

(五)斜导柱侧向分型与抽芯机构的结构形式

斜导柱分型与抽芯机构,按斜导柱和滑块的安装位置大致可分成以下几种结构类型。

1. 斜导柱在定模、滑块在动模

斜导柱在定模、滑块在动模是最常见的基本结构形式,前面已做介绍(图 5-3),这种模具的侧滑块在预先复位过程中,有可能在顶杆或顶管还未退到闭模位置时,滑块就已经复位,从而使它们相撞而产生干涉现象。当然,可将顶出零件安排在不干涉的位置来避免干涉现象,但有时因为结构限制无法避免二者在主分型面上投影的重合时,就要判断是否有干涉现象的发生,如图 5-13 所示,Δl 为侧型芯与顶杆在主分型面上重合的侧向距离,Δh 是顶杆端面与侧型芯在开模方向的最近距离。当:

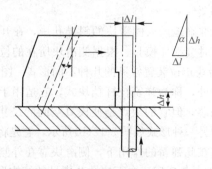

图 5-13　产生干涉现象的几何条件

$$\Delta l < \Delta h \cdot \tan\alpha \tag{5-9}$$

不会产生干涉。二者重合距离 Δl 越大，侧型芯越低，即 Δh 越小，越容易发生干涉。

在判断有干涉时，则须采用先复位机构：

(1)弹簧式先复位机构。将压缩弹簧安装在顶杆固定板和动模板底面之间。顶出塑件时弹簧受压。一旦合模，在弹簧力作用下，脱模机构会立即复位，避免了顶杆与侧向型芯的干涉。但是弹簧力有限，且可靠性差。仅适用于立式和小型注射模，如图5-14所示。

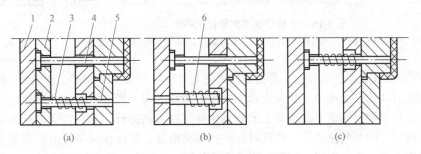

图 5-14 弹簧式先复位机构

1—推板；2—推杆固定板；3—弹簧；4—推杆；5—复位杆；6—立柱

(2)杠杆式先复位机构。如图5-15所示，固定于定模的楔杆，在闭模初就推动杠杆转过有效角度 $(\varphi - \varphi_0)$。驱使杠杆的另一端，从动模底面上撑开一个顶杆的回复行程 ΔL。杠杆的转动支承在顶出板上，回复动作超前于侧型芯的复位。其杠杆转角 φ 和力臂 l，与行程 ΔL 的关系为

$$\Delta L = l\cos\varphi - l\cos\varphi_0 \tag{5-10}$$

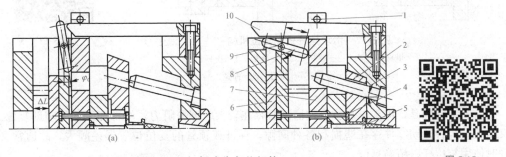

图 5-15 杠杆式先复位机构

(a)开始闭模，杠杆转动先复位；(b)模具合模完成

1—导向滚轮；2—滑块；3—斜导柱；4—顶杆；5—型芯；
6—推板；7—动模垫板；8—杠杆；9—转轴；10—楔杆

(3)三角滑块式先复位机构。如图5-16所示，合模时，固定在定模板上的楔杆1与三角滑块4的接触先于斜导柱2与侧型芯滑块3的接触，在楔杆的作用下，三角滑块4在推管固定板6的导滑槽内向下移动的同时迫使推管固定板6向左移动，使推管先于侧型芯滑块的复位，从而避免两者发生干涉。

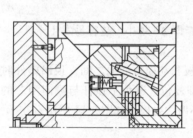
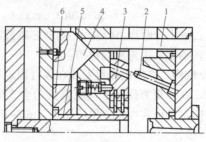

图 5-16 三角滑块式先复位机构

图 5-16

1—楔杆；2—斜导柱；3—侧型芯滑块；4—三角滑块；5—推管；6—推管固定板

（4）滑块摆杆式先复位机构。滑块摆杆式先复位机构如图 5-17 所示。合模时，固定在定模板上的楔杆 4 的斜面推动安装在支承板 3 内的滑块 5 向下滑动，滑块的下移使滑销 6 左移，推动摆杆 2 绕其固定于支承板上的转轴作顺时针方向旋转，从而带动推杆固定板 1 左移，完成推杆 7 的先复位动作。开模时，楔杆脱离滑块，滑块在弹簧 8 的作用下上升，同时，摆杆在本身的重力作用下回摆，推动滑销右移，从而挡住滑块继续上升。

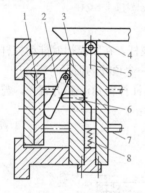
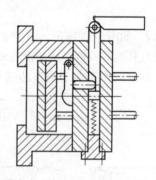

图 5-17 滑块摆杆式先复位机构

图 5-17

1—推杆固定板；2—摆杆；3—支承板；4—楔杆；

5—滑块；6—滑销；7—推杆；8—弹簧

需要说明的是，由于先复位机构启动时存在较大摩擦等阻力，经常加装弹簧辅助复位。又由于机构各运动零件存在磨损和各种间隙，顶杆或顶管的复位位置误差颇大，故通常又同时使用复位杆以精确复位。

2. 斜导柱和滑块都在定模

斜导柱安装在定模板板上，滑块设置在定模边的型腔板上，型腔板上加工有导滑槽。对于此种结构，定模板必须与型腔板首先分型，由型腔板的开模力驱使滑块在斜导柱的作用下，在型腔板上做侧抽运动，此时必须确保型腔板与动模锁紧，在侧抽完成后，型腔板才与动模分型，然后塑件从动模主型芯上顶出，这种机构就是模具的顺序脱模机构，它同时又具有斜导柱侧抽机构，因此，该机构称为定距分型拉紧机构。倘若动模与型腔板之间拉紧不可靠，则会造成塑件和侧型芯损伤。

图 5-18

定距拉紧机构适用于点浇口的浇注系统，如图5-18所示。第一次分型不但要满足斜导柱侧抽所需的最小开模距离，还须使该距离足以取出浇注系统凝料。该种机构用于主流道型浇口、轮辐式浇口等场合，如图5-19所示。第一次分型产生侧抽的同时，仅将主流道凝料从浇口套中脱出。待主分型面打开后，塑件和流道凝料被一起顶出。

图 5-19

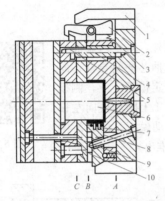

图 5-18　摆钩式定距拉紧机构

1—压杆；2—摆钩；3—弹簧；

4—定距螺钉；5—导柱；6—主型芯；

7—侧型芯；8—侧滑块；9—顶杆；10—推板

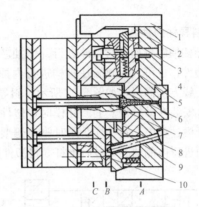

图 5-19　滑板式定距拉紧机构

1—压杆；2—挂钩；3—滑板；

4—定距螺钉；5—导柱；6—主型芯；

7—顶杆；8—侧滑块；9—侧型芯；10—推板

3. 斜导柱在动模、滑块在定模

　　应用这种模具结构是有条件的。塑件对型芯有足够包紧力，型芯在初始开模时，能沿开模轴线方向运动。必须保证推板与动模板在开模时首先分型，故需在推板下装弹簧顶销。而且侧向抽拔距较小。如图5-20所示，A面分型时构成型腔凹凸模处于闭合状态。开模力使侧滑块抽拔的同时，使主型芯随推板一起浮动。主型芯的位移足以完成侧抽所需的开模高度。在侧抽完成后，主分型B面打开时，塑件留在主型芯上，直至推板将其脱出。

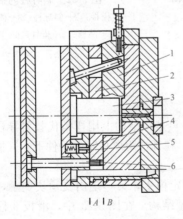

图 5-20

图 5-20　斜导柱在动模、滑块在定模的侧抽机构

1—滑块；2—推板；3—主型芯；4—顶销；5—弹簧；6—顶杆

4. 斜导柱和滑块都在动模

该种机构常用于侧向分型，也称为瓣合凹模，如图 5-21 所示。由两个或多个侧滑块组成凹模，被定模楔压锁紧。动模与定模首先分型，待动模带着闭合型腔退至脱模位置时，推板将塑件脱离主型芯。与此同时，在斜导柱作用下进行侧向分型。由于滑块始终不脱离斜导柱，所以，不需对其设置定位装置。该脱模机构需同时克服主型芯脱模和侧向分型两个方面的阻力。

图 5-21

5. 斜导柱内抽芯

斜导柱抽芯机构除对塑件进行外侧抽芯与侧向分型外，对于内表面带侧凹的塑件，也可利用斜导柱机构进行内抽芯，进行内抽芯的斜导柱，向模具中心线方向倾斜，如图 5-22 所示。斜导柱 2 固定于定模板 1 上，侧型芯滑块 3 安装在动模板 6 上。开模时，塑件包紧在凸模 4 上随动模向左移动，在开模过程中，斜导柱 2 同时驱动侧型芯滑块 3 在动模板 6 的导滑槽内滑动而进行内侧抽芯，最后推杆 5 将塑件从凸模 4 上推出。

图 5-22

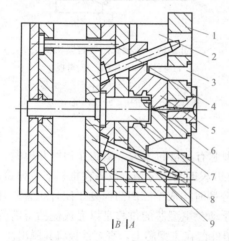

图 5-21　斜导柱和滑块都在动模的侧向分型机构

1—定模固定板；2—定模板；3—锁紧楔；4—顶杆；
5—瓣合凹模；6—小型芯；7—主型芯；
8—斜导柱；9—推板

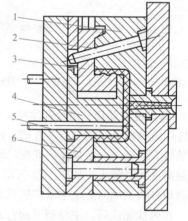

图 5-22　斜导柱内抽芯

1—定模板；2—斜导柱；3—侧型芯滑块；
4—凸模；5—推杆；6—动模板

(六)弯销抽芯机构

弯销抽芯机构的原理和斜导柱抽芯相同，只是在结构上用弯销代替斜导柱。这种机构的优点在于倾斜角较大，最大可达 40°，因而，在开模距离相同的条件下，其抽拔距大于斜导柱抽芯机构的抽拔距。

通常，弯销安装在模板外侧，一端固定在定模上，另一端由支承块支承，因而承受的抽拔力较大。图 5-23 就是弯销抽芯机构的典型结构。在图 5-23 中，滑板 3 移动一定距离后，由定位销 4 定位，支承板 1 防止滑板在注射时的位移。

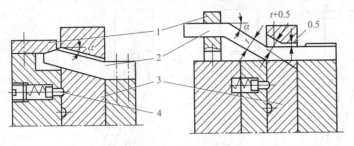

图 5-23

图 5-23　弯销抽芯机构
1—支承板；2—弯销；3—滑板；4—定位销

(七)斜导槽分型与抽芯机构

当侧型芯的抽拔距比较大时，在侧芯的外侧可以用斜导槽和滑块连接代替斜导柱，如图 5-24 所示。斜导槽板用四个螺钉和两个销钉安装在定模外侧，开模时，侧型芯滑块的侧向移动受固定在它上面的圆柱销在斜导槽内的运动轨迹所限制。当槽与开模方向没有斜度时，滑块无侧抽芯动作；当槽与开模方向成一角度时，滑块可以侧抽芯，当槽与开模方向角度越大，侧抽芯的速度越大，槽越长，侧抽芯的抽芯距也就越大。由此可以看出，斜导槽侧抽芯机构设计时比较灵活。

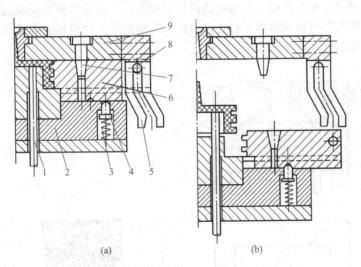

图 5-24

(a)　　　　　　　　(b)

图 5-24　斜导槽分型与抽芯机构
(a)模具闭模状态；(b)模具开模状态
1—推杆；2—动模板；3—弹簧；4—顶销；5—斜导槽板；
6—侧型芯滑；7—止动销；8—滑销；9—定模板

斜导槽的倾斜角同样在 25°以下较好，如果必须超过这个角度，可以将倾斜槽分成两段，如图 5-25 所示，第一段 α_1 角比锁紧块 α' 角小 2°，在 25°以下；第二段做成要求的角度，但是 α_2 角最大在 40°以下，E 为抽拔距，图中(a)、(b)、(c)为斜导槽的三种不同结构形式。

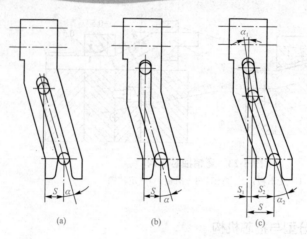

图 5-25　斜导槽的不同结构形式

（八）斜滑块抽芯机构

斜滑块抽芯机构适用于成型面积较大、侧孔或侧凹较浅的塑件，所需的抽拔距也较小的场合，如图 5-26 所示。在图 5-26 中，塑件带有外侧凹，脱模时要求塑件从型芯 1 与两瓣斜滑块 5 中脱出。在顶杆 6 的作用下，两瓣斜滑块 5 向上运动并向两侧分离。侧向分离是通过固定在滑块外侧的圆销 8 和在模套 4 上对应圆销位置开设的半圆导滑槽来完成的。圆销与半圆导滑槽的方向应与斜滑块的斜面平行。开模时，圆销沿导滑槽向斜上方移动，使两瓣滑块分开，滑块上移的位置由限位螺钉 3 来控制。

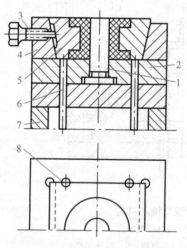

图 5-26　斜滑块抽芯机构

图 5-26

1—型芯；2—动模垫板；3—限位螺钉；4—模套；
5—斜滑块；6—顶杆；7—动模支块；8—圆销

斜滑块抽芯机构的抽芯动作和塑件的顶出同时进行，而且斜滑块的刚性较大，倾斜角可比斜导柱的倾斜角大，通常不超过 $30°$，斜滑块的顶出高度一般不超过导滑长度的 $2/3$，以免影响使用的可靠性。

(九)顶出抽芯机构

图 5-27 所示为斜顶杆顶出抽芯机构。斜顶杆 1 既是顶出元件，又是塑件内侧凹的成型零件，其尾部带有小轴 4，小轴两端装有滚轮 6，滚轮安装在固定于顶出板 7 的支架 5 上。顶出时，顶杆沿型芯 2 和型芯垫板上的斜槽运动，完成内侧抽芯并顶出塑件，与此同时，滚轮沿支架向内滚动。整个顶出机构由复位杆 3 复位。

斜顶杆是斜滑块抽芯的一种变异形式，受力情况与斜滑块完全相同，但因斜顶杆断面尺寸小于斜滑块，长度又较大，因此，斜角应选取较小值，一般不宜超过 20°，只适用于小抽芯距的模具。

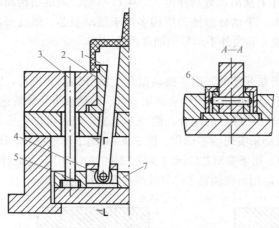

图 5-27 斜顶杆顶出抽芯机构

1—斜顶杆；2—型芯；3—复位杆；4—小轴；5—支架；6—滚轮；7—顶出板

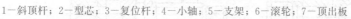
图 5-27

(十)液压或气动抽芯机构

液压或气动抽芯机构的活动型芯的移动是靠液体或气体的压力，通过油缸(或气缸)、活塞及控制系统而实现的，如图 5-28 所示是活动型芯在定模一边，利用气缸在开模前使活动型芯移动，然后再开模，这种结构没有锁紧装置，因此要求侧孔必须为通孔，使得活动型芯没有后退的涨开力，或是活动型芯承受的侧压力很小，气缸压力即能使活动型芯锁紧。

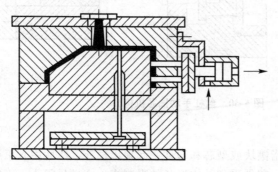

图 5-28 没有锁紧装置的液压(气动)抽芯机构

图 5-28

如图 5-29 所示是有锁紧装置的液压(气动)抽芯机构，活动型芯在动模一边，开模后，首先由液压抽出活动型芯，然后再顶出塑件，顶出系统复位后，活动型芯再复位，液压抽芯机构可以单独控制活动型芯的移动，不受开模时间和顶出时间的影响。

图 5-29　有锁紧装置的液压(气动)抽芯机构

(十一)手动分型抽芯机构

手动分型抽芯机构多用于试制和小批量生产的模具，用人力将型芯从塑件上抽出，劳动强度大，生产率低，但是结构简单，缩短了模具加工周期，降低了制造成本。手动分型抽芯机构多用于活动型芯、螺纹型芯、成型块的抽出，可分为模内手动分型抽芯和模外手动分型抽芯两种。

1. 模内手动分型抽芯机构

模内手动分型抽芯机构是指在开模前，用手搬动模具上的分型抽芯机构，完成抽芯动作，然后再开模，顶出塑件。手动分型抽芯机构多利用丝杠、斜槽或齿轮装置进行。

丝杠手动抽芯机构：利用丝杠和螺母的配合，使型芯退出，丝杠可以一边转动一边抽出，也可以只做转动，由滑块移动来实现抽芯动作，图 5-30(a)用于圆形型芯，图 5-30(b)和(d)用于非圆形成型孔，图 5-30(c)用于多型芯的同时抽拔，图 5-30(e)用于成型面积大、而支架承受不了较大的成型压力时，应用斜楔锁紧来确保成型孔深的尺寸精度。

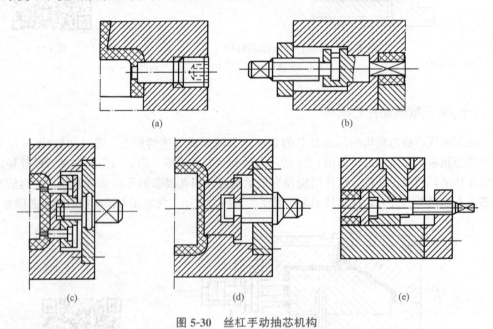

图 5-30　丝杠手动抽芯机构

2. 模外手动分型抽芯机构

模外手动分型抽芯机构是指镶块或型芯和塑件一起顶出模外，然后用人工或简单的机械将镶块从塑件上取下的结构，塑件受到结构形状的限制或生产批量很小，不宜采用前面所介绍的几种抽芯机构时，可以采用模外手动分型抽芯机构，如图 5-31 所示，这种结构必须既要便于取件，又要有可靠的定位，防止在成型过程中镶块产生位移，影响塑件的尺寸精度。图5-31(a)是利用活动镶块的顶面与定模型芯的顶面相密合而定位；图5-31(b)是在活动镶块上设置一个平面，与分型面相平，在闭模时，分型面将活动镶块压紧，图5-31(c)的活动镶块用斜面与凸模配合，注射压力将活动镶块压紧，塑件成型之后，镶块或型芯和塑件一起顶出模外进行塑件和成型零件之间的分离。

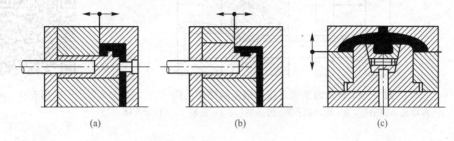

(a)　　　　　　　　　(b)　　　　　　　　　(c)

图 5-31　模外手动分型抽芯机构

(十二)齿轮齿条抽芯机构

齿轮齿条抽芯机构的结构比较复杂，一般中、小型模具中并不常用。

图5-32所示为齿条固定在定模上的侧向抽芯机构。开模时，固定在定模上的传动齿条3通过齿轮动模2带动齿条型芯1抽离塑件。开模至终点位置时，传动齿条3脱离齿轮动模2。为了保证齿条型芯1的最终位置保持不变，防止合模时齿条型芯1不能复位，齿轮动模2的轴上装有定位销钉(图中未绘出)，使齿轮动模2始终保持于传动齿条3的最后脱离位置。

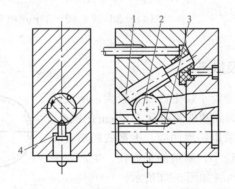

图 5-32　齿轮齿条固定在定模上的抽芯机构

1—齿条型芯；2—齿轮动模；3—传动齿条；4—定位销

图5-33所示为齿条固定在顶板上的抽芯机构。这种机构全部装置在动模上，在顶出塑件之前，应先抽出齿条型芯3。开模后，传动齿条固定板1在注射机顶出装置的作用下，使传动齿条5带动齿轮4将齿条型芯3抽离塑件。继续开模时，传动齿条固定板1与顶出板2接触并同时移动，因而顶杆使塑件脱模。由于传动齿条5始终与齿条型芯3啮合，所以无须定位装置。若抽芯距长而顶出行程不宜过大时，可采取双联齿轮或加大传动比来达到较长的抽芯距。

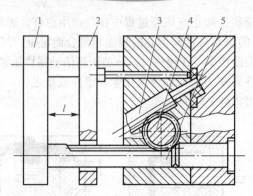

图 5-33　齿轮齿条固定在动模上的抽芯机构

1—传动齿条固定板；2—顶出板；3—齿条型芯；4—齿轮；5—传动齿条

三、项目实施

在通过项目四和项目五的学习和训练，已经基本具备了塑料模具设计能力，因此，在本项目中，只对一些与项目四和项目五不同的内容进行训练。

本项目的塑料防护罩采用注射成型生产，为保证塑件表面质量，采用点浇口浇注系统形式，因此，模具应为三板式注射模具结构，同时采用斜导柱进行侧向的分型和抽芯。

(一)抽芯距的计算

$$S = S_C + (2 \sim 3) \text{mm}$$
$$= (41 - 38)/2 + (2 \sim 3) \text{mm} = 3.52 \sim 4.5 \text{ mm}$$

本项目取 5 mm。

(二)确定型腔数目及排布

塑件形状较简单，质量较小，生产批量较大，所以应使用多行腔注射模具。考虑到塑件侧面有 $\phi 10$ mm 的圆孔，需要侧向抽芯，所以模具采用一模两腔、平衡式的型腔布置，这样的模具结构尺寸较小，制造加工方便，生产效率高，塑件成本较低。型腔布置如图 5-34 所示。

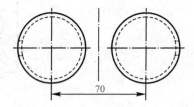

图 5-34　型腔排布

(三)选择分型面

塑件分型面的选择应保证塑件的质量要求，本实例中塑件的分型面位置如图 5-35 所示。其中，图 5-35(a)所示的分型面选择在轴线上，结果会使塑件表面留下分型面痕迹，影响塑件的表面质量，同时，这种分型面也使侧向抽芯困难；图 5-35(b)所示的分型面选择在塑件的下端面，这样的选择使塑件外表面可以

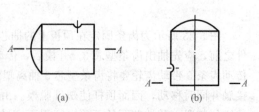

(a)　　　　(b)

图 5-35　分型面位置

在整体凹模型腔内成型，塑件的外表面光滑，同时侧向抽芯容易，因此，塑件脱模方便。综上所述，故选择图 5-35(b)所示的分型面位置。

(四)确定浇注系统

塑件采用点浇口成型，其浇注系统形式如图 5-36 所示。点浇口直径为 $\phi0.8$ mm，长度为 1 mm，头部球半径 $R1.5\sim2$ mm，锥角为 60°。分流道截面采用半圆截面流道，其半径 R 为 $3\sim3.5$ mm。主流道为圆锥形，上端直径与注射机喷嘴相配合，下端直径为 $\phi8$ mm。

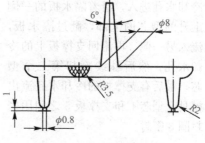

图 5-36 点浇口浇注系统

(五)确定推出方式

由于塑件形状为圆壳形而且壁厚较薄，使用推杆推出容易在塑件上留下推出痕迹，不宜采用。所以选择推件板推出机构完成塑件的推出，这种方法结构简单，推出力均匀，塑件在推出时变形小，推出可靠。

(六)确定抽芯方式

塑件侧面有 $\phi10$ mm 的圆孔，因此模具应设置侧向抽芯机构，由于抽芯距离较短，抽芯力较小，所以采用斜导柱抽芯机构。斜导柱安装在定模上，滑块装在推件板上，开模时斜导柱驱动滑块运动，以便抽出滑块前端的侧型芯部分。因为抽芯距较小，所以斜导柱倾斜角度取值为 20°。

(七)确定模温调节系统

一般生产 ABS 材料塑件的注射模具不需要加热。模具的冷分两部分，一部分是凹模的冷却；另一部分是型芯的冷却。

凹模冷却回路形式采用直流式的单层冷却回路，该回路是由在定模板上的两条 $\phi10$ mm 的冷却水道完成，如图 5-37 所示。

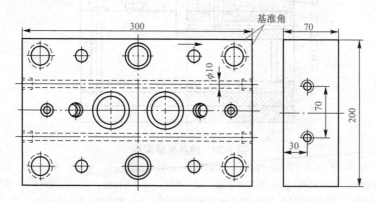

图 5-37 凹模冷却回路形式

型芯冷却回路形式采用隔板式管道冷却回路，如图 5-38 所示。在型芯内部有 $\phi16$ mm

的冷却水孔，中间用隔水板 2 隔开，冷却由支撑板 5 上的 φ10 mm 冷却水孔进入，沿着隔水板的一侧上升的型芯的上部，翻过隔水板，流入另一侧，再流回支撑板上的冷却水孔；然后继续冷却第二个型芯，最后有支撑板的冷却水孔流出模具。型芯 1 和支撑板 5 之间用密封圈 3 密封。

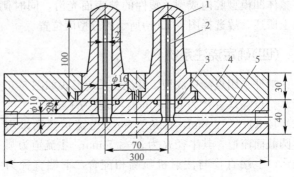

图 5-38 型芯冷却回路形式

1—型芯；2—隔水板；3—密封圈；4—型芯固定板；5—支撑板

(八)成型零件结构设计

成型零件结构设计包括凹模和型芯的设计。

凹模采用组合式结构，有定模板 4、定模镶件 26 组成，如图 5-39 所示。定模板 4 成型塑件的侧壁，定模镶件 26 成型塑件的顶部，而且点浇口开设在定模镶件上，这样使加工方便，有利于凹模的抛光。定模镶件可以更换，提高了模具的使用寿命。

型芯由动模板 16 上的孔固定，如图 5-39 所示。型芯与推件板 18 采用锥面配合以保证配合紧密，防止塑件产生飞边。另外，锥面配合可以减小推件板在推出塑件运动时与型芯之间的磨损。

本模具利用分型面间隙排气即可，不必要在设计排气系统。

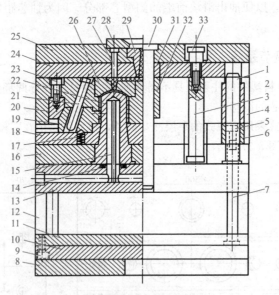

图 5-39 模具总装配图

1、30—导柱；2、6、31、32—导套；3—定距拉杆；4—定模板；5、9、23—螺钉；7—复位杆；
8—动模座板；10—推板；11—推杆固定板；12—垫块；13—支撑板；14—密封圈；15—隔水板；
16—动模板；17—定位钢球；18—推件板；19—侧滑块；20—楔紧块；21—斜导柱；22—型芯；
24—脱浇板；25—定模座板；26—定模镶件；27—拉料杆；28—定位圈；
29—主流道衬套；33—限位螺钉

(九)确定模具结构方案

模具结构为三板式注射模具，如图 5-40 所示。采用定距拉杆 1 和限位螺钉 20 控制分型面 A 和分型面 B 的打开距离，其距离应大于 40 mm，以方便拉断点浇口凝料并脱出。动、定模主分型面 C 的打开距离应大于 65 mm，以便推出塑件。

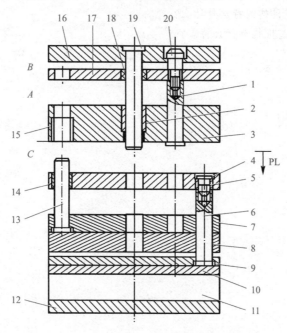

图 5-40 三板式注射模具结构

1—定距拉杆；2，14，15，18—导套；3—定模板；4—螺钉；5—推件板；6—复位杆；
7—动模板；8—支撑板；9—推杆固定板；10—推件板；11—垫块；12—动模座板；
13，19—导柱；16—定模座板；17—脱浇板；20—限位螺钉

(十)绘制模具总装配图

该模具总装配图如图 5-39 所示。

四、实训与练习

(一)实训题

1. 在实训基地拆、装一套带有斜导柱分型与抽芯机构的塑料注射模，观察侧抽芯机构的设计并进行测量，画出机构各零件的零件图。

2. 讨论上题中侧抽芯机构各零件之间的配合性质及材料选择。

(二)练习题

1. 满足什么条件可以对塑件强制脱模而不采用侧抽芯机构？

2. 为什么用斜导柱来抽芯时会出现干涉现象？如何克服？

3. 斜导柱分型与抽芯机构的结构形式有哪些？各自有什么特点？

4. 斜导柱分型与抽芯机构的设计要点有哪些？请分别叙述。

5. 斜导柱倾斜角一般如何选取？楔紧块的楔紧角如何选取？

6. 画图说明侧型芯滑块与导滑槽导滑的结构有哪几种。

7. 画图说明侧型芯滑块脱离斜导柱时的定位装置的结构有哪几种形式。

8. 阐述各类先复位机构的工作原理。

9. 弯销侧向抽芯机构的特点是什么？

10. 斜导槽侧抽芯机构有什么特点？

项目六 塑料压缩成型模设计

知识目标

1. 掌握按结构特征分类的塑料压缩成型模结构特点与应用场合。
2. 熟悉塑料压缩成型模的典型结构及组成。
3. 掌握塑料压缩成型模具的设计要点。
4. 熟悉塑料压缩成型模与压力机的关系。

能力目标

1. 能够设计中等复杂程度的塑料压缩成型模。
2. 具备识别塑料压缩成型模具图的能力。

一、项目引入

压缩成型又称为压塑成型或压胶成型，是热固性塑料通常采用的成型方法之一，也可以成型热塑性塑料制件。用压缩模成型热塑性塑件时，模具必须交替地进行加热和冷却，才能使塑料塑化和固化，故成型周期长，生产效率低，因此，它仅适用于成型光学性能要求高的有机玻璃镜片、不宜高温注射成型的硝酸纤维汽车驾驶盘，以及一些流动性很差的热塑性塑料（如聚酰亚胺等塑料）制件。

本项目以某企业小批量生产的塑料盒形件为载体，如图 6-1 所示，综合训练学生设计塑料压缩成型模（以下简称压缩模）的初步能力。盒形件材料为酚醛塑料（D141），表面无要求，精度 5 级以下。

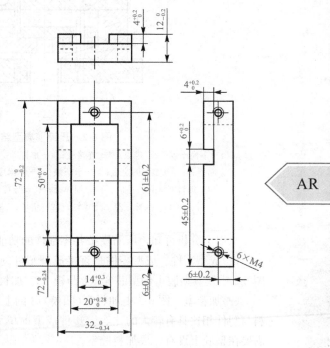

图 6-1　塑料盒形件

AR

二、相关知识

(一)压缩模的典型结构及组成

压缩模的典型结构如图 6-2 所示。模具的上模和下模分别安装在压力机的上、下工作台上，上、下模通过导柱导套导向定位。上工作台下降，使上凸模 12 进入凹模加料室 13 与装入的塑料接触并对其加热。当塑料成为熔融状态后，上工作台继续下降，熔料在受热受压的作用下充满型腔并发生固化交联反应。塑件固化成型后，上工作台上升，模具分型，同时，压力机下面的辅助液压缸开始工作，脱模机构将塑件脱出。

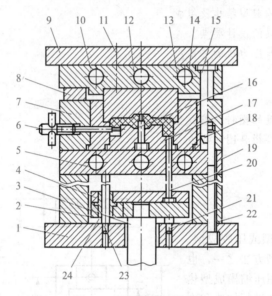

图 6-2　压缩模典型结构

图 6-2

1—下模座板；2—推板；3—连接杆；4—推杆固定板；5、10—加热器安装孔；
6—侧型芯；7—型腔固定板；8—承压块；9—上模座板；11—螺钉；12—上凸模；
13—加料室(凹模)；14、19—加热板；15—导柱；16—型芯；17—下凸模；
18—导套；20—推杆；21—支承钉；22—垫块；23—推板导柱；24—推板导套

从以上分析可知，压缩模按各零部件的功能作用可分为以下八大部分。

(1)成型零件。成型零件是直接成型塑件的零件，加料时与加料室一同起装料的作用。图 6-2 中模具型腔由侧型芯 6、上凸模 12、加料室(凹模)13、型芯 16、下凸模 17 等构成。

(2)加料室。图 6-2 中加料室(凹模)13 的上半部，为凹模截面尺寸扩大的部分。由于塑料与塑件相比具有较大的比容，塑件成型前单靠型腔往往无法容纳全部原料，因此，一般需要在型腔上设有一段加料腔室。

(3)导向机构。图 6-2 中，由布置在模具上周边的四根导柱 15 和导套 18 组成导向机构，它的作用是保证上模和下模两大部分或模具内部其他零部件之间能够准确对合。为保证推出机构上、下运动平稳，该模具在下模座板 1 上设有两根推板导柱 23，在推板上还设有推板导套 24。

（4）侧向分型与抽芯机构。当压缩塑件带有侧孔或侧向凹凸时，模具必须设有各种侧向分型与抽芯机构，塑件方能脱出。图6-2中的塑件有一侧孔，在推出塑件前用手动丝杆（侧型芯6）抽出侧型芯。

（5）脱模机构。压缩模中一般都需要设置脱模机构（推出机构），其作用是将塑件脱出模腔。图6-2中的脱模机构由推板2、推杆固定板4、推杆20等零件组成。

（6）加热系统。在压缩热固性塑料时，模具温度必须高于塑料的交联温度，因此，模具必须加热。常见的加热方式有：电加热、蒸汽加热、煤气或天然气加热等，但以电加热最为普遍。图6-2中加热板14、19中设计有加热器安装孔5、10，加热器安装孔中插入加热元件（如电热棒）即可分别对上凸模、下凸模和凹模进行加热。

（7）排气结构。压缩成型过程中必须对模腔内的塑料进行排气。排气方法有两种，一种是用模内的排气结构自然排放；另一种则是通过压力机短暂卸压排放。图6-2中虽然未画出排气结构，但设计时一定要注意排气，设计方法可参考注射模排气结构。

（8）支承零部件。压缩模中的各种固定板 支承板（加热板等）及上、下模座等均称为支承零部件，如图6-2中的零件1、7、8、9、14、19、22等。它们的作用是固定和支承模具中各种零部件，并且将压力机的力能传递给成型零部件和成型物料。

（二）压缩模的分类

压缩模的分类方法很多，如按照型腔数量可分为单腔压缩模和多腔压缩模等；按分型面的形式可分为水平分型面压缩模和垂直分型面压缩模等。下面介绍按照模具在压力机上的固定方式和模具加料室的形式进行分类的方法。

1. 按照模具在压力机上的固定方式分类

按照模具上、下模在压力机上的固定形式可分为移动式压缩模、半固定式压缩模和固定式压缩模。

（1）移动式压缩模。移动式压缩模的特点是模具不在压力机上固定。压缩成型前，在压力机工作空间之外打开模具，将塑料加入型腔，然后将上、下模合拢，送到压力机工作台上对塑料进行加热、加压成型固化。成型后将模具移出压力机，再使用专门卸模工具开模脱出塑件。

移动式压缩模结构简单，制造周期短，但因加料、开模、取件等工序均手工操作，劳动强度大、生产率低、易磨损，模具质量一般不宜超过20 kg。目前只供试验及新产品试制时制造样品用，正式生产中已经淘汰。

（2）半固定式压缩模。半固定式压缩模如图6-3所示，一般将上模固定在压力机上，下模可沿导轨移进或移出压力机外进行加料和在卸模架上脱出塑件。下模移进时用定位块定位，合模时靠导向机构定位。当然，也可按需要采用下模固定的形式，工作时则移出上模，用手工取件或卸模架取件。半固定式压缩模便于安放嵌件和加料，用于小批量生产，减小劳动强度。

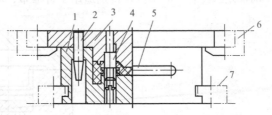

图6-3 半固定式压缩模

1—凹模（加料腔）；2—导柱；3—凸模；
4—型芯；5—手柄；6—压板；7—导轨

（3）固定式压缩模。固定式压缩模如图6-2所示。上、下模分别固定在压力机的上下工作台上，开、合模与塑件脱出均在压力机上靠操作压力机来完成，因此，生产率较高、操作简单、劳动强度小、开模振动小、模具寿命长，但其结构复杂，成本高，且安放嵌件不方便。其适用于成型批量较大或形状较大的塑件。

2. 按照模具加料室的形式分类

根据模具加料室形式不同可分为溢式压缩模、不溢式压缩模和半溢式压缩模。

(1)溢式压缩模。溢式压缩模又称为敞开式压缩模，如图 6-4 所示。这种模具无加料室，型腔即可加料，型腔的高度 h 基本上就是塑件的高度。模具的凸模与凹模无配合部分，完全靠导柱定位，仅在最后闭合后凸模与凹模才完全密合，所以，塑件的径向尺寸精度不高，但高度尺寸精度尚可。压缩成型时，由于多余的塑料易从分型面处溢出，故塑件具有径向飞边，设计时挤压环的宽度 b 应较窄，以减薄塑件的径向飞边。图中环形挤压面 b(即挤压环)在合模开始时，挤压面仅产生有限的阻力，合模到终点时，挤压面才完全密合。

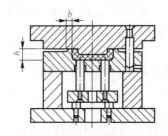

图 6-4　溢式压缩模　　　　　　　图 6-4

压缩时压力机的压力不能全部传递给塑料。模具闭合较快时，会造成溢料量的增加，既造成原料的浪费，又降低了塑件密度，强度不高。溢式模具结构简单，造价低廉、耐用(凸凹模间无摩擦)，塑件易取出，通常可用压缩空气吹出塑件。对加料量的精度要求不高，加料量一般稍大于塑件质量的 $5\%\sim7\%$，适用于压制高度不大、外形简单、精度低、强度没有严格要求塑件。

(2)不溢式压缩模。不溢式压缩模如图 6-5 所示。这种模具的加料室在型腔上部延续，其截面形状和尺寸与型腔完全相同，无挤压面。由于凸模和加料腔之间有一段配合，配合段单面间隙为 $0.025\sim0.075$ mm，闭合压制时，压力几乎完全作用在塑件上。压缩时仅有少量的塑料流出，使塑件在垂直方向上形成很薄的轴向飞边，去除比较容易。塑件致密性高，机械强度高。适用于成型形状复杂、精度高、壁薄、长流程的深腔塑件，也可成型流动性差、比容大的塑件，特别适用于含棉布、玻璃纤维等长纤维填料的塑件。

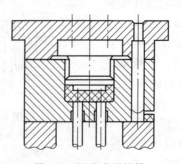

图 6-5　不溢式压缩模

不溢式压缩模的缺点是每模加料都必须准确称量，否则塑件高度尺寸不易保证；凸模与加料室侧壁有摩擦，不可避免地会擦伤加料室侧壁，同时，塑件推出模腔时带划伤痕迹的加料室也会损伤塑件外表面使脱模较为困难，一般必须设置推出机构。为避免加料不均，不溢式模具一般不宜设计成多型腔结构。

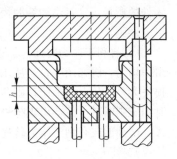

图 6-6 半溢式压缩模

(3)半溢式压缩模。半溢式压缩模如图 6-6 所示。这种模具在型腔上方设有加料室，其截面尺寸大于型腔截面尺寸，两者分界处有一环形挤压面，其宽度为 4～5 mm。凸模与加料室呈间隙配合，凸模下压时受到挤压面的限制，故易于保证塑件高度尺寸精度。凸模在四周开有溢流槽，过剩的塑料通过配合间隙或溢流槽排出。因此，此模具操作方便，加料时加料量不必严格控制，只需简单地按照体积计量即可。塑件径向壁厚尺寸和高度尺寸的精度均较好，密度较高，模具寿命较长，塑件脱模容易，塑件外表不会被加料室划伤。

由于这种模具兼有溢式和不溢式压缩模的优点，所以生产中被广泛采用，适用于压制流动性较好的塑件及形状较复杂、带有小型嵌件的塑件，不适用于压制以布片或长纤维作填料的塑件。

(三)压缩模的结构选用

压缩模的总体结构需要根据塑料品种、工艺特性、成型性能及制品的结构形状和技术质量等因素选择确定，而压缩模与压力机之间的连接方式、模腔数量的多少、脱模方式的选择等均与制品的生产批量有关，具体可参考表 6-1 选择。

表 6-1 压缩模的结构选用

制品生产批量	压缩模的结构形式			
	模具类型	模具体积质量/kg	模腔数量	脱模方式
小批量或试生产	移动式	<20	中小型制品；单腔或多腔	机动手工脱模或采用专用脱模顶出装置脱取制品
			较大型制品；单腔中小型制品；多腔	
中批	半固定式	<30	中小型制品；双腔或多腔	模具带有顶出脱模机构，制品脱模方式可采用：模内手动、机动或自动
大批或中批	固定式	>30	大型或较大型制品单腔	

(四)模具结构设计要点

在设计压缩模时，首先应确定加料室的总体结构，凹模和凸模之间的配合形式及成型零部件的结构，然后再根据塑件尺寸确定型腔成型尺寸，根据塑件质量和塑料品种确定加料室尺寸。但是，压缩模和注射模的设计在很多方面都有共同之处，对于压缩制品的工艺性、分型面的选择、成型零部件的工作尺寸计算及模具材料的选用等问题，都可以根据热固性塑料的特点，参考注射模的设计进行处理。下面仅就压缩模的一些特殊要求进行讲解。

1. 塑件在模具内加压方向的选择

塑件在模具内的加压方向是指压力机滑块与凸模向型腔施加压力的方向。加压方向对塑件的质量、模具结构和脱模的难易程度都有重要影响，因此，在决定施压方向时应遵从以下原则：

（1）有利于压力传递。加压方向应使压力传递距离尽量短，以减少压力损失，并使塑件组织均匀，例如图 6-7(a)所示的圆筒形塑件，一般顺着轴向加压。但当圆筒太长时，压力损失大，若从上端加压，则塑件底部压力小，会使底部产生疏松现象；若采用上下凸模同时加压则塑料中部会出现疏松现象；为此可将塑件横放，采用图 6-7(b)所示的横向加压形式，这种形式有利于压力传递，可克服上述缺陷，但在塑件外圆上将产生两条飞边而影响外观质量。

（2）便于加料。为了便于加料，加料室应设计为直径大而深度浅的结构，如图 6-8(a)所示。而图 6-8(b)所示加料室直径小而深，则不便于加料。

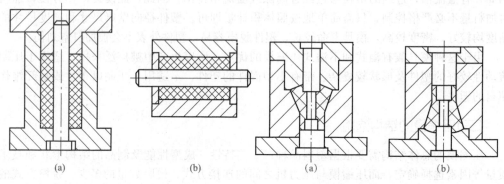

图 6-7　有利于压力传递的加压方向　　　　图 6-8　便于加料的加压方向

（3）便于安放和固定嵌件。当塑件上有嵌件时，应优先考虑将嵌件安放在下模上，如图 6-9(a)所示，将嵌件改装在下模，不但操作方便，而且还可利用嵌件推出塑件而不留下推出痕迹；如将嵌件安放在上模，如图 6-9(b)所示，既费事又可能使嵌件不慎落下而压坏模具。

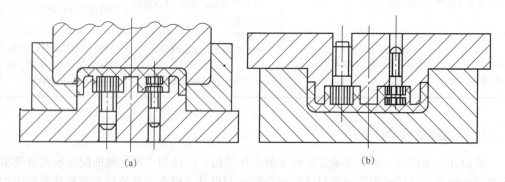

图 6-9　便于安放嵌件的加压方向

（4）保证凸模强度。对于从正反面都可以加压成型的塑件，选择加压方向时应使凸模形状尽量简单，保证凸模强度，图 6-10(a)所示的结构比图 6-10(b)所示结构的凸模简单、强度高。

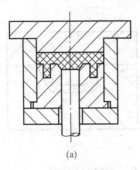 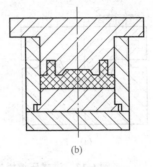

(a)　　　　　　　　　　　　(b)

图 6-10　有利于凸模强度的加压方向

(5)便于塑料流动。加压方向与塑料流动方向一致时，有利于塑料流动，如图 6-11(a)所示，型腔设在下模，凸模位于上模，加压方向与塑料流动方向一致，有利于塑料充满整个型腔；若将型腔设在上模，凸模位于下模，如图 6-11(b)所示，加压时，塑料逆着加压方向流动，同时，由于在分型面上需要切断产生的飞边，故需要增大压力。

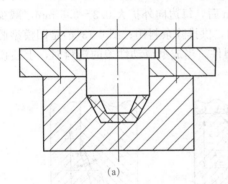 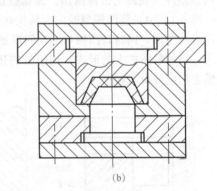

(a)　　　　　　　　　　　　(b)

图 6-11　便于塑件流动的加压方向

(6)保证重要尺寸的精度。沿加压方向的塑件高度尺寸不仅与加料量有关，而且还受飞边厚度变化的影响，故对塑件精度要求高的尺寸不宜与加压方向相同。

(7)便于抽拔长型芯。当塑件上具有多个不同方位的孔或侧凹时，应注意将抽拔距较大的型芯与加压方向保持一致，而将抽拔距较小的型芯设计成能够进行侧向运动的抽芯机构。

2. 凸、凹模配合的结构形式

压缩模凸模与凹模配合的结构形式及尺寸是模具设计的关键，其形式和尺寸依压缩模类型不同而不同，现分述如下：

(1)溢式压缩模的凸、凹模配合形式。溢式压缩模的凸、凹模配合形式如图 6-12 所示，它没有加料室，仅利用凹模型腔装料，凸模和凹模没有引导环与配合环，而是依靠导柱和导套进行定位与导向，凸、凹模接触面既是分型面又是承压面。为了使飞边变薄，凸、凹模接触面积不宜太大，一般设计成单边宽度为 3～5 mm 的挤压面，如图 6-12(a)所示。

由于凸、凹模对合面积较小，如果单靠它来支撑摸腔充满后的压力机余压，有时会引起对合面过早变形与磨损，从而使凹模口部变成倒锥形，影响制品脱模。为了提高承压面积，在溢料面(挤压面)外开设溢料槽，应在溢料槽外再增设承压面，如图 6-12(b)所示。

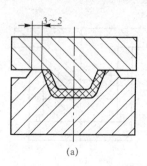
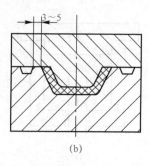

图 6-12　溢式压缩模的凸、凹模配合形式

　　(2)不溢式压缩模的凸、凹模配合形式。不溢式压缩模的凸、凹模配合形式如图 6-13
(a)所示。其加料室为凹模型腔的向上延续部分，两者截面尺寸相同，没有挤压环，但有引
导环、配合环和排气溢料槽，其中，配合环的配合精度为 H8/f7 或单边 0.025～0.075 mm。
这种配合形式的最大缺点是凸模与加料室侧壁摩擦会使加料室逐渐损伤，造成塑件脱模困
难，而且塑件外表面也很易擦伤。为克服这些缺点，可采用如图 6-13(b)、(c)所示的改进
形式。图 6-13(b)是将凹模型腔向上延长 0.8 mm 后，每边向外扩大 0.3～0.5 mm，减少塑
料推出时的摩擦，同时，凸模与凹模间形成空间，供排除余料用；图 6-13(c)是凹模型腔向
上延长，将加料室扩大的形式，用于带斜边的塑件。当成型流动性差的塑料时，上述模具
在凸模上均应开设溢料槽。

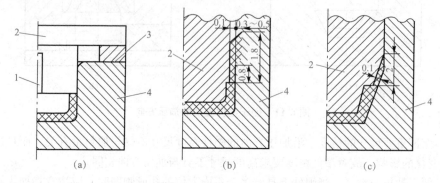

图 6-13　不溢式压缩模的凸、凹模配合形式
1—排气溢料槽；2—凸模；3—承压面；4—凹模

　　(3)半溢式压缩模的凸、凹模配合形式。半溢式压缩模的凸、凹模配合形式如图 6-14 所
示，移动式压缩模 α 取 $20'\sim1°30'$，固定式压缩模 α 取 $20'\sim1°$；在有上下凸模时，为了加工
方便，α 取 $4°\sim5°$；圆角 R 通常取 $1\sim2$ mm，引导环长度 L_1 取 $5\sim10$ mm，当加料腔高度
$H\geqslant30$ mm 时，L_1 取 $10\sim20$ mm；配合环长度 L_2 应根据凸、凹模的间隙而定，间隙小则长
度取短些。一般移动式压缩模 L_2 取 $4\sim6$ mm，固定式模具，若加料腔高度 $H\geqslant30$ mm 时，
L_2 取 $8\sim10$ mm；挤压环的宽度 B 值按塑件大小及模具用钢而定，一般中小型模具 B 取
$2\sim4$ mm，大型模具 B 取 $3\sim5$ mm；料槽深度 Z 取 $0.5\sim1.5$ mm。

　　这种形式的最大特点是具有溢式压缩模的水平挤压环，同时，还具有不溢式压缩模凸
模与加料室之间的配合环和引导环，其中，配合环的配合精度为 H8/f7 或单边留 0.025～
0.075 mm 间隙，同时，在凸模上设有溢料槽进行排气溢料。

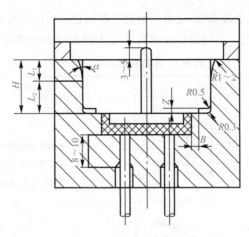

图 6-14 半溢式压缩模的凸、凹模配合形式

(五)加料室尺寸的计算

加料腔是塑料在进入型腔前，用来存放及加热塑化塑料的一个腔体，其尺寸特别是高度尺寸关系到塑件的精确程度。

溢式压缩模无加料腔，塑料堆放在型腔中。不溢式和半溢式压缩模的加料腔，一般情况下，其体积等于塑料原料所占的体积减去型腔的体积。

塑料原料所占的体积可按下式计算：

$$V = \frac{KG}{\rho} \tag{6-1}$$

式中　V——塑料原料所占体积（cm^3）；

　　　G——包括溢料和飞边在内的塑件质量（g）；

　　　K——溢料的压缩比，即塑料粉与塑件单位质量的体积比，可查表 6-2；

　　　ρ——塑料的密度（g/cm^3）。

通常，溢料及飞边的质量按塑件净重的 5%～10% 计算，通常热固性塑料的密度和压缩比见表 6-2。

表 6-2　常见热固性塑料的密度和压缩比

塑料名称	使用的填充料	密度 $\rho /(g \cdot cm^{-3})$	压缩比 K
三聚氰胺甲醛塑料	纸浆	1.45～1.52	3.5～4.5
	石棉	1.7～2.0	3.5～4.5
	碎布	1.5	6～10
酚醛塑料	木粉	1.34～1.45	2.5～3.5
	石棉	1.45～2.00	2.5～3.5
	云母	1.65～1.92	2～3
	碎布	1.36～1.43	5～7
脲醛塑料	浆纸	1.47～1.52	3.5～4.5

加料腔断面尺寸(水平投影面)可根据模具类型确定,当已知加料腔体积和断面面积后,就能计算出加料腔的高度。不同加料腔的高度尺寸 H 的计算公式见表 6-3。

表 6-3 不同加料腔的计算公式

模具类型	简图	高度计算公式

不溢式压缩模		$$H = \frac{V}{A} + (1 \sim 2)$$ 式中 H——加料腔的高度(cm);
		        V——所需塑料原料容积(cm³);
		        A——加料腔断面面积(cm²)

有凸出型芯的不溢式压缩模		$$H = \frac{V + V_1}{A} + (0.5 \sim 1)$$ 式中 V_1——下凸模凸出部分的容积(cm³)
薄壁深腔的不溢式压缩模		$$H = h + (1 \sim 2)$$ 式中 h——塑件的高度(cm)
塑件在凹模成型的半溢式压缩模		$$H = \frac{V - V_0}{A} + (0.5 \sim 1)$$ 式中 V_0——挤压环以下的型腔容积(cm³)
塑件同时在凹模和凸模空间成型的半溢式压缩模		$$H = \frac{V - V_3}{A} + (0.5 \sim 1)$$ 式中 V_3——塑件在凹模内的容积(cm³)。 在未合模前,凸模的内部空间容积 V_3 并不起存料作用
有中心导柱的半溢式压缩模		$$H = \frac{V + V_1 - V_0}{A} + (0.5 \sim 1)$$ 式中 V_1——挤压环以下的型芯容积(cm³)。 在未合模前,凸模的内部空间容积 V_3 并不起存料作用
多型腔半溢式压缩模		$$H = \frac{V - nV_0}{A} + (0.5 \sim 1)$$ 式中 n——型腔数; V_0——挤压环以下单个型腔的容积(cm³)

表 6-3 所列公式适用于粉状塑料。对于比容值比粉状塑料大得多的纤维状塑料，加料腔高度不能用上述公式计算。对于纤维状塑料可采用预压后再加入型腔，或者第一次加料后压实，然后再加料。

(六)压缩模与压力机的匹配

压力机是压缩成型的主要设备，压缩模设计者必须熟悉压力机的主要技术性能，特别是压力机的最大工作能力和装模部分有关尺寸等，否则模具无法安装在压力机上或塑件不能取出。模具所要求的压制能力与压力机本身的能力应相符合，如压制能力不足，则生产不出合格塑件；反之，又会造成设备生产能力的浪费。

在设计压缩模时，应首先对压力机做下述几方面的校核计算，以保证它们之间相匹配。

1. 成型压力的校核

成型压力是指塑料压塑成型时所需的压力。它与塑件几何形状、水平投影面积、成型工艺等因素有关，成型压力必须满足下式的要求：

$$F_{成} \leqslant KF_I \tag{6-2}$$

式中 $F_{成}$——用模具成型塑件所需的成型总压力(N)；

F_I——压力机的公称压力(N)；

K——修正系数，一般取 $0.75 \sim 0.90$，视压力机新旧程度而定。

模具成型塑件时所需总压力：

$$F_{成} = 10^6 nSP \tag{6-3}$$

式中 n——型腔数目；

S——每个型腔加料室的水平投影面积(m^2)；

P——塑料压缩成型时所需的单位压力(MPa)，见表 6-4。

表 6-4 压缩成型时的单位压力　　　　　　　　　　　　　　　　　MPa

塑件特征 \ 塑料品种	酚醛塑料		布层塑料	氨基塑料	酚醛石棉塑料
	不预热	预热			
扁平厚壁塑件	12.25~17.15	9.80~14.70	29.40~39.20	12.25~17.15	44.10
高 20~40 mm 壁厚 4~6 mm	12.25~17.15	9.80~14.70	34.30~44.10	12.25~17.15	44.10
高 20~40 mm 壁厚 2~4 mm	12.25~17.15	9.80~14.70	39.20~49.00	12.25~17.15	44.10
高 40~60 mm 壁厚 4~6 mm	17.15~22.05	12.25~15.39	49.00~68.60	17.15~22.05	53.90
高 40~60 mm 壁厚 2~4 mm	24.50~29.40	14.70~19.60	58.80~78.40	24.50~29.40	53.90
高 60~100 mm 壁厚 4~6 mm	24.50~29.40	14.70~19.60	—	24.50~29.40	53.90
高 60~100 mm 壁厚 2~4 mm	26.95~34.30	17.15~22.05	—	26.95~34.90	53.90

当确定压力机后，可确定型腔的数目，从式(6-2)和式(6-3)中可得

$$n \leqslant \frac{KF_I}{SP} \tag{6-4}$$

2. 开模力和脱模力的校核

(1)开模力的计算。开模力可按下式计算：

$$F_{开} = K_1 F_{成} \tag{6-5}$$

式中 $F_{开}$ ——开模力(N);

　　K_1 ——系数,塑件形状简单、配合环(凸模与凹模相配合部分)不高时取 0.1;配合环较高时取 0.15;形状复杂配合环较高时取 0.2。

用机器力开模,因为 $F_I \geqslant F_{成}$,所以 $F_{开}$ 是足够的,不需要校核。

(2)脱模力的计算。脱模力是将塑件从模具中顶出的力,必须满足

$$F_{顶} > F_{脱} \tag{6-6}$$

式中 $F_{顶}$ ——压力机的顶出力(N);

　　$F_{脱}$ ——塑件从模具内脱出所需的力(N)。

脱模力的计算公式如下:

$$F_{脱} = 10^6 A_c F_{结} \tag{6-7}$$

式中 A_c ——塑件侧面积之和(m²);

　　$F_{结}$ ——塑件与金属的结合力(MPa),见表 6-5。

表 6-5　塑件与金属的结合力　　　　　　　　　　　　　　　　　　MPa

塑料性质	$F_{结}$
玻璃纤维塑料	1.47
含木纤维和矿物填料的塑料	0.49

3. 压缩模高度和开模行程的校核

为使模具正常工作,就必须使模具的闭合高度和开模行程与压力机上下工作台面之间的最大和最小开距及活动压板的工作行程相适应,即

$$h_{min} \leqslant h < h_{max} \tag{6-8}$$
$$h = h_1 + h_2 \tag{6-9}$$

式中 h_{min} ——压力机上下模板之间的最小距离(mm);

　　h_{max} ——压力机上下模板之间的最大距离(mm);

　　h ——合模高度(mm);

　　h_1 ——凹模的高度(mm),如图 6-15 所示;

　　h_2 ——凸模台肩高度(mm),如图 6-15 所示。

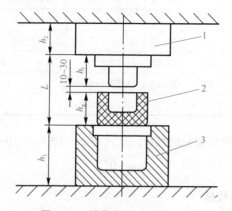

图 6-15　模具高度和开模行程

1—凸模;2—塑件;3—凹模

如果 $h < h_{min}$，上下模不能闭合，压力机无法工作，这时在上下压板间必须加垫板，以保证 $h_{min} \leqslant h +$ 垫板厚度。

除满足 $h_{max} \geqslant h$ 外，还要求大于模具的闭合高度加开模行程之和，如图 6-15 所示，以保证顺利脱模。即

$$h_{max} \geqslant h + L \tag{6-10}$$

$$L = h_s + h_t + (10 \sim 30) \tag{6-11}$$

故

$$h_{max} \geqslant h + h_s + h_t + (10 \sim 30) \tag{6-12}$$

式中　h_s——塑件高度（mm）；

　　　h_t——凸模高度（mm）；

　　　L——模具最小开模距（mm）。

4. 压力机工作台面尺寸与模具的固定

压力机有上下两块压模固定板，称为上压板（或动梁）和下压板（或工作台）。模具宽度应小于压力机立柱或框架之间的距离，使模具能顺利地通过。模具的最大外形尺寸不宜超过台面尺寸，否则便无法安装固定模具。

压力机的上下两个压板多开有相互平行或沿对角线交叉的 T 形槽。模具的上下模可直接用四个螺钉分别固定在上压板和工作台上。压模脚上的固定螺钉孔（或长槽、缺口）应与台面的 T 形槽位置相符合。模具也可用压板螺钉压紧固定，此时，模脚尺寸比较自由，只需设计出宽 15～30 mm 的凸缘台阶即可。

5. 压力机顶出机构的校核

固定式压模一般均利用压力机工作台面下的顶出机构（机械式或液压式）驱动模具脱模机构进行工作，因此，压力机的顶出机构与模具的脱模两者的尺寸应相适应，即模具所需的脱模行程必须小于压力机顶出机构的最大工作行程，其中，模具需用的脱模行程 L_d 一般应保证塑件脱模时高出凹模型腔 10～15 mm，以便将塑件取出，图 6-16 所示为塑件高度与压力机顶出行程的尺寸关系图。

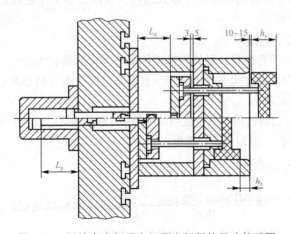

图 6-16　塑件高度与压力机顶出行程的尺寸关系图

顶出距离必须满足

$$L_d = h_s + h_3 + (10 \sim 15)\text{mm} \leqslant L_p \tag{6-13}$$

式中　L_d——压缩模需要的脱模行程(mm)；

　　　h_s——塑件的最大高度(mm)；

　　　h_3——加料腔高度(mm)；

　　　L_p——压力机推顶机构的最大行程(mm)。

三、项目实施

(一)塑件分析

从图 6-1 所示的塑料盒形件结构来看，该塑件为框形，上、下表面各有一槽，并在塑件两侧面和上凹槽处镶嵌有 M4×6 mm 的螺母。该塑件的最小壁厚为 6 mm，查表 3-10 和表 3-11 可知，其一满足该塑料的最小壁厚要求，其二螺母嵌件周围塑料层厚度也均满足最小厚度要求。塑件的精度等级为五级以下，要求不高，表面质量也无特殊要求。从整体上分析该塑件结构相对比较简单，精度要求一般，故容易压制成型。

(二)模塑方法的选择及工艺流程的确定

由于酚醛 D141 属于热固性塑料，既可用压缩成型，也可用压注成型，但是由于压缩成型性能比较好，故采用压缩成型方法比较理想。另外，由于该塑件的年产量不高，采用简易的压缩模也比较经济。

由于该塑件的精度等级不高，表面质量也无特殊要求。从整体上分析，该塑件结构相对简单，精度要求不高。因此，选用半溢式压缩模结构。

其模塑工艺流程需经预热和压制两个过程，一般不需要进行后处理操作。

(三)模塑设备型号与主要参数的确定

该塑件所选用压缩模采用单型腔半溢式结构。压制设备采用液压压力机，现对液压压力机的有关参数选择如下。

1. 液压压力机压力的选择

(1)计算塑件水平投影面积。经计算得塑件水平投影的面积 $A_{塑}=13.04\ \text{cm}^2$。

(2)初步确定延伸加料腔水平投影面积。根据塑件尺寸和加料型腔的结构要求初步选定加料型腔的水平投影面积为 $A_{腔}=32\ \text{cm}^2$。

(3)压力机公称压力的选择。单位成型压力为 p，取值 $p=12$ MPa；型腔个数 n，取 $n=1$；修正系数 k，取 $k=0.85$。根据公式计算得：

$$F_{机}=\frac{pA_{腔}n}{K}$$

$$=\frac{12\ \text{MPa}\times3\ 200\ \text{mm}^2\times1}{0.85}=45\ 176\ \text{N}\approx45.2\ \text{kN}$$

根据 $F_{机}$ 的数值，选择型号为 45-58 的液压压力机。

2. 液压压力机主要参数的确定

45-58 型液压压力机的主要参数：公称压力为 450 kN，封闭高度(动梁至工作台最大距离)为 650 mm，动梁最大行程为 250 mm。

由封闭高度和动梁最大行程两参数可知，压缩模的最小闭合高度为 400 mm。由于本压缩模压制的塑件较小，模具闭合高度不会太大，实际操作时可通过加垫块的形式来达到压力机闭合高度的要求。

本模具拟采用移动式压缩模，故开模力和脱模力可不进行校核。

(四)加压方向与分型面的确定

根据压缩模加压方向和分型面选择的原则并考虑便于安装嵌件，采用图 6-17 所示的加压方向和分型面。选择这样的加压方向有利于压力传递，便于加料和安放嵌件，图示分型面塑件外表面无接痕，可保证塑件质量。

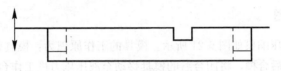

图 6-17　塑件的加压方向和分型面

(五)凸模与凹模配合的结构形式

为了便于排气、溢料，在凹模上设置一段引导环 l_2，斜角取 $\alpha=30'$。为使凸、凹模定位准确和控制溢料，在凸、凹模之间设置一段配合环，其长度取为 $l_1=5$ mm，取圆角半径 $R=0.3$ mm。采用配合 H8/f7。另外，在凸模与加料腔接触表面处设有挤压环 l_3，其值取 $l_3=3$ mm。

综上所述，本模具凸模与凹模配合的结构形式如图 6-18 所示。

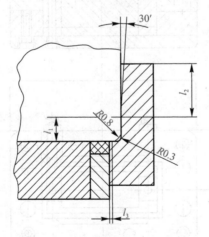

图 6-18　凸模与凹模配合的结构形式

(六)确定成型零件的结构形式

为了降低模具制造难度，本模具拟采用组合型腔的结构，如图 6-19 所示。另外，由于塑件上需要螺母，根据图 6-19 所示型腔结构需在凹模 2、型芯拼块 3 上设置嵌件安装的零件。型芯拼块结构如图 6-20 所示。

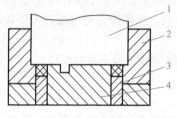

图 6-19　模具型腔结构

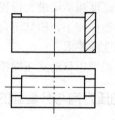

图 6-20　型芯拼块结构

1—上型芯；2—凹模；3—型芯拼块；4—下型芯

(七)绘制模具图

本项目所设计的压缩模如图 6-21 所示。模具的工作原理为：模具打开，将称量过的塑料原料加入型腔，然后合模，将闭合后的模具移动至液压压力机工作台面的垫板上(加入垫板是为了符合液压压力机闭合高度的要求)。将模具进行加热，待塑件固化成型后，将模具移出，在专用卸模架上脱模(卸模架对上、下模同时卸模)。

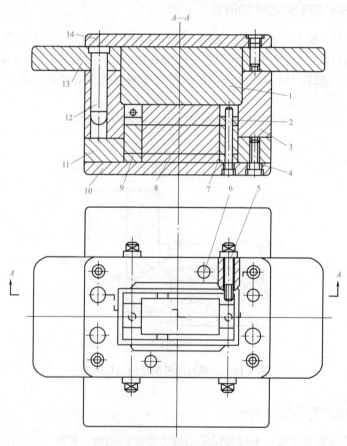

图 6-21　盒形件压缩模模具

1—上凸模；2、5—嵌件螺杆；3—凹模；4—螺钉；6—导钉；7、9—凸模拼块；8—下凸模；

10—下模座板；11、14—下固定板；12—导柱；13—上固定板

四、实训与练习

(一)实训题
在实训基地拆、装一套塑料压缩模，观察其结构设计并草绘出模具图。

(二)练习题
1. 溢式、不溢式、半溢式压缩模在模具的结构、压缩产品的性能及塑料原材料的适应性方面各有什么特点与要求?

2. 压缩成型塑件在模内施压方向的选择要注意哪几点?(用简图说明)

3. 绘制出溢式、不溢式、半溢式的凸模与加料室的配合结构简图，并标注出典型的结构尺寸与配合精度。

4. 压缩模加料室的高度是如何计算的?

项目七　塑料压注成型模设计

知识目标

1. 掌握塑料压注成型模的分类。
2. 熟悉塑料压注成型模的典型结构及组成。
3. 掌握塑料压注成型模具的设计要点。

能力目标

1. 能够设计中等复杂程度的塑料压注成型模。
2. 具备识别塑料压注成型模具图的能力。

一、项目引入

压注成型又称为传递成型，是在压缩成型基础上发展起来的，适用于形状复杂、带有较多嵌件的热固性塑料制件的成型。压注成型所使用的模具是压注模，压注模与压缩模的最大区别在于前者设有单独的加料室。

本项目以某企业中等批量生产的圆形塑料罩壳为载体，如图 7-1 所示，综合训练学生设计塑料压注成型模（以下简称压注模）的初步能力。圆形塑料罩壳的材料是以木粉为填料的热固性酚醛塑料，要求具有优良的电气性能和较高的机械强度、中等精度。本项目将为其设计一套生产用压注模。

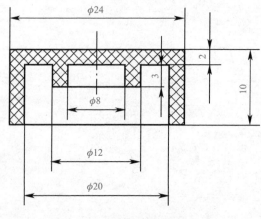

图 7-1　塑料罩壳

二、相关知识

(一)压注模的典型结构及组成

压注成型的一般过程是，先闭合模具，然后将塑料加入模具加料室内，使其受热成熔融状态，在与加料室配合的压料柱塞的作用下，使熔料通过设在加料室底部的浇注系统高速挤入型腔。塑料在型腔内继续受热受压而发生交联反应并固化成型。然后打开模具取出塑件，清理加料室和浇注系统后进行下一次成型。压注成型和压缩成型都是热固性塑料常用的成型方法。

图 7-2 所示为典型的固定式压注模，由压柱、上模、下模三部分组成，打开上分型面 $A-A$ 面取出主流道凝料并清理加料室；打开下分型面 $B-B$ 面取出塑件和分流道凝料。由于上、下模分别与压力机滑块和工作台面固定连接，故在开模状态下，加料室 3 与上模板 15 应能在模内处于悬浮状态。压注成型之前，加料室与上模板通过定距导柱 16 悬挂在上、下模之间，这时可以进行加料(包括安装嵌件)、清模等生产操作。压注成型开始后，整个模具闭合，压力机滑块通过压柱 2 将加料室内已经熔融的成型物料经由浇注系统高速挤进闭合模腔，以便使它们在模腔内成型和固化。开模时，压力机滑块带动上模回程，上模部分与加料室在 $A-A$ 处分型，以便从该处型面处往加料室内加料。当上模回程上升到一定高度时，拉杆 11 迫使拉钩 13 转动并与下模部分脱开，接着定距导柱 16 发挥作用，由它带动上模板及加料室在 $B-B$ 处与下模分型，以便顶出脱模机构将制品从该分型面处脱出。

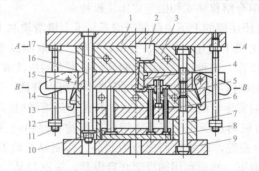

图 7-2 压注模的典型结构

图 7-2

1—上模座板；2—压柱；3—加料室；4—浇口套；5—型芯；6—推杆；
7—垫块；8—推板；9—下模座板；10—复位杆；11—拉杆；12—支承板；
13—拉钩；14—下模板；15—上模板；16—定距导柱；17—加热器安装孔

压注模由以下几部分组成：

(1)型腔。成型塑件的部分，由凸模、凹模、型芯等组成(图 7-2 所示的 5、15)，分型面的形式及选择与注射模、压缩模相似。

(2)加料室。加料室由加料室 3 和压柱 2 组成，移动式压注模的加料室和模具本体是可分离的，开模前先取下加料室，然后开模取出塑件。固定式压注模的加料室是在上模部分，加料时可以与压柱部分定距分型。

(3)浇注系统。多型腔压注模的浇注系统与注射模相似，同样分为主流道、分流道和浇口，单型腔压注模一般只有主流道。与注射模不同的是加料室底部可开设置几个流道同时进入型腔。

（4）导向机构。一般由导柱和导柱孔（或导套）组成。在柱塞和加料室之间，型腔分型面之间，都应设置导向机构。

（5）侧分型与抽芯机构。压注模的侧向分型抽芯机构与压缩模和注射模基本相同。

（6）脱模机构。由推杆 6、推板 8、复位杆 10 等组成，由拉钩 13、定距导柱 16、可调拉杆 11 等组成的两次分型机构是为了加料室分型面和塑件分型面先后打开而设计的，也包括在脱模机构之内。

（7）加热系统。固定式压注模由压柱、上模、下模三部分组成，应分别对这三部分加热，如图 7-2 所示，在加料室和型腔周围分别钻有加热孔，可插入电加热元件。移动式压注模加热是利用装于压力机上的上、下加热板，压注前柱塞、加料室和压注模都应放在加热板上进行加热。

（二）压注模的分类

压注成型对设备要求不高，既可使用普通压力机，也可使用专用液压机，根据使用设备和操作方法的不同，压注模可分为以下类型。

1. 普通压力机用压注模

在普通压力机上使用的压注模，浇注系统与加料腔分开加工制造。其中，浇注系统与热固性注射模浇注系统相似，而加料腔突出了压注模的特点，故有时也称为料腔式压注模。与注射模和压缩模相似，这类压注模也可以划分为移动式压注模和固定式压注模、单腔压注模和多腔压注模等，下面简单介绍移动式和固定式压注模特点。

（1）移动式压注模。移动式压注模的上下模两部分均不与压力机滑块和工作台面固定连接，它可在任何形式的普通压力机上使用，加料、合模、开模、脱取制品等生产操作均可在压力机工作空间之外用手动操作，这种模具适用于制品批量不大的压注成型生产。

图 7-3 所示为移动式压注模结构示例，加料腔 4 与模具本体可以分离。采用这种模具压注成型时，首先闭合模具，然后将定量的成型物料装进加料腔加热熔融（加热装置设计与压缩模加热装置相似），并由压力机通过压注柱塞 3 将熔融后的物料经由浇注系统（主流道、分流道和浇口等）高速挤入闭合模腔，以使它们成型为制品。待制品在模腔内固化定型之后，需要先将加料腔从模具上取下，然后利用卸模架开启模具，脱取制品。需要指出的是，在这种模具中，压注柱塞对加料腔中物料所施加的成型压力，同时，也起合模力作用。

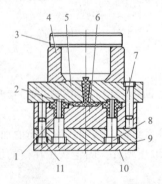

图 7-3 移动式压注模

1—制品；2—浇注系统；3—压柱柱塞；4—加料腔；5—上模座；6—凹模；
7—导柱；8—凸模；9—凸模固定板；10—下模座；11—导柱

(2)固定式压注模。固定式压注模的上、下模两部分分别与压力机滑块和工作台面固定连接，压注柱塞固定在上模部分，生产操作均在压力机工作空间进行，制品脱模有模内的顶出脱模机构保证，劳动强度较低，生产效率较高，主要适用于制品批量较大的压注成型生产。与移动式压注模相似，压注柱塞对物料腔内物料施加的成型压力，同时，也起合模力作用。

图 7-2 所示为固定式压注模，加料室在模具的内部，与模具不能分离，用普通的压力机就可以使塑件成型。开模时，压柱随上模座板移动，A 型面分型，加料室敞开，压柱把浇注系统的凝料从浇口套中拉出，当上模座板上升到一定高度时，拉杆 11 上的螺母迫使拉钩 13 转动，使之与下模部分脱开，接着定距导柱 16 起作用，使 B 分型面分型，最后由推出机构将塑件推出。

2. 专用液压机用压注模

供压注成型专用的液压机实际上是具有两个液压缸的双压式液压机，一个液压缸供合模使用，称为主缸；另一个液压缸供压注成型使用，称为辅助缸。通常，主缸压力设计的比辅助缸压力大，这样可防止合模力不足而引起溢料现象。压注成型专用液压机可分为上、下双压式和上、侧双压式(即直角式)。

图 7-4 所示为在上、下双压式液压机上使用的压注模结构实例，在这类模具中，主流道与加料腔合为一体，辅助缸活塞杆(图中未画出)与压注柱塞(或称为辅助柱塞)连接，它们可将熔融后的物料直接挤进闭合模腔(单腔模)，或仅通过分流道挤进闭合模腔(双腔模)，故可成型流动性很差的塑料。与普通压力机所用的压注模相比，这种压注模少了一个分型面，且成型压力也不再起合模力作用，故合模比较可靠，能减少溢料飞边，为了区别起见，它们有时也被称为辅助注塞式压注模。

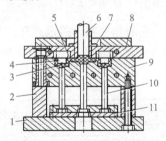

图 7-4　辅助柱塞式压注模

1—下模座；2—支承块；3—制品；4—凸模；5—浇注系统；6—辅助柱塞(供压注用)；
7—加料腔；8—上模座；9—凹模型板；10—顶杆；11—顶杆底板

(三)压注模结构设计要点

压注模的结构设计在很多方面与注射模、压缩模相似，例如，型腔总体设计、分型面位置、合模导向机构、推出机构、侧向分型抽芯机构及加热系统等，均可参照注射模或压缩模的设计原则。下面仅讨论压注模区别其他模具的特殊结构设计要点。

1. 加料室的结构

压注模与注射模不同之处在于它有加料室。压注成型之前塑料必须加入到加料室内，进行预热、加压，才能压注成型。由于压注模的结构不同，所以加料室的形式也不同。

(1)普通压力机用移动式压注模的加料室。移动式压注模的加料室是活动的，能从模具上单独取下，如图7-5所示。图7-5(a)所示为用于加料室有一个流道的压注模，加料室与上模座板以凸台定位，这种结构可减少溢料的可能性，应用较广泛；图7-5(b)所示与模板之间没有定位关系，适用于加料室有两个以上主流道的压注模，其截面为长圆形；图7-5(c)所示结构采用三个挡销使加料室定位，圆柱挡销与加料室的配合间隙较大，加工及使用比较方便；图7-5(d)所示为采用导柱定位，这种结构导柱可固定在上模(图中即是)也可固定在下模，呈间隙配合，一端应采用较大间隙。采用导柱定位结构拆卸和清理不太方便。

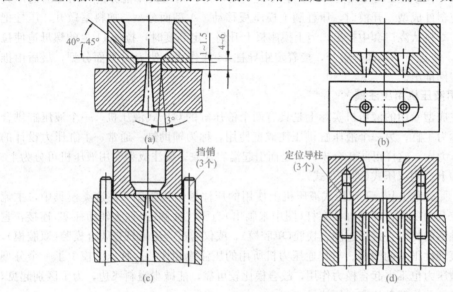

图 7-5　移动式压柱模的加料室

(2)普通压力机用固定式压注模的加料室。固定式压注模的加料室与上模板连接为一体，在加料室底部开设一个或几个流道与型腔沟通。由于加料室与上模板是两个零件，所以应增设浇口套，如图7-6所示。

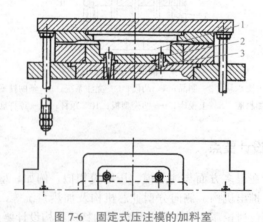

图 7-6　固定式压注模的加料室

1—压柱；2—加料室；3—浇口套

(3)专用液压机用柱塞式压注模的加料室。柱塞式压注模加料室的断面为圆形，断面尺寸与锁模力无关，故其直径较小，高度较大。加料室在模具上的固定方式如图7-7所示，

图 7-7(a)所示为采用螺母锁紧的方式；图 7-7(b)所示为采用轴肩固定的方式；图 7-7(c)所示为采用对剖的两个半环锁紧的方式。

加料室的材料一般选用 40Cr、T10 A、CrWMn、Cr12 等，热处理硬度为 52～56HRC，加料室内腔应镀铬抛光，表面粗糙度 Ra 低于 0.4 μm。

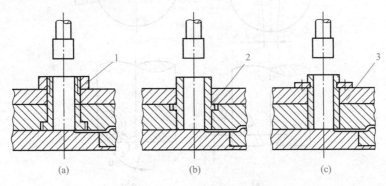

图 7-7 柱塞式压注模加料室的固定方式

1—螺母；2—轴肩；3—对剖半环

2. 压柱的结构

压注模的压料柱塞简称压柱，其作用是将加料室内的塑料从浇注系统挤入模具型腔中。

(1)普通压力机用压注模的压柱。普通压力机用压注模压柱的结构形式如图 7-8 所示。图 7-8(a)所示结构为顶部与底部带倒角的圆柱形压柱，结构简单，常用于移动式压注模；图 7-8(b)所示为带凸缘结构的压柱，承压面积大，压注时平稳，既可用于移动式压注模，又可用于固定式压注模；图 7-8(c)和(d)所示为带底板的，适用于固定式压注模。

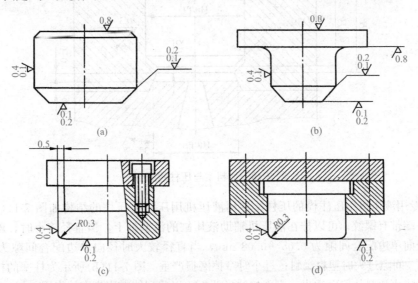

图 7-8 普通压力机用压注模的压柱结构

为了利用开模拉出主流道凝料，可在固定式压柱下面开设拉料沟槽，如图 7-9 所示。其中，图 7-9(a)所示结构用于直径较小的压柱；图 7-9(b)所示结构用于直径大于 75 mm 的压柱。

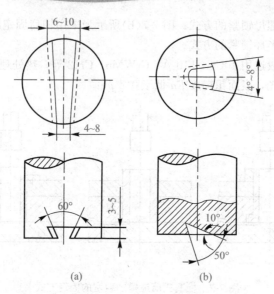

图 7-9　拉料沟槽的结构

加料室与压柱的配合通常为 H9/f8，它们之间的配合关系如图 7-10 所示。其中，压柱高度 H' 应比加料室的高度 H 小 $0.5\sim1$ mm，底部转角处应留 $0.3\sim0.5$ mm 的储料间隙。

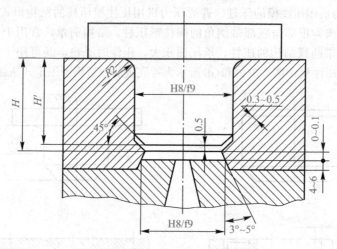

图 7-10　加料室与压柱的配合

（2）专用液压机用压注模的压柱。专用液压机用压注模压柱的结构如图 7-11（a）所示，柱塞的一端带有螺纹，可以拧在液压机辅助液压缸的活塞杆上，当直径较小时，压柱与加料室的径向单边配合间隙为 $0.05\sim0.08$ mm，当直径较大时径向单边配合间隙为 $0.10\sim0.13$ mm。间隙过大时塑料溢料；过小时摩擦磨损严重。图 7-11（b）所示为柱塞的柱面有环型槽，可防止塑料从侧面溢出，头部的球形凹面可以起到使料流集中的作用。

压柱或柱塞是承受压力的主要零件，压柱材料的选择和热处理要求与加料室相同。

3. 浇注系统的设计

注模浇注系统与注射模浇注系统相似，也是由主流道、分流道及浇口等部分组成，其不同之处是，在注射模在成型过程中，希望熔体与流道的热交换越少越好，压力损失要少，但压注模在成型过程中，为了使塑料在型腔中的硬化速度加快，希望塑料与流道有一定的热交换，使塑料熔体的温度升高，进一步塑化，以理想的状态进入型腔。

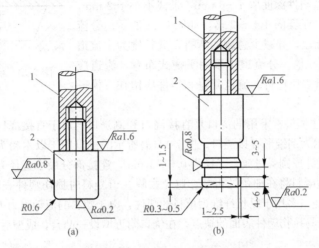

图 7-11　专用压力机用压注模的压柱结构

（1）主流道。压注模常见的主流道有正圆锥形、倒圆锥形和带分流锥的三种形式，如图 7-12 所示。图 7-12(a) 所示为正圆锥形主流道，主要用于多型腔压注模，流道凝料由拉料杆拉出，脱模时与分流道及塑件一同脱出。主流道小端直径为 $3.5 \sim 5$ mm，锥角为 $6° \sim 10°$。主流道应尽可能短些，以减少物料消耗。主流道与分流道过渡处应有半径 $R3 \sim 5$ mm 的圆角；图 7-12(b) 所示为倒锥形主流道，常用于单型腔或同一塑件设几个主流道的压注模，开模时主流道与塑件在浇口处折断分离，并借助压柱端面的拉料槽将主流道凝料拉出。由于这种流道阻力小，尤其适用于碎布、长纤维为填料的塑料成型。图 7-12(c) 所示为采用分流锥的结构，适用于塑件尺寸较大、型腔分布远离模具中心或分流道较长的压注模。分流锥的形状和尺寸按塑件尺寸与型腔分布而定，当型腔呈圆周分布时，分流锥可采用圆锥形；当型腔呈两排并列时，分流锥可采用矩形截锥形。分流锥与流道的间隙一般为 $1 \sim 1.5$ mm，流道可以分布在分流锥表面，也可以在分流锥上开槽形成流道。

当主流道需穿过多块模板时，应设置浇口套，防止塑料熔体进入模板间隙造成脱料困难。

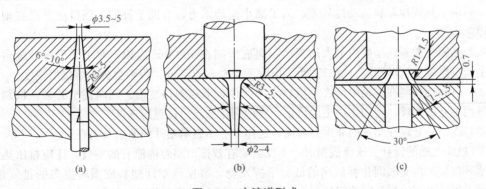

图 7-12　主流道形式

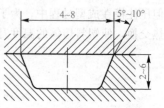

（2）分流道。压注模分流道常采用梯形，为达到较好的传热效果，分流道宜设计得浅而宽，一般小型件分流道深度取 2～4 mm，大型塑件深度取 4～6 mm，最浅不小于 2 mm，分流道的宽度应取深度的 1.5～2 倍，如图 7-13 所示。分流道的长度应尽可能短，并减少急剧的弯折，其长度为主流道大端直径的 1～2.5 倍。分流道多采用平衡式布置，流道应光滑、平直，尽量避免弯折。流道凝料和塑件应留在下模一侧，以便于顶出。

图 7-13　梯形分流道截面

（3）浇口。压注模最常采用的浇口是直接浇口和侧浇口。对于直接浇口，其截面一般为圆形，图 7-14 所示为倒锥形直接浇口。图 7-14(a)所示的浇口用于以木粉为填料的塑件，型腔与浇口连接处设计成圆弧过渡，半径为 0.5～1 mm，连接部分最小直径为 2～4 mm，长度为 2～3 mm，流道凝料将在细颈处折断，避免去除流道凝料时损伤塑件表面。图 7-14(b)和图 7-14(c)所示的浇口多用于以长纤维为填料的塑件，由于塑料的流动阻力大，浇口尺寸相应也较大，为了克服易拉伤塑件表面的缺点，在浇口附近增设一凸台，成型后再将其磨去。

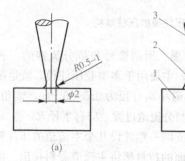
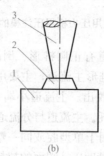
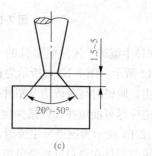

图 7-14　倒锥形直接浇口
1—塑件；2—附加凸块；3—主流道

一模多腔的压注模，最常用的是侧浇口，其结构简单，调节修整方便。对于不含纤维状填料的中小型塑件，浇口尺寸为深 0.4～1.6 mm、宽 1.6～3.2 mm；含有纤维状填料的中小型塑件，浇口尺寸为深 1.6～6.5 mm、宽 3.2～12.7 mm；大型塑件可适当放大浇口的宽度，浇口深度应与塑件厚度成 0.3～0.5 的比例，浇口长度一般为 2～3 mm。

浇口位置的选择是由塑件的形状来决定的，选择浇口位置时应遵循以下基本原则：

1）由于热固性塑料流动性较差，为了减小流动阻力，有助于补缩，浇口应开设在塑件壁厚最大处。

2）热固性塑料在型腔内最大的流动距离应限制在 100 mm 以内，对于大型塑件应多开几个浇口来减少流动距离。浇口间距不应大于 120～140 mm，否则会影响熔接痕强度。

3）热固性塑料在流动中会产生填料定向作用，造成塑件变形、翘曲甚至开裂，特别是长纤维填充的塑件，定向作用更为严重，应特别注意浇口位置的选择。

4）浇口应开设在塑件的非重要表面，这样才能不影响塑件的使用及美观。

（4）排气槽的设计。压注成型时，不仅需要有效排出型腔内原有的空气，还应排出热固性塑料在型腔内交联固化释放出的低分子挥发物，有比热塑性塑料成型时更多的排气量。一般来说，可利用模具零件间的配合间隙及分型面之间的间隙进行排气，如果不能满足要求，则必须开设排气槽。

排气槽的截面形状一般为矩形或梯形，其截面尺寸与塑件体积和排气槽数量有关。对于中小型塑件，分型面上的排气槽的尺寸为深 0.05～0.13 mm、宽 3.2～6.5 mm。

排气槽截面面积的经验计算公式为

$$A = \frac{0.05V}{n} \tag{7-1}$$

式中　A——排气槽截面面积（mm^2）；

　　　V——包括浇注系统的型腔体积（mm^2）；

　　　n——型腔中需开设的排气槽数量。

根据排气槽的截面面积，由表 7-1 可查出推荐的排气槽的槽宽和槽深。

表 7-1　排气槽截面面积推荐值

排气槽截面面积 A/mm^2	槽宽×槽深/（mm×mm）
～0.2	5×0.04
0.2～0.4	5×0.08
0.4～0.6	6×0.10
0.6～0.8	8×0.10
0.8～1.0	10×0.10
1.0～1.5	10×0.15
1.5～2.0	10×0.20

三、项目实施

（一）塑件成型方式的选择

酚醛塑料(PF)属于热固性塑料，制品需要中批量生产。酚醛塑料用于注射成型技术已相对成熟，生产周期短、效率高，容易实现自动化生产，但对设备、成型工艺有特殊要求，而且注射成型模具结构较为复杂，成本较高，一般用于大批量生产。而压缩成型、压注成型主要用于生产热固性塑件，且压注型生产塑件性能较好，塑件的尺寸精度高、表面质量好，成型周期短、生产效率高；挤出成型主要用以成型具有恒定截面形状的连续型材；气动成型用于生产中空的塑料瓶、罐、盒、箱类热塑性塑料的制件。综上分析，根据塑件要求，图 7-1所示的罩壳塑件既可以选择压缩成型也可以选择压注成型方法，本项目选择压注成型生产。

（二）塑件成型工艺过程

压注成型工艺过程和压缩成型基本相同，它们的主要区别在于：压缩成型过程是先加料后闭模，而压注成型则一般要求先闭模后加料。具体如图 2-6 和图 2-8 所示。

（三）分析塑件结构工艺性

该工件外形简单，为扁圆形结构，平均厚度为 2 mm，所有尺寸均为无公差要求的自由尺寸，材料为酚醛塑料，便于进行压注成型。

(四)压注模用压力机的选用

计算方法与压缩成型基本相同。(略)

(五)导向机构设计

导向机构采用导柱和导向孔构成,两个直径相同的导柱通过过盈配合安装在下模板上,型芯固定板和模套上加工出导向孔,使上、下模准确合模、导向和承受侧压力。导柱尺寸可通过查表选取。

(六)设计方案确定

由于制件批量不大,并且形状简单,要求不高,采用移动式压注模可以使模具结构简单,节省模具制作材料,生产费用降低;对设备无特殊要求,可以采用普通压力机进行生产。

塑件结构较小,可采用多型腔模具,此处采用一模两件方式。采用罐形压注模,将加料室设计成形状简单、易于加工的圆形结构。分型面采用水平分型面。浇注系统中主流道采用正圆锥结构,分流道采用梯形截面,浇口采用矩形截面。成型后,将模具移出机外,去除加料室,手动分型后取出塑件及浇注系统。

(七)绘制模具图

在模具的总体结构及相应的零部件结构形式确定后,便可以绘制模具的总装图和零件图。首先,绘制模具的总装图,要清楚地表达各零件之间的装配关系及固定连接方式,然后根据总装图拆绘零件图,绘制出所有非标准件的零件图。模具总装图如图7-15所示,模具零件图具体图形略。

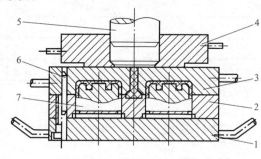

图 7-15 罩壳成型压注模

1—下模板;2—固定板;3—模套;
4—加料室;5—柱塞;6—导柱;7—型芯

四、实训与练习

一、实训题

在实训基地拆、装一套塑料压注模,观察其结构设计并草绘出模具图。

二、练习题

1. 压注模按加料室的结构可分成哪几类?
2. 压缩模与压注模有什么区别?
3. 压注模浇注系统与注射模浇注系统有什么异同?
4. 压注模分流道与注射模分流道有什么异同?
5. 压注模为什么要设排气槽?

项目八　其他塑料成型模具设计

知识目标

1. 了解各类其他塑料成型工艺方法。
2. 掌握热流道注射模具和挤出成型模具特点。
3. 掌握精密注射模设计要点。
4. 了解其他各类塑料成型新技术。

能力目标

1. 能够正确阐述其他各类塑料成型模具的工作原理。
2. 具备识别简单的各类其他塑料成型模具图的能力。

一、塑料挤出模设计

挤出模也称为挤出头，简称机头。挤出成型是热塑性塑料的成型方法之一，它可以成型各种塑料管材、棒材、板材、薄膜及电线电缆等，还可以对塑料进行塑化、混合、造粒、脱水及喂料等准备工序或半成品加工。挤出成型的产品产量约占所有塑料产品产量的70%，挤出成型是目前比较普遍的塑料成型加工方法之一。挤出成型的加工过程是将固态塑料在一定温度和一定压力条件下熔融、塑化，利用挤出机的螺杆旋转（或柱塞）加压，使其通过特定形状的口模成为截面与口模形状相仿的连续型材。挤出成型适用于所有的热塑性塑料及部分热固性塑料的加工，例如，聚氯乙烯、聚乙烯、聚丙烯、尼龙、ABS、聚碳酸酯、聚砜、聚甲醛等热塑性塑料，还有酚醛、尿醛等热固性塑料。挤出型材的质量取决于挤出模具，模具结构设计的合理性是保证成型质量的决定性因素。

（一）挤出模的结构组成及分类

1. 机头的结构组成

挤出成型模具主要由机头和定型装置（定型套）两部分组成。下面以管材挤出成型机头为例，介绍机头的结构组成，如图8-1所示。

（1）机头。机头（又称为机头体）是成型塑料制件的主要成型部分，它的作用是将挤出机挤出的熔融塑料由螺旋运动变为直线运动，并使熔融塑料进一步塑化，产生必要的成型压力，保证塑件密实，通过机头获得所需要的塑料制件。机头主要由以下七部分组成。

1）口模。口模是成型塑件的外表面的零件（图8-1所示的件3）。

2）芯棒。芯棒是成型塑件的内表面的零件（图8-1所示的件4）。

3）过滤网和过滤板。过滤网（图8-1所示的件9）的作用是改变料流的方向和速度，将塑料熔体的螺旋运动转变为直线运动，过滤杂质，形成一定的压力。过滤板又称为多孔板，起支承过滤网的作用。

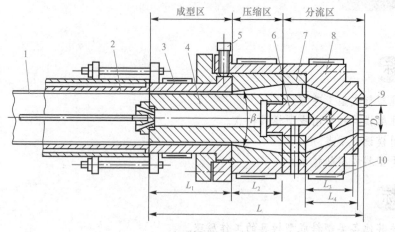

图 8-1   管材挤出成型机头

1—管材；2—定径套；3—口模；4—芯棒；5—调节螺钉；6—分流器；
7—分流器支架；8—机头体；9—过滤网；10—加热器

4）分流器和分流器支架。分流器俗称鱼雷头（图8-1所示的件6），其作用是使通过它的塑料熔体分流变成薄环状平稳地进入成型区，同时进一步加热和塑化。分流器支架主要用来支承分流器及芯棒，同时，也能对分流后的塑料熔体起加强剪切的混合作用（有时会因产生熔接痕而影响塑件强度），小型机头的分流器与其支架可设计成一个整体。

5）机头体。机头体相当于模架（图8-1所示的件8），用来组装并支承机头的各零部件，并且与挤出机料筒相连。

6）温度调节系统。为了保证塑料熔体在机头中正常流动及挤出成型质量，机头上一般设有温度调节系统（图8-1所示的件10）。

7）调节螺钉。调节螺钉是用来调节控制成型区内口模与芯棒间的环隙及同轴度，以保证挤出塑件壁厚均匀，通常调节螺钉的数量为4～8个。

（2）定型装置。从机头中挤出的塑料制件虽然具备了既定的形状，可是因为制件温度比较高，由于自重而会发生变形，因此需要使用定径装置（图8-1所示的件2）将制件的形状进行冷却定型，从而获得能满足要求的正确尺寸、几何形状及表面质量。通常采用冷却、加压或抽真空的方法，将从机头中挤出的塑件的既定形状稳定下来，并对其进行精整，得到截面尺寸更为精确、表面更为光亮的塑料制件。

2. 挤出机头的分类

由于塑料制件的品种规格很多，因此，生产中使用的机头也是多种多样的，一般按下述方法分类。

（1）按塑料制件形状分类。主要塑件有管材、棒材、板材、片材、各种异型材、吹塑薄膜、带有塑料包覆层的电线电缆等，所用的机头相应称为管机头、棒机头等。

（2）按塑件的出口方向分类。根据塑件从机头中的挤出方向不同，可分为直通机头（或称为直向机头）和角式机头（或称为横向机头）等。在直通机头中，熔体在机头内的挤出流向与挤出机螺杆的轴线平行；在角式机头中，熔体在机头内的挤出流向与挤出机螺杆的轴线呈一定角度，当熔体挤出流向与螺杆轴线垂直时，称为直角机头。

（3）按熔体所受压力不同分类。根据塑料熔体在机头内所受压力大小的不同，分为低压机头和高压机头。低压机头即熔体受压小于 4 MPa 的机头；高压机头即熔体受压大于 10 MPa。

3. 挤出机头的设计原则

（1）分析塑件的结构工艺性。根据所要成型塑件的结构特点和工艺要求，正确地选用机头的结构形式。

（2）机头应能改变熔体的运动状态且产生适当的压力。熔体在料筒内由于受螺杆的作用而旋转，经过机头后，熔体的旋转运动必须转变成直线运动才能进行成型流动，同时，也必须对熔体产生适当的流动阻力，使螺杆对熔体产生适当的压力。机头内所设置的过滤板和过滤网，就能将熔体的旋转运动变成直线运动，同时，也增大熔体的流动阻力。

（3）机头内的流道应呈光滑的流线型。为了减少压力损失，使熔体沿着流道均匀平稳地流动，机头的内表面必须呈光滑的流线型，不能有阻滞的部位（以免发生过热分解），表面粗糙度 Ra 应小于 0.1 μm。

（4）机头内应设置一定的压缩区。为了使进入机头内的熔料进一步塑化，机头内通常都设置了分流器和分流器支架等分流装置，使熔体进入口模之前必须在机头中经过分流装置。如图 8-1 所示的熔体经分流器和分流器支架后再汇合，会产生熔接痕迹，离开口模后会使塑件的强度降低甚至发生开裂，因此，在机头中必须设置一段压缩区，以增大熔体的流动阻力，消除熔接痕。对于不需要分流装置的机头，熔体通过机头中间流道以后，其宽度必须增加，需要一个扩展区域，以使熔体或塑件密度不降低，因此，在机头中也应设置一定的压缩区域，产生一定的流动阻力，保证熔体或塑件组织密实。

（5）要考虑塑件的离模膨胀效应和收缩效应的影响，保证塑件正确的截面形状。由于塑料熔体在成型前后应力状态的变化，将引起离模膨胀效应（挤出胀大效应）使塑件长度收缩和截面形状尺寸发生变化，因此，设计机头时，要对口模的形状和尺寸进行适当地补偿，保证挤出塑件具有正确的截面形状和尺寸。

（6）机头内要有调节装置。为了控制挤出过程中的挤出压力、挤出速度、挤出成型温度等工艺参数，需要设置调节装置，以便对挤出型坯的尺寸进行调节和控制，同时，机头的结构应紧凑，便于操作，调整维修方便。

4. 机头材料的选择

机头的结构可分为两部分，其中一部分与塑料直接接触，即与成型塑件的内外表面接触。由于熔体流经机头的这一部分时，会与口模、芯棒产生一定的摩擦磨损，同时，塑料在挤出成型过程中还伴随着一些有害气体的产生，对机头内的零部件会产生较强的腐蚀作用，因此，机头的摩擦和磨损严重。机头的另一部分是机头的结构零件，这些零件起支撑作用，选用一般钢材即可。根据上述特点，为了提高机头的使用寿命，机头应选取耐热、耐磨、耐腐蚀、韧性高、硬度高、热处理变形小及加工性能好的材料，通常使用镍铬钢、不锈钢、工具钢等，并要对其进行淬火处理、表面抛光、镀铬，使机头硬度达到 60～64HRC，表面镀层厚度达到 0.01～0.02 mm。对于熔融黏度高的塑料，一般应使用硬度高的材料。选择材料时，应考虑所加工塑料的类型，所选材料的机械性能及热处理条件等。常用机头材料见表 8-1。

表 8-1　常用机头材料表

钢号	供应状态/HB	淬火硬度/HRC	基本性能
T8、T9、T10、T8A、T9A、T10A	≤187	62	硬度高，耐磨，切削性较差
T12、T12A	≤207	62	切削性好，耐磨，韧性较差
40Cr、45Cr	≤217	45～50	切削性好，耐磨，韧性较差
40Cr2MoV	≤267	50～55	耐磨，强度较好
38CrMoAlA	≤229	55～60	用于渗碳件，强度高，耐磨，耐温，耐腐蚀，热处理变形小
5CrMnMo、9CrMnMo	≤241	50	
CrWMn、Cr12MoV	≤255	58	
3CrAl、4WVMoW	≤244	50	

(二)挤出模与挤出机的匹配

挤出成型所用的设备是挤出机，挤出成型模具必须安装在与其相适应的挤出机上才能进行生产。设计机头的结构必须首先了解挤出机的技术参数及要求，还要考虑机头与挤出机的连接形式，因此，设计的机头必须满足挤出机的技术要求。从机头的设计角度来看，机头除了必须按照塑件的结构尺寸形状、精度以及材料性能等要求设计外，还必须对挤出机的各项技术规范有所了解，全面考虑所使用的挤出机工艺参数是否能满足机头设计要求，特别是满足机头的特性要求，否则挤出过程就难以顺利进行。

目前，挤出成型用的挤出机主要有单螺杆式挤出机、双螺杆式挤出机和多螺杆式挤出机三种类型。其中，螺杆式挤出机按其结构形式可分为立式挤出机和卧式挤出机。如果按是否排气分类，挤出机又可分为排气式和非排气式，其中应用最广泛的是卧式单螺杆非排气式挤出机。

挤出机的型号不同，安装机头部位的结构尺寸也不同，国产挤出机的技术参数见表 8-2。

设计机头时必须对以下项目进行校核，即对挤出机法兰盘的结构形式、过滤板和过滤网配合尺寸、铰链螺栓长度、连接螺钉(栓)直径及分布数量等进行校核。机头与设备的连接形式如图 8-2～图 8-5 所示。图 8-2 与图 8-3 所示的连接形式基本相同，即机头与机头法兰是用螺纹连接的，而机头法兰是用铰链螺钉与机筒法兰连接固定的。机头的内径和过滤板外径的配合可以保证机头与挤出机的同轴度要求，安装时过滤板的端部必须压紧，否则会漏料。图 8-4 所示为机头与挤出机相连接的另一种形式，即机头与机头法兰是用内六角螺钉连接的。图 8-5 所示为快速更换机头的一种连接形式，其动作过程是由液压动力推动锁紧环 2 旋转，使螺纹部分松开，当旋转到开槽部位与右卡紧环的凸起部对正时，右卡紧环可绕铰链座上的铰链轴转动，退出锁紧环，这时，可将机头移动到右侧去清洗，然后换上已经清洗好的机头(使左卡紧环的凸起对正锁紧环的开槽后，卡紧环即可装入锁紧环中)，液压动力转动锁紧环 2，使左卡紧环锁紧，即可连续供料。

表 8-2　部分国产挤出机的技术参数

序号	螺杆直径/mm	长径比(L/D)	产量/(kg·h⁻¹)		电动机功率/kW	加热功率(机身)/kW≥	中心高/mm
			HPVC	SPVC			
1	30	15 20 25	2~6	2~6	3/1	3 4 5	1 000
2	45	15 20 25	7~18	7~18	5/1.67	5 6 7	1 000
3	65	15 20 25	15~33	16~50	15/5	10 12 16	1 000
4	90	15 20 25	35~70	40~100	22/7.3	18 24 30	1 000
5	120	15 20 25	56~112	70~160	55/18.3	30 40 45	1 100
6	150	15 20 25	95~190	120~280	75/25	45 60 72	1 100
7	200	15 20 25	160~320	200~480	100/33.3	75 100 125	1 100

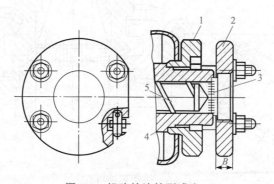

图 8-2　机头的连接形式之一

1—机筒法兰；2—机头法兰；3—过滤板；4—机筒；5—螺杆

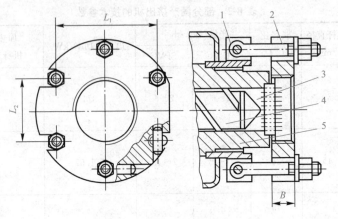

图 8-3　机头的连接形式之二

1—机筒法兰；2—机头法兰；3—过滤板；4—螺杆；5—机筒

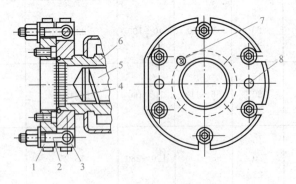

图 8-4　机头的连接形式之三

1—机头法兰；2—铰链螺钉；3—挤出机法兰；4—过滤板；5—螺杆；6—机筒；7—螺钉；8—定位销

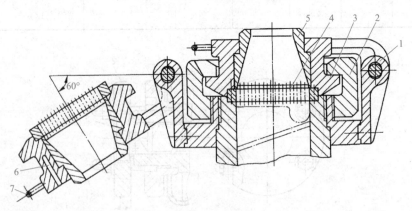

图 8-5　快速更换机头

1—铰链座；2—锁紧环；3—固定套；4—过滤板；5—口模；6—测温器；7—手柄

(三)棒材挤出成型机头

塑料棒材是实心的圆棒，在制造行业获得了广泛应用，如齿轮、轴承、螺栓、螺母等，在大批量生产时，可以采用挤出法生产。塑料棒材的原材料一般是工程塑料，如尼龙、聚甲醛、聚碳酸酯、ABS、聚砜、玻璃纤维增强塑料等。

1. 机头结构

棒材挤出成型的机头结构比较简单，如图 8-6 所示。它与管材挤出机头基本相似，其区别是模腔中没有芯棒，只有分流器。使用分流器可以减少模腔内部的容积及增加塑料的受热面积，如果模腔内为无滞料区的流线型，也可以不设分流器装置。

棒材挤出成型机头结构的设计方法与管材相同，其区别有以下几点：机头进口处的收缩角为 30°～60°，收缩部分长度为 50～100 mm；机头的出口处要制作成喇叭形状，喇叭口的扩张角一般小于 45°，否则会产生死角。定径套的长度为棒材直径尺寸的 4～15 倍；模腔表面应光滑，粗糙度 Ra 小于 0.8 μm。

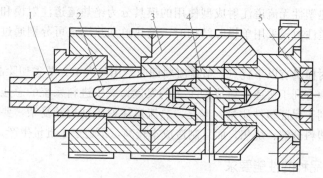

图 8-6　棒材挤出成型机头
1—口模；2—分流器；3—机头体；4—分流器支架；5—过滤板

2. 定径套的结构

棒材的表面质量主要取决于定径套，棒材定径套的结构比较简单，如图 8-7 所示。定径套一般使用铜制造，传热效果好。定径套的长度可根据需要适当选取。当棒材直径小于 50 mm 时，定径套长度可取 200～350 mm；当棒材直径为 50～100 mm 时，定径套长度可取 300～500 mm。

定型套内径应稍大于棒材外径，以补偿棒材自熔融状态冷却至室温时的体积收缩。棒材挤出成型收缩率见表 8-3。

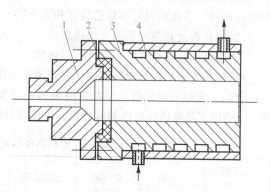

图 8-7　棒材定径套
1—机头体；2—绝热垫圈；3—定径套；4—冷却套

表 8-3　棒材挤出成型收缩率　　　　　　　　　　　　　　　　　%

塑料种类	尼龙 60	聚碳酸酯	尼龙 1010	聚甲醛	ABS	聚砜
收缩率	3～6	1～2.5	2.5～5	2.4～4	1～2.5	1～2

除棒材挤出成型机头外，还有管材挤出成型机头、薄膜挤出吹塑成型机头、板材挤出成型机头、片材挤出成型机头、异型材挤出成型机头等各种类型，在此不再一一进行介绍。

二、热流道注射模设计

热塑性塑料的注射成型一般都需要主流道、分流道及浇口等，由于这些非制品部分的同时成型，所以在每次注射后，必须将其去除。这样不仅耗费原料，增加了成型周期，而且使成型效率低并需要后加工。为此，可以采用无流道凝料的注射成型方法，习惯上称为热流道注射成型。

热塑性塑料采用热流道注射成型的特点是：对模具的整个或局部浇注系统采用绝热或加热方法，使其内部的塑料熔体始终保持熔融状态，不能与模腔内的塑料熔体一起冷却，从而可避免在浇注系统或局部流道及浇口中产生流道凝料。根据对模具浇注系统采用的绝热或加热措施，热塑性无流道注射成型使用的模具分为绝热流道注射模和热流道注射模两大类型，当无流道注射模采用单模腔结构时，绝热道和热流道可分别通过井式喷嘴和延伸喷嘴来实现。

热流道式注射模具有以下优点：节省凝料回收费用与人工；节省切除凝料的修整工序；缩短注射总周期，有利于快速注射成型工艺的发展；减少进料系统的总压力损失，充分利用注射压力，有利于保证塑件质量。但是，热流道注射模结构较复杂，要求严格的温度控制，否则容易使塑料分解、烧焦，而且制造成本较高，不适于小批量生产。

(一)对塑料品种的性能要求

利用热流道注射模成型热塑性塑料制品时，要求塑料具有下述性能：

(1)熔融温度范围宽、黏度变化小，对温度变化不敏感，即使在较低的温度下也能有较好的流动性，并在高温下不易受分解和劣化。

(2)固化温度和热变形温度比较高。

(3)黏度或流动性对压力变化比较敏感。

(4)比热容小，能快速冷却固化、快速玻璃化或快速熔融。

目前，在热流道注射成型中应用最多的是聚乙烯、聚丙烯、聚丙烯腈和聚氯乙烯等。表 8-4 列出了热流道注射模的适应性，可供设计时参考。

表 8-4　塑料品种与无流道方式适配表

树脂\方式	聚乙烯	聚丙烯	聚苯乙烯	ABS	聚甲醛	聚氯乙烯	聚碳酸醋
井式喷嘴	可	可	稍有困难	稍有困难	不可	不可	不可
延伸喷嘴	可	可	可	可	可	不可	不可
绝热流道	可	可	稍有困难	困难	不可	不可	不可
热流道	可	可	可	可	可	可	可

(二)绝热流道注射模

绝热流道注射模的绝热方法为：利用塑料导热比金属差的特性，将流道的截面尺寸设计的相当大，以至靠近流道表壁的塑料熔体会因模温较低而迅速冷凝成一个完全或半熔融态的固化层，从而可对流道中部的熔融塑料产生绝热作用，使这部分塑料的热量不能向外散发，并在注射压力作用下能够进行连续流动和顺利充模。使用绝热流道注射模时应当注意，制品的成型周期不能太长。为了能顺利注射，流道的容积可取制品体积的 1/3 左右，主流道、分流道和浇口之间的接合处都要圆滑过渡，以防塑料熔体滞留，从而产生降解、劣化和变色等缺陷。

1. 井式喷嘴绝热流道注射模

该结构常用于单腔注射模，如图 8-8（a）所示，它是在注射机喷嘴和模具入口之间装设主流道杯，由于杯内的物料层较厚，再加之被每次通过的物料不断加热，所以中心部分始终保持流动状态，以使物料顺利通过。由于浇口距离喷嘴热源较远，所以此形式仅适用于操作周期较短（每分钟注射 3 次左右）的情况。主流道杯的详细尺寸如图 8-8（b）和表 8-5 所示。

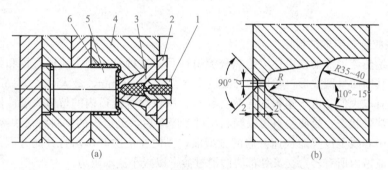

图 8-8　井式喷嘴绝热流道注射模 1

1—注射机喷嘴；2—定位圈；3—主流道杯；4—定模；5—型芯；6—塑件

表 8-5　井式喷嘴的推荐尺寸

塑件质量/g	成型周期/s	d/mm	R/mm	L/mm
3～6	6～7.5	0.8～1.0	3.5	0.6
6～15	9～10	1.0～1.2	4.0	0.7
15～40	12～15	1.2～1.6	4.5	0.8
40～150	20～30	1.5～2.5	5.5	0.9

井式喷嘴的改进形式如图 8-9 所示。图 8-9（a）是一种浮动式井式喷嘴，每次注射完毕后，喷嘴后退时，主流道杯在弹簧力的作用下也将随喷嘴后退，这样可以避免因二者脱离而引起的贮料井内塑料固化；图 8-9（b）是一种注射机喷嘴伸入主流道杯的形式，增加对主流道杯传导热量；图 8-9（c）是一种将注射机喷嘴伸入主流道的部分制成反锥度的形式，这种形式除具有图 8-9（b）的作用外，停车后，还可以使主流道杯内凝料随注射机喷嘴一起拉出模外，便于清理流道。

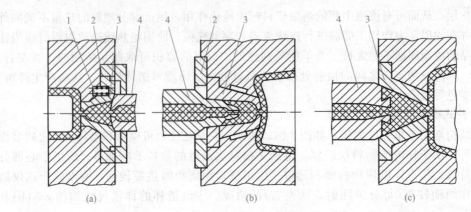

图 8-9　井式喷嘴的改进形式

1—弹簧；2—定位圈；3—主流道杯；4—注射机喷嘴

2. 多型腔绝热流道注射模

多型腔绝热流道注射模也称为绝热分流道模具，这种结构的主流道直径和分流道直径都很粗大，其断面呈圆柱形，常用的分流道直径为 15～32 mm，最大可达 75 mm，成型周期长的塑件宜取大值。由于塑料的导热性较差，所以尽管流道内的熔体表层冷固了，但其内芯仍保持熔融状态，故使物料得以顺利流过。停车后，流道内的物料将很快冷固，为此，在分流通的中心线上设置能快速开启的分型面，以便在下次开车前打开此分型面，清理凝固的物料。流道内所有转弯交叉处都要圆滑过渡，以减小流动阻力。

多型腔绝热流道注射模的浇口常见的有直浇口和点浇口两种，分别如图 8-10、图 8-11 所示。如图 8-10 所示为直浇口的绝热流道图，浇口套的始端向上凸出并伸入分流道的中心，能有效地避免该处的固化，如零件 6 上 $\phi2$ 一端所示。图 8-11 所示为点浇口的多型腔绝热流道模，其优点是脱模时塑件易从浇口处断开，不必再进行修整；缺点是浇口处易固化，故只能用于成型周期较短和容易成型的塑料品种。再次开车前，应打开流道板 5 取出流道凝料。

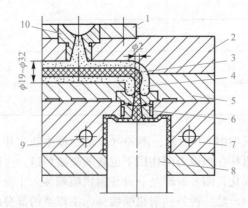

图 8-10　直浇口式多型腔绝热流道注射模

1—定位圈；2—定模板；3—熔融物料；4—凝固物料；

5—流道板；6—浇口套；7—凹模板；8—型芯；9—冷却水道；10—浇口套

234

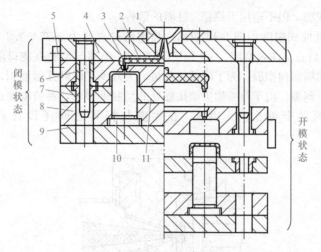

图 8-11 点浇口式多型腔绝热流道注射模

1—浇口套；2—凝固物料；3—熔融物料；4—定模板；5—锁链；

6—导柱；7—导套；8—型芯固定板；9—垫板；10—型芯；11—推板

(三)热流道注射模

在流道内或流道的附近设置加热器，利用加热的方法使注射机喷嘴到浇口之间的浇注系统处于高温状态，让浇注系统内的塑料在成型生产过程中一直处于熔融状态，保证注射成型的正常进行，这样的模具称为热流道注射模，是热流道模具的主要形式。它在停车后一般不需要打开流道取出凝料，再开车时只需加热流道达到所要求的温度即可。热流道注射模的形式很多，一般可分为单型腔热流道注射模和多型腔热流道注射模。

1. 单型腔热流道模具

用于单腔模的热流道最常见的延伸式喷嘴，其采用点浇口进料。特制的注射机喷嘴延长到与型腔紧相接的浇口处，代替了普通点浇口中的菱形流道部分，为了避免喷嘴的热量过多地传向低温的型腔，使温度难以控制，必须采取有效的绝热措施。常见的绝热措施有塑料绝热和空气绝热两种办法。

图 8-12 所示为塑料层绝热的延伸式喷嘴，喷嘴伸入模具直到浇口附近，喷嘴与模具之间有一圆环形的接触面(图中 A 部)，其起承压作用，此面积宜小，以减少两者间的热传递。喷嘴的球面与模具间留有不大的间隙，在第一次注射时，此间隙即为塑料所充满，起绝热作用。间隙最薄处在浇口附近，厚度约为 0.5 mm，若厚度太大则浇口容易凝固，浇口以外的绝热间隙以不超过 1.5 mm 为宜，浇口尺寸一般为 0.75～1.5 mm。主要用于聚乙烯、聚丙烯、聚

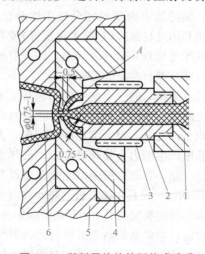

图 8-12 塑料层绝热的延伸式喷嘴

1—注射机料筒；2—延伸式喷嘴；

3—加热线圈；4—浇口套；5—定模板；6—型芯

235

苯乙烯等塑料的成型,但不适用于热稳定性差的塑料。

空气绝热的延伸式喷嘴如图 8-13 所示。喷嘴通过直径为 0.75~1.2 mm,台阶长度为 1 mm 左右的点浇口直接注入型腔。采用空气绝热时,喷嘴与型腔在浇口附近直接接触,因此有大量的热从喷嘴传向型腔。为了降低传热量,应减少二者间接触面积,除浇口周围外将其余地区留作空气间隙。由于与喷嘴尖端接触处的型腔壁很薄,易被喷嘴顶坏或变形,不能靠它来承受喷嘴的全部推力,因此,在喷嘴与模具之间还设计有一环形的承压面(图中 A 部)。

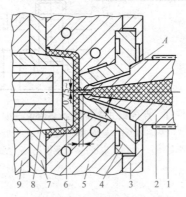

图 8-13 空气绝热的延伸式喷嘴

1—加热圈;2 延伸式喷嘴;3—定模底板;4—浇口衬套;
5—定模型腔板;6—型芯;7—脱模板;8—型芯冷却管;9—型芯固定板

2. 多型腔热流道模具

多型腔热分流道模具的结构形式很多,它们的共同特点是在模具内设有加热流道板,主流道、分流道断面多为圆形,其尺寸为 $\phi 5$ ~12 mm,均在流道板内。流道板用加热器加热,保持流道内塑料完全处于熔融状态。流道板利用绝热材料(石棉水泥板等)或利用空气间隙与模具其余部分隔热,其浇口形式也有直浇口型和点浇口型两种。

热流道模具的一个重要的问题是流道板加热之后要发生明显的热膨胀,在模具设计时必须予以充分考虑,留出膨胀间隙,否则由于膨胀产生的力会使模具变形、破坏或发生其他问题。直浇口型多型腔热流道模具如图 8-14 所示。模具中流道板的热膨胀可以通过端面接触的喷嘴和滑动压环的滑动来补偿。

点浇口型多型腔热流道模具的典型结构

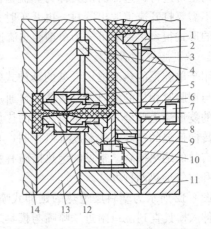

图 8-14 直浇口型多型腔热流道模具

1—浇口套;2—热流道板;3—定模座板;4—垫块;
5—滑动压环;6—热流道喷嘴;7—支承螺钉;
8—堵头;9—销钉;10—管式加热器;11—支架;
12—浇口套;13—定模板;14—动模型腔板

如图 8-15 所示。流道部分用电热棒或电热圈加热。喷嘴用导热性能优良、强度高的铍铜合金制造,以利于热量传至前端。喷嘴前端有塑料隔热层,与塑料隔热的延伸式喷嘴相似,绝热层中部最薄处厚 0.4~0.8 mm。

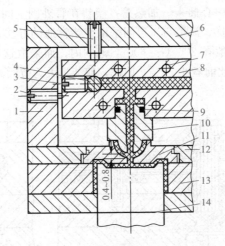

图 8-15　点浇口型多型腔热流道模具

1—支架；2、5—定位螺钉；3—压紧螺钉；4—流道密封钢球；6—定模座板；7—加热孔道；
8—热流道板；9—胀圈；10—热流道喷嘴；11—浇口套；12—浇口板；13—定模型腔板；14—型芯

(四)阀式浇口热流道注射模

对于熔融黏度较低的塑料，为了避免流涎，可采用阀式浇口。阀式浇口的启闭可由模具上专门设置的液压或机械驱动机构来实现，也可用压缩弹簧来达到启闭的目的。阀式浇口热流道注射模具有以下优点：当熔融塑料黏度很低时可避免流涎；由于针阀的往复运动能减少浇口处凝固；塑件上不留浇口痕迹；阀式浇口用专门的液压或机械驱动，可以在高压下提前快速封闭浇口，降低塑件的内应力等。

图 8-16 所示为弹簧阀式点浇口热流道注射模的典型结构。熔融塑料以高速注入型腔时，将针形阀 5

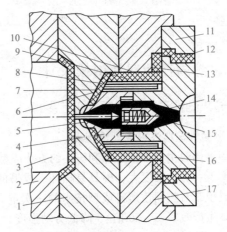

图 8-16　弹簧阀式点浇口热流道注射模

1—定模型腔板；2—推板；3—型芯；4—喷嘴头；5—针形阀；
6—线圈骨架；7—隔热层；8—加热线圈；9—绝热套；
10—绝热圈；11—定位圈；12—绝热环；13—绝热垫圈；
14—弹簧；15—鱼雷体；16—浇口套；17—定模座板

顶上去，注射结束时针形阀在弹簧 14 的作用下，立刻将浇口封闭(或半封闭)。为使物料保持良好的熔融状态，喷嘴头外部设有加热装置和绝热层。

(五)内加热的热流道注射模

内加热热流道模具中不仅喷嘴部分有内加热器，而且整个流道都采用内加热而不采用外加热，大大降低了热损失，提高了加热效率。它和绝热流道相同的地方是靠近流道外壁处，由于塑料熔体与冷模具接触而形成的冻结层，起着绝热的作用。它和绝热流道的根本区别是整个流道内都在加热，操作周期较长也无冻结之虞，开车前也不必清理流道中原有凝料。其结构是在分流道中心插入一加热管，塑料在管外围空间流动，为了使互相垂直的流道中的管式加热器不干扰，流道与流道间采取交错穿通的办法，如图 8-17 所示，外加热热分流道的流道板温度一般在 200 ℃～600 ℃范围内，而采取这种方式的流道板可保持在 380 ℃左右，其热损失可比前者小 75%，因此，使能量大为节约。

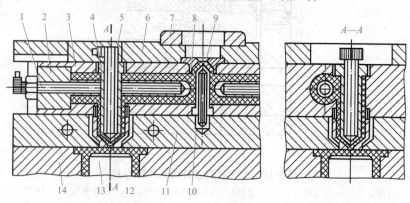

图 8-17   全部内加热的热流道模具

1、5、9—管式加热器；2—分流道鱼雷体；3—流道板；4—喷嘴鱼雷体；6—定模座板；
7—定位圈；8—浇口套；10—主流道鱼雷体；11—浇口板；12—喷嘴；13—型芯；14—型腔板

三、热固性塑料注射模设计

(一)热固性塑料注射成型工艺要点

1. 热固性塑料注射成型的优点

热固性塑料主要采用压缩和压注的方法成型，这两种方法工艺操作复杂、成型周期长、生产效率低、劳动强度大、模具易损坏、成型的质量不稳定。用注射方法成型热固性塑料制件可以说是对热固性塑料成型技术的一次重大改革，它具有简化操作工艺、缩短成型周期、提高生产效率(5～20 倍)、降低劳动强度、提高产品质量、模具使用寿命较长(10～30 万次)等优点。但这种成型工艺对物料要求较高，目前最常用的是以木粉或纤维素为填料的酚醛塑料，另外，还有氨基塑料、不饱和聚酯和环氧树脂等。

2. 热固性塑料注射成型工艺要点

(1)注射压力和注射速度。热固性物料在注射机料筒中应处于黏度最低的熔融状态，熔融的塑料高速流经截面很小的喷嘴和模具浇注系统时，温度从 60 ℃～90 ℃瞬间提高到 130 ℃左右，达到临界固化状态，这也是物料流动性最佳状态的转化点。因热固性塑料中含 40%左右的填料，黏度与摩擦阻力较大，注射压力也相应增大，注射压力的一半左右要消耗在克服浇注系统的摩擦阻力上，所以一般注射压力高达 100～170 MPa，注射速度常采用 3～4.5 m/s。

(2)保压压力和保压时间。保压压力和保压时间直接影响模腔压力及塑件的补缩和密度的大小。常用的保压压力可比注射压力稍低一些，保压时间也可比热塑性塑料注射时略减少些，通常取 5～20 s。

(3)螺杆的背压与转速。注射热固性塑料时，螺杆的背压不能太大，否则物料在螺杆中会受到长距离压缩作用，导致熔体过早硬化和注射发生困难，所以，背压一般都比注射热塑性塑料时取得小，为 3.4～5.2 MPa，并且在螺杆启动时其值可以接近于 0。一般螺杆的转速为 30～70 r/min。

（4）成型周期。在热固性塑料注射成型周期中，最重要的是注射时间和硬化定形时间，另外，还有保压时间和开模取件时间等。国产的热固性注射物料的注射时间为 2～10 s，保压时间需 5～20 s，硬化定型时间在 15～100 s 内选择，成型周期共需 45～120 s，热固性塑料的硬化定型时间，不仅要考虑塑件的结构形状、复杂程度和壁厚大小，而且还要注意物料质量的好坏，特别是根据塑件最大壁厚确定硬化时间时，更应注意这个问题。一般国产注射物料充型后的硬化时间可根据塑件最大壁厚，按 8～12 s/mm 硬化速度进行计算。

（5）螺杆的背压与转速、成型周期和排气。热固性注射物料在固化反应中，会产生缩合水和低分子气体，型腔必须要有良好的排气结构，否则会在塑件表面上留下气泡和流痕。对壁厚塑件，在注射成型操作时，有时还应采取卸压开模放气的措施。热固性塑料注射成型典型工艺条件可参考表 8-6。

表 8-6　热固性塑料注射成型的典型工艺条件

项目 \ 塑料		酚醛	聚甲醛	三聚氰胺	不饱和聚酯	PDAP	环氧树脂	有机硅[①]	聚酰亚胺	聚丁二烯[②]
螺杆转速/(r·min⁻¹)		40～80	40～50	40～50	30～80	30～60	30～80		30～80	
喷嘴温度/℃		90～100	75～95	85～95		80～90			120	120
机筒温度	前端/℃	75～100	70～95	80～105	70～80	80～90	80～90	88～108	100～130	100
	后端/℃	40～50	40～50	45～55	30～40	30～40	30～40	65～80	30～50	90
模具温度/℃		160～169	140～160	150～190	170～190	150～170	160-175	160～175	170～216	170～200	230
注射压力/MPa		98～147	60～78	59～78	49～147	49～118	49～147			49～147
背压/MPa		0～0.49	0～0.29	0.196～0.49			<7.8			
注射时间/s		2～10	3～8	3～12					20	20
保压时间/s		3～15	5～10	5～10						
硬化时间/s		15～50	15～40	20～70	15～30	60～80	30～60	30～60	60～80	

①注射有机硅塑料时，机筒分三段控温，前段 88～108，中段 80～93，后段 65～80。
②聚丁二烯为英国 BIP 化工公司的 INS/PBD 注射物料。

（二）热固性塑料注射模简介

典型的热固性塑料注射模的结构如图 8-18 所示，它与热塑性塑料注射模结构类似，包括浇注系统、型腔、型芯、导向机构、推出机构、侧抽芯机构等。其在注射机上的安装方法也相同。下面就对与热塑性注射模某些要求不同的地方进行简单介绍。

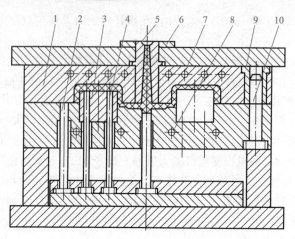

图 8-18　热固性塑料注射模典型结构

1—定模板(凹模)；2—复位杆；3—凸模；4—推杆；
5—浇口套；6—定位圈；7、8—电热棒孔；9—导套；10—导柱

1. 浇注系统设计

因热固性塑料成型时在料筒内没有加热至足够的温度(防止提前固化)，因此，希望主流道的截面面积小一些，以增加摩擦力，一般主流道的锥角为 $2°\sim4°$。为了提高分流道的表面积以利于传热，一般采用圆形或梯形截面的分流道，分流道在相同截面面积的情况下其深度可适当取小些。浇口的类型及位置选择原则和热塑性注射模基本相同，即点浇口的尺寸不宜太小，一般不小于 1.2 mm，侧浇口的深度在 $0.8\sim3$ mm 内选取，以防止熔体温度升高过大，加速化学交联反应进行，使黏度上升，充型发生困难。

2. 推出机构

热固性塑料由于熔融温度比固化温度低，在一定的成型条件下物料的流动性好，可以流入细小的缝隙中而成为飞边，因此，制造时应提高模具合模精度，避免采用推件板推出机构，同时尽量少用镶拼零件。

3. 型腔位置排布

由于热固性塑料注射压力大，模具受力不平衡时会在分型面之间产生较多的溢料与飞边，因此，型腔位置排布时，在分型面上的投影面积的中心应尽量与注射机的合模力中心相重合。热固性塑料注射模型腔上下位置对各个型腔或同一型腔的不同部位温度分布影响很大，这是因为自然对流时，热空气由下向上运动影响的结果，实测表明上面部分吸收的热量与下面部分可相差两倍。因此，为了改善这种情况，多型腔布置时应尽量缩短上下型腔之间的距离。

4. 模具材料

热固性塑料注射模的成型零件(型腔与型芯)因受塑料中填料的冲刷作用，需要采用耐磨性较好的材料制造，同时，需较低的表面粗糙度，成型部分最好镀铬，以防止腐蚀。

四、精密注射模设计

精密注射成型是成型尺寸和形状精度很高、表面粗糙度很小的塑件采用的注射成型方

法，所用的注射模具即为精密注射模。精密注射成型是随着塑料工业迅速发展而出现的一种新的注射成型工艺，其成型的制品尺寸精度高。

(一)精密注射的特点

精密注射具有以下六个方面的特点：

(1)制件的尺寸精度高，公差小超高精密注射某些材料的制品能达到二级精度。例如，基本尺寸≤3 mm 的 PPO 材料加工成型的制品公差数值为 0.06 mm。

(2)制品重复精度高尺寸重复精度能达到 0.001 mm，质量重复精度不超过 5%。要求有日、月、年的尺寸稳定性。

(3)模具材料好，尺寸精度高。模具的材料好，刚性足，型腔的尺寸精度、光洁度及模板间的定位精度高。

(4)采用精密注塑机。

(5)采用精密注射成型工艺。

(6)选择适应精密注射成型的材料。

(二)精密注塑件尺寸与尺寸公差

判断塑件是否需要精密注射的主要依据是塑件精度。在注射成型中，影响塑件精度的因素很多，主要有注射成型用塑料、注塑机、注射成型工艺、注射模具及操作人员技术水平等。因此，如何规定精密注射成型塑件的精度是一个重要而复杂的工作，既要使塑件精度满足工业生产实际要求，又要考虑到目前模具制造所能达到的精度、塑料品种及其成型技术、注塑机等满足精密成型的可能程度。

国内外塑料工业部门对此进行了探讨。表 8-7 为日本塑料工业技术研究会从塑料品种和塑料模结构方面确定的精密注射塑件的基本尺寸与公差，仅供参考。在表 8-7 中，最小极限是指采用单腔模具时，注射塑件所能达到的最小公差值；表 8-7 中的实用极限是指采用四腔以下模具时，塑件所能达到的最小公差值。我国目前精密注射塑件的公差等级可按《塑料模塑件尺寸公差》(GB/T 14486—2008)中的 MT1(高精度公差等级)确定。

表 8-7 精密注射塑件的基本尺寸与公差(日本)　　　　　　　　　　　mm

基本尺寸	聚碳酸酯、ABS		尼龙、聚甲醛	
	最小极限	实用极限	最小极限	实用极限
～0.5	0.003	0.003	0.005	0.01
0.5～1.3	0.005	0.01	0.008	0.025
1.3～2.5	0.008	0.02	0.012	0.04
2.5～7.5	0.01	0.03	0.02	0.06
7.5～12.5	0.015	0.04	0.03	0.08
12.5～25	0.022	0.06	0.04	0.10
25～50	0.03	0.08	0.05	0.15
50～75	0.04	0.10	0.06	0.20
75～100	0.05	0.15	0.08	0.25

(三)精密注塑成型工艺

1. 精密注塑成型用塑料

对于精密注射塑件要求的公差值,并不是所有塑料都能达到,必须对塑料进行严格选择,使之具有良好的成型性能和尺寸稳定性。目前,适用于精密注射的塑料品种主要有聚碳酸酯(包括玻璃纤维增强)、聚甲醛(包括碳纤维或玻璃纤维增强型)、聚酯胺及其增强型、ABS 和 PBT 等。

(1)聚甲醛(POM)及碳纤维增强(CF)或玻璃纤维增强(GF)。这种材料的特点是耐蠕变性能好,耐疲劳、耐候性、介电性能好,难燃,加入润滑剂易脱模。

(2)PA 及增强 PA(FRPA66)。抗冲击能力及耐磨性能强,流动性能好,可成型 0.4 mm 壁厚的制品。FRPA66 具有耐热性能(熔点为 250 ℃);其缺点是具有吸湿性。一般成型后都要通过调湿处理。

(3)PBT 增强聚酯。固化速度快,强度高。

(4)PC 及 GFPC。具有良好的耐磨性,增强后刚性提高,尺寸稳定性好,并同时具有耐候性和难燃性。

2. 精密注射成型工艺特点

精密塑件对注射工艺的要求是注射压力高,注射速度快,温度控制严格,成型工艺稳定性。

(1)注射压力高。普通注射时的注射压力一般为 40~200 MPa,而精密注射时则要提高到 180~250 MPa,最高可达到 415 MPa。提高注射压力可增大熔体的体积压缩量,使其密度增大,从而降低塑件的收缩率及波动,提高塑件形状尺寸的稳定性;提高注射压力有利于改善塑件的成型性能,能成型超薄塑件;提高注射压力还保证了注射速度的实现。

(2)注射速度快。采用较快注射速度,不仅能成型形状复杂的塑件,而且还能减小塑件的尺寸公差,以保证复杂而精度高的塑件的成型。

(3)温度控制严格。注射成型温度对熔体的流动性和收缩率影响较大,因而,精密注射不仅要控制注射温度,还必须严格控制温度波动范围;不仅要注意控制料筒、喷嘴和模具的温度,还要注意脱模后周围环境温度对塑件精度的影响。

(4)成型工艺稳定性。成型工艺及工艺条件的稳定性是十分重要的。因为稳定的工艺及工艺条件是获得精度稳定的塑件的重要条件。

(四)精密注射成型用注塑机

由于塑件有较高的精度要求,所以一般都需要在专用的精密注塑机上进行注射成型。这种注塑机具有如下特点。

1. 注射功率大

功率大才能满足注射压力大和注射速度高的要求。同时,注射功率大,也可以减少塑件尺寸误差。

2. 控制精度高

精密注塑机的控制系统精度一般都很高,它对各种注射工艺参数(注射量、注射压力、注射速度、保压压力、螺杆转速等)采取多级反馈控制,具有良好的重复精度;对料筒和喷嘴温度采用 PID(比例积分微分)控制器,温度波动可控制在 ±0.5 ℃。精密注塑机对合模力大小必须严格控制，否则将因模具温度变化而引起液体的流量和黏度变化，导致注射工艺参数的波动，从而导致塑件精度不稳定。

3. 液压系统反应速度快

为满足高速成型对液压系统的工艺要求，精密注塑机的液压系统采用了灵敏度较高的液压元件，缩短液压回路，加装蓄能器等措施以提高液压系统的反应速度。目前，精密注塑机的液压控制系统正朝着机、电、液一体化方向发展，使注塑机的工作更加稳定、灵敏和精确。

4. 合模系统具有足够的刚性

由于精密注射需要较高的注射压力，因此，精密注塑机的定、动模板、拉杆等的设计应保证合模系统有足够的刚性，否则塑件精度会因合模系统的弹性变形而下降。

(五)精密注射模设计要点

一般注射模的设计方法基本适用于精密注射模的设计，但因精度要求高，设计时应注意以下六点。

1. 合理确定精密注射模的设计精度

精密注射模应首先具有较高的设计精度，如果在设计时没有提出恰当的技术要求，或模具结构设计得不合理，则无论加工和装配技术有多么高，塑件精度也不能得到可靠保证。为了确保精密注射模的设计精度，设计时要求模具型腔精度和分型面精度要与塑件精度相适应。一般精密注射模型腔的尺寸公差应小于塑件公差的1/3，并根据塑件的实际情况来具体确定。例如，对于小型精密注射成型塑件，当基本尺寸为 50 mm 时，型腔的尺寸公差可取 0.003～0.005 mm，当基本尺寸为 100 mm 时，型腔的尺寸公差可增大到 0.005～0.01 mm。至于分型面精度主要是指分型面的平行度，一般小型精密注射模分型面的平行度可取为 0.005 mm。

塑具中的结构零部件虽然不直接参与注射成型，但其精度对模具精度影响很大，因此，无论是设计一般注射模还是精密注射模，均应对结构零部件提出恰当而又合理的精度及其他技术要求。另外，在精密注射模设计中，为确保动模和定模的对合精度，可将锥面定位机构或圆柱导正销定位机构与导柱导向机构配合使用，如图 8-19 所示。

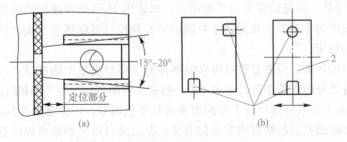

图 8-19 锥面定位结构和圆柱导正结构

(a)侧面型芯锥面定位结构；(b)圆柱导正结构

1—导正销；2—分型面

2. 合理选择精密模具结构

为使模具在使用过程中保持其原有的精度，必须使注射模的制造误差达到最小，并使它具有较高的耐磨性，故常对模具有关零件淬火。但淬火后的钢材除磨削加工外，很难达到 0.01 mm 级以下的尺寸精度。因此，凡精度要求在 0.03 mm 以下的精密注射模零件，应设计成易于磨削或电加工的结构形式。为便于复杂精密塑件成型型腔的精加工,型腔应采用镶拼结构,如图 8-20 所示。这样既便于精加工,又减小了热处理变形,便于排气和维修。但采用镶拼结构,不能影响塑件的使用性能与外观,且必须保证各镶件定位牢靠,必要时设置模框以保证各镶拼模具有足够的刚度。另外,镶件最好采用通用结构或标准结构。

对小型精密注射模,为减小磨削变形,缩短加工时间,可选用淬火变形小的钢材和设计成淬火变形小的结构形状。

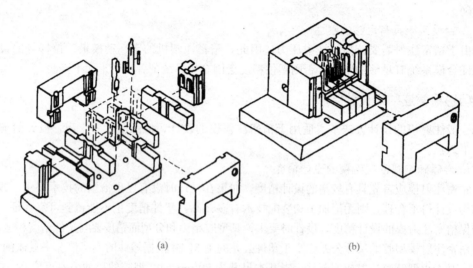

(a)   (b)

图 8-20 镶拼式注射模

3. 考虑成型收缩的均匀性

成型收缩的不均匀性对塑件的精度及精度的稳定性影响较大。正确设计浇注系统和温度调节系统是解决成型收缩均匀性的有效途径。

(1)型腔数目不宜太多,模具型腔多,将降低塑件精度。因此,对于特别精度的注射模,宜采用一模一腔。

(2)多型腔模具,分流道应采用平衡布置,如采用 H 形布置或圆形排列,以使塑料熔体同时到达和充满各个型腔。在保持了料流的平衡和模具温度场热平衡之后,使塑件的收缩率保持均匀和稳定。

同样,浇口的种类、位置及数量将影响塑件的变形与收缩率的波动,因此,在设计浇口时应对塑件各部分的收缩率进行全面考虑,特别是收缩各向异性大的塑料注射成型。

(3)温度控制系统最好能对各个型腔温度进行单独调节,以使各型腔的温度保持一致,防止因各型腔之间温差引起塑件收缩率的差异,办法是对每个型腔单独设置冷却水路,并在各型腔冷却水路出口处设置流量控制装置。如果不对各个型腔单独设置冷却水路,而是采用串联式冷却水路,则必须严格控制入水口和出水口的温度。一般来说,精密注射模中的冷却水温调节误差在 0.5 ℃内,入水口和出水口的温差控制在 2 ℃内。

同理,对型芯和凹模两部分宜分别设置冷却水路,以便分别控制型芯和凹模的温度,一般两者的温度应能控制到 1 ℃。若需人为地造成型芯与凹模之间一定温差,也容易实现。

4. 避免塑件在脱模时变形

由于精密注射塑件一般尺寸小、壁薄,有时带有薄筋,因此,必须十分注意脱模时变形问题。为此，模具结构应便于塑件脱模，具有足够的刚度；最好采用推件板推出，如无法采用推件板推出，则应采用适当的推出机构在塑件适当部位进行推件；对塑件推出部位表面进行镜面抛光，且抛光方向与脱模方向一致。

5. 提高模具刚度

提高模具刚度，减少在大的注射压力作用下模具的弹性变形量，以提高塑件精度。其方法有加大型腔壁厚和底板、支撑板的厚度，增设支撑柱，采用锥面合模锁紧，并提高侧滑块的楔紧刚度。

6. 制作"试制模"

对于成型精度要求特别高的塑件，必要时应做"试制模"，并按大量生产的成型条件进行成型，然后根据实测数据（收缩率等）设计与制造生产用注射模。当没有制作"试制模"时，应根据影响塑料成型收缩率的各种因素，针对塑件具体的结构及尺寸、塑料品种、浇注系统和成型工艺条件等，认真分析，尽量精确确定塑料成型收缩率。

五、共注射成型

共注射成型是指用两个或两个以上注射单元的注射成型机，将不同的品种或不同色泽的塑料，同时或先后注入模具内的成型方法，此方法可生产多种色彩或多种塑料的复合制品。共注射成型的典型代表有双色注射和双层注射，也可包括夹层泡沫塑料注射，但是后者通常是列入低发泡塑料注射成型中。下面只简单介绍双色注射成型。

双色注射成型这一成型方法，有用两个料筒和一个公用喷嘴所组成的注射机，通过液压系统调整两个推料柱塞注射熔料进入模具的先后顺序，来取得所要求的不同混色情况的双色塑料制品，也有用两个注射装置、一个公用合模装置和两副模具制得明显分色的混合塑料制品。注射机的结构如图 8-21 所示。另外，还有生产三色、四色和五色的多色注射机。

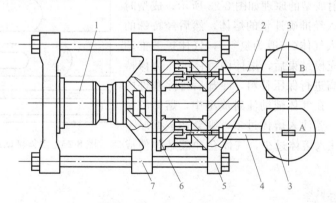

图 8-21 双色注射机结构示意

1—合模油缸；2—注射装置；3—料斗；4—固定模板；5—模具回转板；6—动模板

近几年来，随着汽车工业和台式计算机部件对多色花纹制品需要量的增加，又出现了新型的双色花纹注射成型机，其结构特点如图 8-22 所示。该机具有两个沿轴向平行设置的注射单元，喷嘴通路中还装有启闭机构。调整启闭阀的换向时间，就能制得各种花纹的塑件。

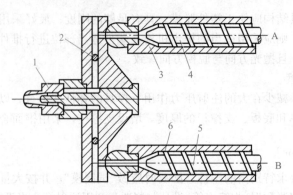

图 8-22 双色花纹注射成型机结构

1—喷嘴；2—启闭阀；3—注射系统 A；4—螺杆 A；5—螺杆 B；6—注射系统 B

六、气体辅助注射成型

对于壁厚塑件，为了防止在注射成型时产生凹陷，需要加强保压补料时间，但是若壁厚的部位距离浇口较远，即使过量保压，也常常难以奏效。同时，由于浇口附近保压压力过大，残余应力增高，很容易造成塑件翘曲变形或开裂等缺陷。采用气体辅助注射成型新工艺，就能较好地解决壁厚不均匀及中空壳体的注射成型问题。

(一)气体辅助注射成型的原理

气体辅助注射成型就是在注射充模过程中，向熔体内注入比注射压力低的低压气体，利用气体的压力实现保压补缩，注入的气体压力通常为几十兆帕。

气体辅助注射成型的原理如图 8-23 所示。成型时首先向型腔内注入经准确计量的熔体，然后经特殊的喷嘴在熔体中注入气体(一般为氮气)，气体扩散推动熔体充满型腔。充模结束后，熔体内气体的压力保持不变或者有所升高进行保压补料，冷却后排除塑件内的气体便可脱模。在气体辅助注射成型中，熔体的精确定量十分重要。若注入熔体过多，则会造成壁厚不均匀；反之，若注入熔体过少，气体会冲破熔体使成型无法进行。

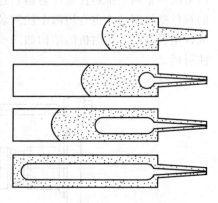

图 8-23 气体辅助注射成型原理

(二)标准成型法

气体辅助注射成型，只要在现有的注射机上增加一套供气装置即可实现。根据使用情况的不同，气体辅助注射成型可分为标准成型法、副型腔法、熔体回流法和活动型芯法等。

标准成型方法如图 8-24 所示。图 8-24(a)所示为一部分熔体由注射料筒注入模具型腔中；图 8-24(b)所示为通入气体推动熔体充满型腔；图 8-24(c)所示为升高气体压力，实现保压补料；图 8-24(d)所示为保压后排去气体；图 8-24(e)所示为塑件脱模。

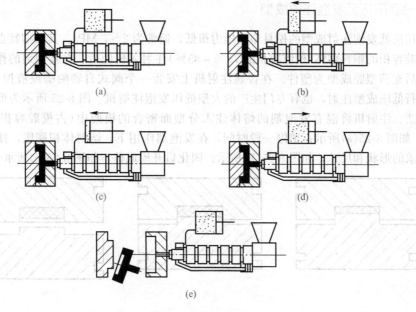

图 8-24 标准成型的方法

(三)气体辅助注射成型的特点

与传统的注射成型方法相比较,气体辅助注射成型有如下优点:

(1)能够成型壁厚不均匀的塑料制件及复杂的三维中空塑件。

(2)气体从浇口至流动末端形成的气流通道,无压力损失,能够实现低压注射成型,由此能获得低残余应力的塑件,塑件翘曲变形小,尺寸稳定。

(3)由于气流的辅助充模作用,提高了塑件的成型性能,因此,采用气体辅助注射有助于成型薄壁塑件,减轻了塑件的重量。

(4)由于注射成型压力较低,可在锁模力较小的注射机上成型尺寸较大的塑件。

气体辅助注射成型存在如下缺点:

(1)需要增设供气装置和充气喷嘴,提高了设备的成本。

(2)采用气体辅助注射成型技术时,对注射机的精度和控制系统有一定的要求。

(3)在塑件注入气体与未注入气体的表面会产生不同的光泽。

七、低发泡注射成型

在某些塑料中加入一定量的发泡剂,通过注射成型获得内部低发泡、表面不发泡的塑料制件的工艺方法称为低发泡注射成型。低发泡注射成型塑件的特点是:内部无应力、外部表面平整、不易发生凹陷和翘曲;内部柔韧,具有一定弹性;外观似木材;表皮较硬,具有一定刚度和强度;密度小、质量轻,比普通注射成型塑件减轻 $15\% \sim 50\%$。适合低发泡注射成型的塑件有聚乙烯、聚丙烯、聚苯乙烯、聚酰胺、聚碳酸酯和 ABS 等。根据低发泡注射成型使用压力的不同,可将其分为低压法和高压法两种。

(一)低压法低发泡注射成型

低压法低发泡注射成型的模具型腔压力很低，通常为 2～7 MPa。其成型特点是将体积小于模腔容积的塑料熔体(模腔容积的 75％～85％)注射入模腔后，在发泡剂的作用下使熔体膨胀后充满型腔成型为塑件。在普通注射机上安装一个阀式自锁喷嘴或液控自锁喷嘴，便能进行低压成型注射，也有专门生产的大型低压发泡注射机。图 8-25 所示为低压法低发泡注射法。注射机将混有发泡剂的熔体注入分型面密合的模腔中(占模腔容积的 75％～85％)，如图 8-25(a)所示；稍停一段时间，在发泡剂作用下，熔料体积膨胀，使之达到塑件所要求的形状和尺寸，如图 8-25(b)所示；固化后开模取件，如图 8-25(c)所示。

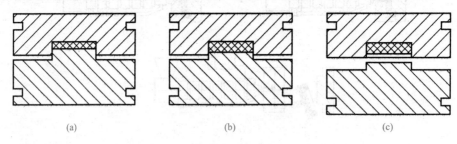

(a)   (b)   (c)

图 8-25　低压法低发泡注射成型原理

(二)高压法低发泡注射成型

高压法低发泡注射成型的模具压力比低压法要高，为 7～15 MPa。高压法的特点是用较高的注射压力将含有发泡剂的熔料注满容积小于塑件体积的闭合模腔，通过辅助开模动作，使模腔容积扩大到塑件所要求的形状和尺寸，图 8-26 所示为高压法低发泡注射法。注射机将混有发泡剂的熔体注满分型面密合好的模腔，如图 8-26(a)所示；稍停一刻，注射机后退一定距离，在弹簧作用下，使模腔扩大到塑件所要求的形状与尺寸，如图 8-26(b)所示；固化后开模取件，如图 8-26(c)所示。

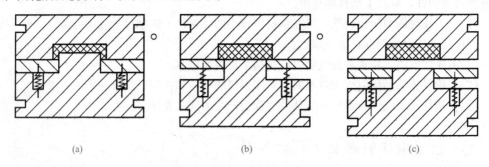

(a)   (b)   (c)

图 8-26　高压法低发泡注射成型原理

八、实训与练习

(一)实训题

1. 在实训基地拆、装一套塑料挤出模，观察其结构设计并草绘出模具图。

2. 讨论热固性塑料注射模与热塑性塑料注射模的主要区别。

(二)练习题

1. 热流道浇注系统可分为哪两大类？这两大类又是如何进行分类的？

2. 改进型井式喷嘴与传统井式喷嘴相比较有什么优点？

3. 多型腔外加热式热流道的结构特点是什么？

4. 热固性塑料注射模与热塑性塑料注射模在模具结构上有什么区别？

5. 热固性塑料注射模与热塑性塑料注射模在注射成型的工艺方面有什么区别？

6. 如何从工艺、设备、模具设计等方面保证精密注塑件的尺寸和公差？

7. 哪些塑料适合精密注射成型？

8. 精密注射成型工艺有什么特点？

9. 精密注射成型对注塑机有什么要求？

10. 精密注射模在设计上有什么要求？

11. 共注射成型的主要工艺特点有哪些？

12. 阐述气体辅助注射成型类型、原理及对塑件的适应性。

13. 分别说明低压法低发泡注射成型和高压法低发泡注射成型的原理。

项目九　塑料模具课程设计

知识目标

1. 了解课程设计的目的和意义。
2. 掌握进行塑料模具课程设计的方法、步骤。
3. 能够查阅相关设计手册等资料。

能力目标

能够根据要求进行塑料模具的课程设计。

一、项目引入

模具设计与制造专业的学生在学完《塑料成型工艺与模具设计》《冲压与塑压成型设备》和《模具制造工艺学》等技术基础课和专业课之后，需要设置一个重要的实践性教学环节，来达到以下目的：

（1）综合运用和巩固塑料模具设计与制造等课程及有关课程的基础理论和专业知识，培养学生从事塑料模具设计与制造的初步能力，为后续毕业设计和实际工作打下良好的基础。

（2）培养学生分析问题和解决问题的能力。经过实训环节，学生能全面理解和掌握塑料成型工艺、模具设计、模具制造等内容；掌握塑料模具设计的基本方法和步骤、模具零件的常用加工方法及工艺规程编制、模具装配工艺制定；独立解决在制定塑料成型工艺规程、设计塑料模具结构、编制模具零件加工工艺规程中出现的问题；学会查阅技术文献和资料，以完成在模具设计与制造方面所必须具备的基本能力训练。

能够实现以上目的的重要的实践性教学环节就是塑料模具课程设计。

本项目以图 9-1 所示的塑料果品盒的注射模具设计为载体，对塑料模具课程设计进行讲解，并完成以下三个方面的工作：

（1）完成整套注射模的设计。

（2）绘制模具装配图。

（3）绘制型腔和型芯等主要零件的零件图。

塑料果品盒的材料为 PS，较大批量生产，颜色为红色，未注公差尺寸等级为 MT6，技术要求：塑件外表面光滑、美观，下端外缘不允许有浇口痕迹，塑件允许的最大脱模斜度为 0.5°。

AR

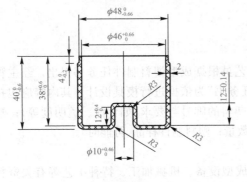

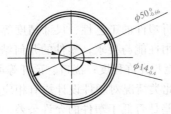

技术要求
1. 未注圆角为R1，除口部外，壁厚均为2 mm。
2. 塑件材料为PS，未注公差尺寸等级取MT6级。
3. 制件表面要求光亮，无毛刺。

图 9-1　果品盒制件图

二、相关知识

(一)塑料模具设计的基本要求

进行塑料模设计时，要满足以下基本要求。

1. 合理地选择模具结构

根据塑件的图纸及技术要求，研究和选择适当的成型方法与设备，结合工厂的机械加工能力，提出模具结构方案，充分征求有关方面的意见，进行分析讨论，以使设计出的模具结构合理，质量可靠，操作方便。必要时可根据模具设计和加工的需要，提出修改塑件图纸的要求，但需征得用户同意后方可实施。

2. 正确确定模具成型零件的尺寸

成型零件是确定制件形状、尺寸和表面质量的直接因素，关系甚大，需特别注意。

3. 模具制造方便

设计模具时，尽量做到使设计的模具制造容易，造价便宜。特别比较复杂的成型零件，必须考虑是采用一般的机械加工方法加工还是采用特殊的加工方法加工。若采用特殊的加工方法，那么加工之后怎样进行组装，类似问题在设计模具时均应考虑和解决，同时，还应考虑到试模以后的修模，要留有足够的修模余量。但应将模具设计与制造的可行性与经济性综合考虑，防止片面性。

4. 设计的模具应当效率高、安全可靠

这一要求涉及模具设计的许多方面，如浇注系统需充模快、闭模快，温调系统效果好，脱模机构灵活可靠，自动化程度高等。

5. 模具结构要适应塑料的成型特性

在设计模具时，充分了解所采用塑料的成型特性，并尽量满足要求，同样是获得优质制件的重要措施。

(二)塑料模具设计程序

1. 接受任务书

"模具设计任务书"通常由塑料制件工艺员根据成型塑料制件任务书提出,经主管领导批准后下达,模具设计人员以"模具设计任务书"为依据进行模具设计。其内容应包括:经过审签的正规塑料制件图纸,并注明所用塑料的牌号与要求(如色泽、透明度等);塑料制件的说明书或技术要求;成型方法;生产数量;塑料制件样品(可能时)。

2. 调研、消化原始资料

收集整理有关制件设计、成型工艺、成型设备、机械加工、特种工艺等有关资料,以备设计模具时使用。

消化塑料制件图,了解塑件的用途,分析塑件的工艺性、尺寸精度等技术要求,如塑件的原材料、表面形状、颜色与透明度、使用性能与要求;塑件的几何结构、斜度、嵌件等情况;熔接痕、缩孔等成型缺陷出现的可能与允许程度;浇口、顶杆等可以设置的部位;有无涂装、电镀、胶接、钻孔等后加工等,此类情况对塑件设计均有相应要求。选择塑件精度最高的尺寸进行分析,查看估计成型公差是否低于塑件的允许公差,能否成型出合乎要求的制件。若发现问题,可对塑件图纸提出修改意见。

分析工艺资料,了解所用塑料的物化性能、成型特性及工艺参数,如材料与制件必需的强度、刚度、弹性;所用塑料的结晶性、流动性、热稳定性;材料的密度、黏度特性、比热容、收缩率、热变形温度及成型温度、成型压力、成型周期等。并注意收集如弹性模量、摩擦因数、泊松比等与模具设计计算有关的资料与参数。

熟悉工厂实际情况,如有无空压机及模温调节控制设备;成型设备的技术规范;模具制造车间的加工能力与水平;理化室的检测手段等。以便能密切联系工厂实际,既方便又经济地进行模具设计工作。

3. 选择成型设备

在设计模具之前,首先要选择好成型设备,这就需要了解各种成型设备的规格、性能与特点。以注射机来说,如注射容量、锁模压力、注射压力、模具安装尺寸。顶出方式与距离、喷嘴直径与喷嘴球面半径、定位孔尺寸、模具最大与最小厚度、模板行程等,都将影响到模具的结构尺寸与成型能力。同时,还应初估模具外形尺寸,判断模具能否在所选择的注射机上安装与使用。

4. 拟定模具结构方案

理想的模具结构应能充分发挥成型设备的能力(如合理的型腔数目和自动化水平等),在绝对可靠的条件下使模具本身的工作最大限度地满足塑件的工艺技术要求(如塑件的几何形状、尺寸精度、表面光洁度等)和生产经济要求(成本低、效率高、使用寿命长、节省劳动力等),由于影响因素很多,可先从以下八个方面做起:

(1)塑件位置。按塑件形状结构合理确定其成型位置,因成型位置在很大程度上影响模具结构的复杂性。

(2)型腔布置。根据塑件的形状大小、结构特点、尺寸精度、批量大小及模具制造的难易、成本高低等确定型腔的数量与排列方式。

(3)选择分型面。分型面的位置要有利于模具加工、排气、脱气、脱模、塑件的表面质量及工艺操作等。

(4)确定浇注系统。包括主流道、分流道、冷料穴，浇口的形状、大小和位置，排气方法、排气槽的位置与尺寸大小等。

(5)选择脱模方式。考虑开模、分型的方法与顺序，拉料杆、推杆、推管、推板等脱模零件的组合方式，合模导向与复位机构的设置及测向分型与抽芯机构的选择和设计。

(6)模温调节。孔道的形状、尺寸与位置，特别是与模腔壁间的距离及位置关系。

(7)确定主要零件的结构与尺寸。考虑成型与安装的需要及制造与装配的可能，根据所选材料，通过理论计算或经验数据，确定型腔、型芯、导柱、导套、推杆、滑块等主要零件的结构与尺寸及安装、固定、定位、导向等方法。

(8)支承与连接。如何将模具的各个组成部分通过支承块、模板、销钉、螺钉等支承与连接零件，按照使用与设计要求组合成一体，获得模具的总体结构。

结构方案的拟定，是设计工作的基本环节。它既是设计者的构思过程，也是设计对象的胚胎，设计者应将其结果用简图和文字加以描绘与记录，作为方案设计的依据与基础。

5. 方案的讨论与论证

拟订初步方案时，应广开思路，多想一些办法，随后广泛征求意见，进行分析论证与权衡，选出最合理的方案。

6. 绘制模具装配草图

总装配图的设计过程比较复杂，应先从画草图着手，经过认真的思考、讨论与修改，使其逐步完善，方能最后完成。草图设计过程是"边设计(计算)、边绘图、边修改"，所以，在设计过程中往往需反复多次修改。其基本做法就是将初步拟订的结构方案在图纸上具体化，最好是用坐标纸，尽量采用1∶1的比例，先从型腔开始，由里向外，主视图、俯视图与侧视图同时进行；型腔与型芯的结构；浇注系统、排气系统的结构形式；分型面及分型、脱模机构；合模导向与复位机构；冷却或加热系统的结构形式与部位；安装、支承、连接、定位等零件的结构、数量及安装位置；确定装配图的图纸幅面、绘图比例、视图数量布置及方式。

7. 绘制模具装配图

绘制模具装配图时应注意做到四点：第一，认真、细致、干净、整洁地将修改完成的结构草图，按标准画在正式图纸上；第二，将原草图中不细不全的部分在正式图纸上补细补全；第三，标注技术要求和使用说明，包括某些系统的性能要求(如顶出机构、侧抽芯机构等)，装配工艺要求(如装配后分型面的贴合间隙的大小、上下面的平行度、需由装配确定的尺寸要求等)，使用与装拆注意事项及检验、试模、维修、保管等，达到要求；第四，全面检查，纠正设计或绘图过程中可能出现的差错与遗漏。

8. 绘制零件图

绘制零件图时应注意做到五点：第一，凡需自制的零件都应画出单独的零件图。第二，图形尽可能按1∶1的比例画出，但允许放大或缩小。要做到视图选择合理，投影正确，布置得当。第三，统一考虑尺寸、公差、形位公差、表面粗糙度的标注方法与位置，避免拥挤与干涉，做到正确、完整、有序，可将用得最多的一种粗糙度以"其余"的形式标于图纸的右上角。第四，零件图的编号应与装配图中的序号一致，便于查对。第五，标注技术要求，填写标题栏。

9. 编写设计说明书

编写设计说明书包括以下内容：

(1)目录；

(2)设计题目或设计任务书；

(3)塑件分析(含塑件图)；

(4)塑料材料的成型特性与工艺参数；

(5)设备的选择：设备的型号、主要参数及有关参数的校核；

(6)浇注系统的设计：塑件成型位置，分型面的选择，主流道、分流道、浇口、冷料穴、排气槽的形式、部位与尺寸及流长比的校核等；

(7)成型零部件的设计与计算；

(8)脱模机构的设计：脱模力的计算，拉料机构、顶出机构、复位机构等的结构形式、安装定位、尺寸配合及某些构件所需的强度、刚度或稳定性校核；

(9)侧抽芯机构的设计：抽拔距与抽拔力的计算，抽芯机构的形式、结构、尺寸及必要的验算；

(10)脱螺纹机构的设计：脱模方式的选择，止转方法、驱动装置、传动系统、补偿机构等的设计与计算；

(11)合模导向机构的设计：组成元件，结构尺寸，安装方式；

(12)温度调节系统的设计与计算：冷却系统的结构、尺寸、位置；

(13)支承与连接零件的设计与选择：如支承块、模板等非标零件的设计(形状、结构与尺寸)和螺钉、销钉等标准件的选择(规格、型号、标准、数量)等；

(14)其他技术说明；

(15)设计小结：体会、建议等；

(16)参考资料：资料编号、名称、作者、出版年月。

在编写过程中要注意：文字简明通顺，缮写整齐清晰，计算正确完整，并要画出与设计计算有关的结构简图。计算部分只要求列出公式、代入数据，求出结果即可，运算过程可以省略。写好后校对，最后装订成册。

10. 模具制造、试模与图纸修改

模具图纸交付加工后，设计者的工作并未完结，设计者往往需关注跟踪模具加工制造全过程及试模、修模过程，以便及时增补设计疏漏之处，更改设计不合理之处，或对模具加工厂方不能满足模具零件局部加工要求之处进行变通，直到试模完毕能生产合格塑料件为止。

(三)总结和答辩

总结和答辩是塑料模具课程设计的最后环节，是对整个设计过程的系统总结和评价。学生在完成全部图样及编写完成设计计算说明书之后，应全面分析此次设计中存在的优缺点，找出设计中应该注意的问题，掌握通用模具设计的一般方法和步骤。通过总结，提高分析与解决实际工程设计的能力。

设计答辩工作，应对每个学生单独进行，在进行答辩的前一天，应由教师拟定并公布答辩顺序。答辩小组的成员，应以设计指导教师为主，聘请与专业课有关的各门专业课教师，必要时可聘请1~2名工程技术人员组成。

答辩中所提问题，一般以设计方法、方案及设计计算说明书和设计图样中所涉及的内容为限，可就计算过程、结构设计、查取数据、视图表达尺寸与公差配合、材料及热处理等方面广泛提出质疑让学生回答，也可要求学生当场查取数据等。

通过学生系统地回顾总结和教师的质疑、答辩，使学生更进一步发现自己设计过程中存在的问题，搞清楚尚未弄懂的、不甚理解或未曾考虑到的问题。从而取得更大的收获，圆满地达到整个课程设计的目的及要求。

(四)考核方式及成绩评定

课程设计成绩的评定，应以设计计算说明书、设计图样和在答辩中回答的情况为根据，并参考学生设计过程中的表现进行评定。塑料模具设计课程设计成绩的评定包括塑料成型工艺与模具设计、模具制造、计算说明书等，具体所占分值可参考表9-1。

表 9-1　塑料模具课程设计评分标准

项目		分值	指标
塑料成型工艺与模具设计	塑料成型工艺编制	15%	工艺是否可行
	零件图	25%	结构正确、图样绘制与技术要求符合国家标准、图面质量、数量
	装配图	20%	结构合理、图样绘制与技术要求符合国家标准、图面质量
模具制造	零件加工工艺	20%	符合图纸要求，保证质量
实训报告	说明书撰写质量	20%	条理清楚、文理通顺、语句符合技术规范、字迹工整、图表清楚

根据表9-1中所列的评分标准，塑料模具课程设计的成绩可分为以下五个等级。

1. 优秀

(1)塑料成型工艺与模具结构设计合理，内容正确，有独立见解或创造性。

(2)设计中能正确运用专业基础知识，设计计算方法正确，计算结果准确。

(3)全面完成规定的设计任务，图纸齐全，内容正确，图面整洁，且符合国家制图标准。

(4)编制的模具零件的加工工艺规程符合生产实际，工艺性好。

(5)计算说明书内容完整，书写工整清晰，条理清楚。

(6)在讲评中回答问题全面正确、深入。

(7)设计中有个别缺点，但不影响整体设计质量。

(8)所加工的模具完全符合图纸要求，试模成功，能加工出合格的零件。

2. 良好

(1)塑料成型工艺与模具结构设计合理，内容正确，有一定见解。

(2)设计中能正确运用本专业的基础知识，设计计算方法正确。

(3)能完成规定的全部设计任务，图纸齐全，内容正确，图面整洁，符合国家制图标准。

(4)编制的模具零件的加工工艺规程符合生产实际。

(5)计算说明书内容较完整、正确，书写整洁。

(6)讲评中思路清晰，能正确回答教师提出的大部分问题。

(7)设计中有个别非原则性的缺点和小错误，但基本不影响设计的正确性。

(8)所加工的模具符合图纸要求，试模成功，能加工出合格的零件。

3. 中等

(1)塑料成型工艺与模具结构设计基本合理，分析问题基本正确，无原则性错误。

(2)设计中基本能运用本专业的基础知识进行模拟设计。

(3)能完成规定的设计任务，附有主要图纸，内容基本正确，图面清楚，符合国家制图标准。

(4)编制的模具零件的加工工艺规程基本符合生产实际。

(5)计算说明书中能进行基本分析，计算基本正确。

(6)讲评中主要问题回答基本正确。

(7)设计中有个别小原则性错误。

(8)所加工的模具基本符合图纸要求，经调整试模成功，能加工出合格的零件。

4. 及格

(1)塑料成型工艺与模具结构设计基本合理，分析问题能力较差，但无原则性错误。

(2)设计中基本上能运用到本专业的基础知识进行设计，但考虑问题不够全面。

(3)基本上能完成规定的设计任务，附有主要图纸，内容基本正确，基本符合标准。

(4)编制的模具零件的加工工艺规程基本可行，但工艺性不好。

(5)计算说明书的内容基本正确完整，书写工整。

(6)讲评中能正确回答教师提出的部分问题。

(7)设计中有一些原则性小错误。

(8)所加工的模具经过修改才能够加工出零件。

5. 不及格

(1)设计中不能运用所学知识解决工程问题，在整个设计中独立工作能力较差。

(2)冲压工艺与模具结构设计不合理，有严重的原则性错误。

(3)设计内容没有达到规定的基本要求，图纸不齐全或不符合标准。

(4)没有在规定的时间内完成设计。

(5)计算说明书文理不通，书写潦草，质量较差。

(6)讲评中自述不清楚，回答问题时错误较多。

(7)所加工的模具不符合图纸的要求，不能够使用。

三、项目实施

(一)塑件分析

图 9-1 所示的塑件为一个果品盒，其结构简单，生产批量很大。外形为圆柱体(直径为 50 mm、高为 40 mm)，盒的口部有一台阶，壁厚为 1 mm。塑件精度为 MT3 级，尺寸精度不高，无特殊要求。除口部外，其余部分壁厚均匀，均为 2 mm，属薄壁塑件。塑件材料为 PS，成型工艺性较好，可以注射成型。

(二)分型面的确定

根据塑件结构形式，最大截面为底平面，故分型面应选择在底平面处，图 9-2 所示。为了满足制品高光亮的要求与提高成型效率，决定采用点浇口，采用三板模。

图 9-2　分型面的确定

(三)确定型腔数量和排列方式

1. 型腔数量的确定

该塑件精度要求一般，尺寸不大，可以采用一模多腔的形式。考虑到模具制造成本和生产效率，初定为一模四腔的模具形式。

2. 型腔排列形式的确定

该塑件为规则的圆柱形，型腔采用图 9-3 所示的两行两排的矩形排列方式。

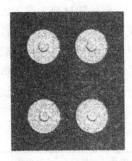

图 9-3　模具型腔的布排

(四)确定注射机型号

1. 注射量的计算

通过计算或三维软件建模分析，可知塑件体积单个约 14.25 cm³，四个约 57 cm³。按公式计算得：$1.6 \times 57 = 91.2 (cm^3)$。

查表 1-1 得知聚苯乙烯(PS)的密度为 1.05 g/cm³。故所需塑料质量为 $1.05 \times 91.2 = 95.76 (g)$。

2. 锁模力的计算

通过计算或三维软件建模分析，可知单个塑件在分型面上的投影面积约为 1 962.5 mm²，四个约为 7 850 mm²。按经验公式计算得总面积为：$1.35 \times 7\,850 = 10\,597.5$ mm²。又因聚苯乙烯(PS)成型时型腔的平均压力为 25 MP(经验值)。故所需锁模力为

$$F_m = 10\,597.5 \times 25 = 264\,937.5 (N) = 264.937 \text{ kN} \approx 265 \text{ kN}$$

3. 注射机的选择

根据以上计算决定选用 XS-Z-125A 注射机，其主要技术参数见表 9-2。

表 9-2　XS-Z-125A 注射机主要技术参数

理论注射容量/cm³	125	锁模力/kN	900
螺杆直径/mm	42	拉杆内间距	360 mm×360 mm
注射压力/MPa	150	移模行程/mm	325
注射时间/s	1.6	最大模厚/mm	350
注射方式	螺杆式	最小模厚/mm	220
喷嘴球半径/mm	12	定位圈尺寸/mm	100
锁模方式	液压一机械	喷嘴孔直径/mm	4

(五)确定模具结构形式

从上述分析可知,本模具的结构形式为双分型面的三板模。采用一模四腔,推板和顶杆联合推出,流道采用平衡式,浇口采用点浇口。另外,为了缩短成型周期,提高生产率,保证塑件质量,动、定模均开设冷却通道。

(六)确定成型工艺

本塑件的材料为聚苯乙烯(PS),是一种透明性好、透光率高的热塑性塑料。聚苯乙烯的成型性能优良,其吸水性小,成型前可不进行干燥;收缩小,制品尺寸稳定;比热容小,可很快加热塑化,塑化量较大,故成型速度快,生产周期短,可进行高速注射;流动性好,可采用注射、挤出、真空等各种成型方法。但注射成型时应防止淌料;应控制成型温度、压力和时间等工艺条件(低注射压力、延长注射时间),以减少内应力。

聚苯乙烯的注射成型工艺参数见表9-3。

表9-3 聚苯乙烯的注射成型工艺参数

序号	成型参数	取值范围	序号	成型参数	取值范围
1	喷嘴温度/℃	160~170	6	注射时间/s	0~3
2	料筒温度/℃	140~190	7	保压时间/s	15~40
3	模具温度/℃	20~60	8	冷却时间/s	15~30
4	注射压力/MPa	60~100	9	成型周期/s	40~90
5	保压力/MPa	30~40			

(七)浇注系统设计

1. 主流道设计

(1)主流道尺寸。根据所选注射机,则主流道小端尺寸为

$$d = 注射机喷嘴尺寸 + (0.5 \sim 1)mm = 4\ mm + 1\ mm = 5\ mm$$

主流道球面半径为

$$SR = 注射机喷嘴球面半径 + (1 \sim 2)mm = 12\ mm + 1\ mm = 13\ mm$$

(2)主流道衬套形式。本设计虽然是小型模具,但为了便于加工和缩短主流道长度,故将衬套和定位圈设计成分体式,考虑定模板和定模座板的厚度,主流道长度取 60 mm。主流道设计成圆锥形,锥角取 5°,内壁粗糙度 Ra 取 0.4 um。衬套材料采用 T10A 钢,热处理淬火后表面硬度为 53~57 HRC。

2. 分流道设计

(1)分流道布置形式。本模具采用一模四腔的平衡式分流道结构形式,使塑料熔体由中心向四周分散而出。

(2)分流道长度。采用两级分流道,对称分布,考虑到浇口的位置,第一级分流道长度取 44.5 mm,第二级分流道长度取 39.5 mm。

(3)分流道的形状、截面尺寸。该塑料件采用 PS 塑料,成型工艺性较好,考虑到加工和安装的方便,决定第一级分流道采用半圆形截面,第二级分流道采用圆锥形截面。根据

经验，分流道的直径一般取 2～12 mm，比主流道的大端小 1～2 mm。本模具分流道的直径取 5 mm，圆锥形截面分流道的大端直径取 5 mm，小端直径和浇口尺寸一致。

（4）分流道的表面粗糙度。分流道的表面粗糙度 Ra 并不要求很低，一般取 0.8～1.6 μm 即可，在此取 1.6 μm。

3. 浇口设计

该塑件外形为圆柱形，结构较简单，生产批量很大，故选择采用点浇口。点浇口是一种进料口尺寸很小的特殊形式的直接浇口。其优点是去除浇口后，制品上留下的痕迹不明显，开模后可自动拉断，成型时可减少熔接痕，但模具应设计成双分型面（三板式）模，以便脱出浇道凝料。

本模具点浇口的进料口直径取 1.6 mm，浇口长度取 1.5 mm。

4. 冷料穴和拉料杆设计

本模具有二级分流道，流程较长，在主流道末端设置冷料穴。冷料穴设置在主流道正面的定模镶件上，直径稍大于主流道的大端直径，取 6 mm。长度取 10 mm。另外，在一、二级分流道交接处设置斜窝状冷料穴。

拉料杆采用带球头拉料杆，直径取 6 mm，固定在动模板上。开模时，浇道板先分型，浇道冷料穴将点浇口拔出，球头拉料杆将浇道凝料拉到定模板上。随着动定模分开，制品被推件板推出。

（八）排气系统设计

由于制品尺寸较小，排气量很小，故利用分型面和推杆、型芯间的配合间隙排气即可。该套模具较小，设置了 6 根推杆，因此不需单独开设排气槽。

（九）成型零件设计

1. 成型零件的结构设计

本模具采用一模四腔、点浇口、三板模的成型方案。型腔和型芯均采用镶嵌结构，通过螺钉和模板相连。采用 Pro/E、UG 等软件进行分模设计，得到图 9-4 和图 9-5 所示的型腔与型芯。

　　　　　图 9-4　型腔

　　　　　图 9-5　型芯

因为塑件尺寸精度不高且用 Pro/E、UG 等三维软件设计时已经考虑了收缩率和绝对精度，因此，可直接由分模后的三维模型转换为工程图。原则上模具个零件的制造公差应取塑件公差的 1/3，但实际生产中常根据经验确定。

(1)型腔。塑件表面光滑，无其他特殊结构。塑件总体尺寸为 $\phi 50\ \text{mm} \times 40\ \text{mm}$，考虑到一模两腔及浇注系统和结构零件的设置，型腔镶件尺寸取 $140\ \text{mm} \times 240\ \text{mm} \times 90\ \text{mm}$，深度根据模架的情况进行选择。为了安装方便，在定模模板上开设相应的型腔切口，并在直角上钻直径为 12 的孔以便装配。

(2)型芯。与型腔相对应，型芯分割为四个，尺寸取 $\phi 46\ \text{mm} \times 76\ \text{mm}$(考虑了收缩率)，台阶处直径取 $\phi 56\ \text{mm}$。镶件通过支承板用螺钉固定在动模板上。

2. 成型零件的尺寸计算

从相关资料查得，聚苯乙烯(PS)的收缩率为 $0.5\% \sim 0.6\%$，故平均收缩率为

$$\overline{S} = \frac{S_{\max} + S_{\min}}{2} \times 100\% = \frac{0.5\% + 0.6\%}{2} = 0.55\% = 0.005\ 5$$

根据塑件尺寸公差的要求，模具的制造公差取塑料制品公差的 1/3，则型腔的径向尺寸(以尺寸 50 mm 为例进行计算)为

$$
\begin{aligned}
(L_m)_0^{+\delta_z} &= \left[(1+\overline{S})H_s - \chi\Delta\right]_0^{+\delta_z} \\
&= \left[(1+0.005\ 5) \times 50 - 0.75 \times 0.66\right]_0^{+0.22} \\
&= 49.76_0^{+0.22}
\end{aligned}
$$

用同样的方法，可计算出成型零件的全部工作尺寸，见表 9-4。

表 9-4　成型零件的工作尺寸　　　　　　　　　　　　　　　　　mm

尺寸类别	塑件尺寸	计算公式	计算结果
型腔尺寸	$\phi 50_{-0.66}^{0}$	$(L_m)_0^{+\delta_z} = \left[(1+S)L_s - \frac{3}{4}\Delta\right]_0^{+\delta_z}$	$\phi 49.76_0^{+0.22}$
	$\phi 48_{-0.66}^{0}$	$(L_m)_0^{+\delta_z} = \left[(1+S)L_s - \frac{3}{4}\Delta\right]_0^{+\delta_z}$	$\phi 47.75_0^{+0.22}$
	$\phi 14_{-0.04}^{0}$	$(H_m)_0^{+\delta_z} = \left[(1+S)H_s - \frac{3}{4}\Delta\right]_0^{+\delta_z}$	$13.7_0^{+0.13}$
	$40_{-0.60}^{0}$	$(L_m)_0^{+\delta_z} = \left[(1+S)L_s - \frac{2}{3}\Delta\right]_0^{+\delta_z}$	$\phi 39.80_0^{+0.20}$
	$4_{-0.04}^{0}$	$(L_m)_0^{+\delta_z} = \left[(1+S)L_s - \frac{2}{3}\Delta\right]_0^{+\delta_z}$	$4.07_0^{+0.07}$
型芯尺寸	$\phi 46_{+0.66}^{0}$	$(L_m)_{-\delta_z}^{0} = \left[(1+S)l_s + \frac{3}{4}\Delta\right]_{+\delta_z}^{0}$	$45.74_{-0.22}^{0}$
	$\phi 10_{0}^{+0.46}$	$(h_m)_{-\delta_z}^{0} = \left[(1+S)l_s + \frac{3}{4}\Delta\right]_{+\delta_z}^{0}$	$10.40_{-0.15}^{0}$
	$38_{0}^{+0.6}$	$(L_m)_{-\delta_z}^{0} = \left[(1+S)l_s + \frac{2}{3}\Delta\right]_{+\delta_z}^{0}$	$38.59_{+0.20}^{0}$
	$12_{0}^{+0.4}$	$(L_m)_{-\delta_z}^{0} = \left[(1+S)l_s + \frac{2}{3}\Delta\right]_{+\delta_z}^{0}$	$\phi 12.33_{+0.20}^{0}$
距离尺寸	12 ± 0.14	$C_m = (1+S)C_m \pm \frac{\delta_z}{2}$	12.06 ± 0.05

3. 成型零件钢材的选用

该塑件是大批量生产，成型零件所选用钢材耐磨性和抗疲劳性能应该良好；机械加工性能和抛光性能也应良好。因此，决定采用硬度比较高的模具钢 Cr12MoV，淬火后表面硬度为 $58 \sim 62$ HRC。

(十)冷却系统设计

在实际生产中，通常都是根据模具的结构确定冷却水路，通过调节水温、水速来满足塑件成型要求。本塑件壁厚均为 2 mm，制品总体尺寸为 $\phi50$ mm×40 mm，较小，在动模和定模都需设置冷却系统。

型腔上采用直流循环式冷却装置，沿镶件四周开设冷却水道，水道直径为 8 mm，如图 9-6 所示。

型芯大而高，故采用隔板式冷却装置，在支承板上开设冷却水道，水道直径为 8 mm，如图 9-7 所示。

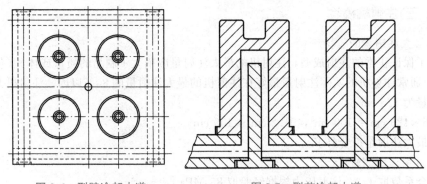

图 9-6 型腔冷却水道　　　　　图 9-7 型芯冷却水道

(十一)模架的选择

根据型腔的布局可以看出，采用一模四腔五个嵌件，嵌件的尺寸分别为 180 mm×180 mm×5 mm 和 $\phi46$ mm×76 mm(四个)。另外，此种矩形型腔侧壁厚度为 19~21 mm。再考虑到导柱、导套及连接螺钉布置应占的位置和采用的推出机构等各方面问题，确定选用板面为 355 mm×315 mm，结构为 P4 型的模架，定模座板和动模座板厚度均取 25 mm。

下面确定各模板的尺寸。

1.A 板尺寸

A 板为定模型腔板，塑件高度为 40 mm，在模板上还要开设冷却水道，同时，冷却水道与型腔应有一定的距离，因此，A 板厚度取 63 mm。

2.B 板尺寸

B 板是型芯(型芯)固定板，在模板上也要开设冷却水道，同时，冷却水道与型腔应有一定的距离，因此，B 板厚度取 40 mm。

3.U 板尺寸

U 板为动模支承板，厚度取 20 mm。

4.R 板尺寸

R 板为推板，厚度取 20 mm。

5.C 垫块尺寸

垫块厚度=推出行程+推板厚度+推杆固定板厚度+(5~10)mm=40 mm+20 mm+16 mm+(5~10)mm=81~86 mm。查看相关手册可知，垫块厚度取 100 mm。

从选定模架可知，模架外形尺寸为：宽×长×高＝315 mm×315 mm×273 mm。

(十二)标准件选用

1. 螺钉

分别用4个M16的内六角圆柱螺钉将定模板与定模座板、动模板与动模座板连接。定位圈通过4个M8的内六角圆柱螺钉与定模座板连接。

2. 导柱导套

本模具采用4导柱对称布置。导柱和导套的直径均为32 mm。导柱固定部分与模板按H7/f7的间隙配合。采用带头导套，导柱和导套工作部分的表面粗糙度 Ra 为 0.4 μm。

(十三)注射机校验

1. 最大注射量的校核

为了保证正常的注射成型，注射机的最大注射量应稍大于制品的质量或体积(包括流道凝料)。通常注射机的实际注射量最好在注射机的最大注射量的80%以内。注射机允许的最大注射量为 125 cm^3。

$0.8×125\ cm^3＝100\ cm^3$，$91.2\ cm^3＜100\ cm^3$。

故最大注射量符合要求。

2. 注射压力的校核

安全系数取1.3，注射压力根据经验取85 MPa。

$1.3×85\ MPa＝110.5\ MPa$，$110.5\ MPa＜150\ MPa$。

故注射压力校核合格。

3. 锁模力校核

安全系数取1.2，$1.2×265\ kN＝318\ kN$，$318\ kN＜900\ kN$。

故锁模力校核合格。

4. 模具安装尺寸的校核

模具平面尺寸 350 mm×350 mm＜360 mm×360 mm(拉杆间距)，合格；模具高度为273 mm，220 mm＜273 mm＜350 mm 合格；模具开模所需行程＝38 mm(型芯高度)＋40 mm(塑件高度)＋(5～10)mm＝(83～88)mm＜325 mm(注射机开模行程)，合格。

综合分析，本模具所选注射机完全满足使用要求。

(十四)模具装配图的绘制

果品盒双分型面注射成型模具的装配图如图9-8所示。

(十五)模具零件图的绘制

1. 型腔零件工作图的设计

采用Pro/E软件直接绘制型腔零件图，然后转到AutoCAD里进行修改，完成后的零件图如图9-9所示。

2. 型芯零件工作图的绘制

采用Pro/E软件直接绘制型芯零件图，然后转到AutoCAD里进行修改，完成后的零件图如图9-10所示。

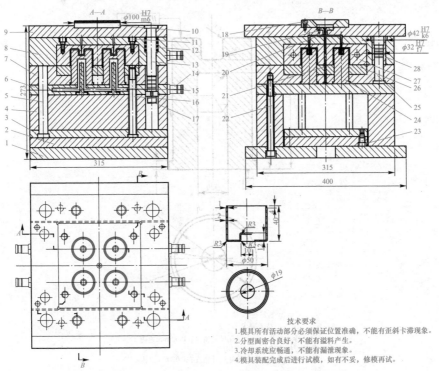

图 9-8 果品盒双分型面注射成型模具装配图

1—动模座板；2—推板固定板；3—推板；4—垫块；5—复位杆；6—支承板；7—动模板；8—定模板；9—定模座板；
10—定位圈；11、18、19、22、23—内六角螺钉；12—弹簧；13—定距拉杆；14—水嘴；15—隔板；16—推板顶杆；
17—螺钉；20—主流道衬套；21—拉料杆；24—型芯；25—导柱；26—推板；27—型腔；28—导套

如图 9-8 所示为一副一模一腔、定模部分图 9-11—图 9-22 据示的塑料件中间是一个具有内凹孔的圆形凸台，分型面选择在端面处，进行注塑模设计。

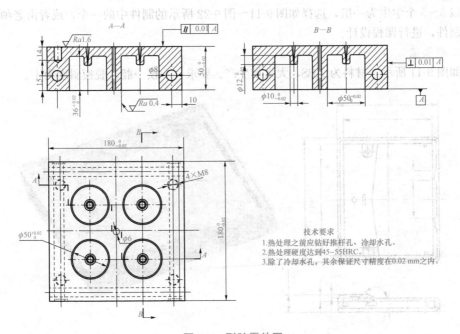

技术要求
1.热处理之前应钻好推杆孔、冷却水孔。
2.热处理硬度达到45~55HRC。
3.除了冷却水孔，其余保证尺寸精度在0.02 mm之内。

图 9-9 型腔零件图

AR

263

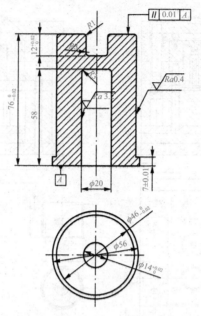

技术要求
1.除了冷却水孔，其余保证尺寸精度在0.02 mm之内。
2.热处理硬度达到45~55 HRC。
3.除了冷却水孔，其余保证尺寸精度在0.02 mm之内。

图 9-10 型芯零件图

四、项目拓展

以 3~5 个学生为一组，选择如图 9-11~图 9-22 所示的制件中的一个，或者由老师制定一个制件，进行课程设计。

1. 仪表盖

如图 9-11 所示，材料为 ABS，大批量生产。要求：一模一腔，脱模斜度为 1°。

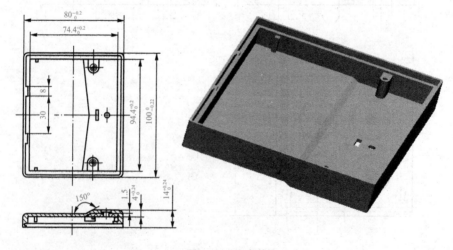

图 9-11 仪表盖

AR

2. 放大器壳盖

如图 9-12 所示，材料为 ABS，大批量生产。

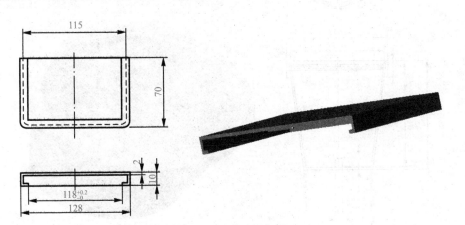

图 9-12　放大器壳盖

3. 计算机按钮

如图 9-13 所示，材料为 ABS，大批量生产。要求：一模十六腔，脱模斜度内表面为 0.5°，外表面为 1°。

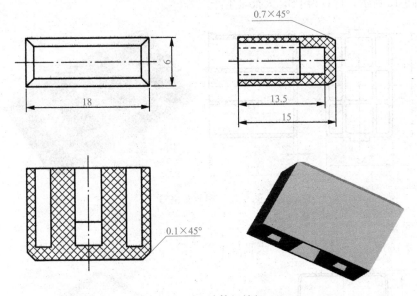

图 9-13　计算机按钮

4. 花盆

如图 9-14 所示，材料为 PE，大批量生产。

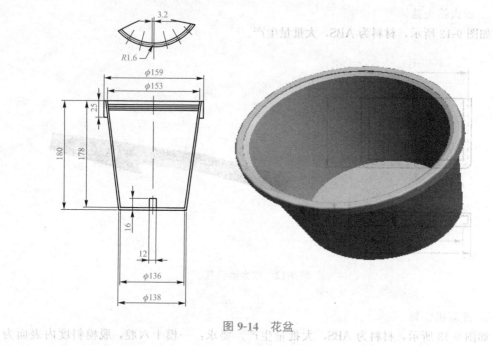

图 9-14 花盆

5. 深腔多格箱

如图 9-15 所示，材料为 PS，大批量生产。

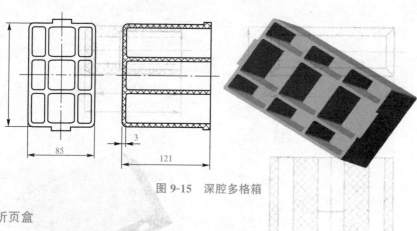

图 9-15 深腔多格箱

6. 折页盒

如图 9-16 所示，材料为 ABS，大批量生产。

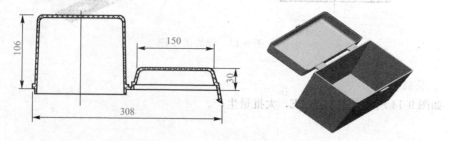

图 9-16 折页盒

7. 直角弯头

如图 9-17 所示，材料为 UPVC，大批量生产。要求：一模十六腔，脱模斜度内表面为 0.5°，外表面为 1°。

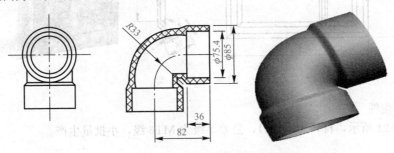

图 9-17　直角弯头

AR

8. 三通

如图 9-18 所示，材料为 UPVC，大批量生产。

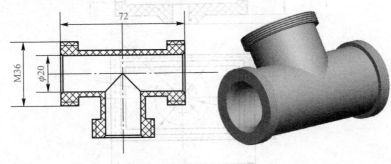

图 9-18　三通

AR

9. 直齿轮

如图 9-19 所示，材料为 UPVC，大批量生产。

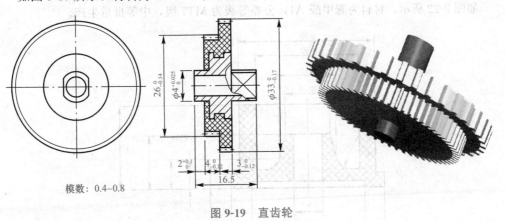

模数：0.4~0.8

图 9-19　直齿轮

AR

10. 台历架

如图 9-20 所示，材料为 PS，大批量生产。

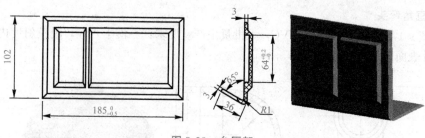

图 9-20　台历架

11. 端盖件

如图 9-21 所示，材料为 U1601，公差等级为 MT6 级，小批量生产。

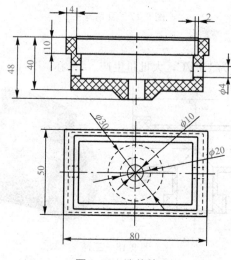

图 9-21　端盖件

12. 塑料盖

如图 9-22 所示，材料为脲甲醛 A1，公差等级为 MT7 级，中等批量生产。

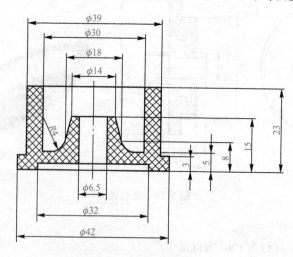

图 9-22　塑料盖

五、实训与练习

(一) 实训

在老师的指导下,从图 9-11～图 9-22 中选择一个塑件进行模具设计,要求绘制出装配图和主要零件图。

(二) 练习题

1. 简述塑料注射模设计的基本要求。
2. 简述塑料注射模的设计程序。

附　录

一、塑料注射模零件技术条件(GB/T 4170—2006)

《塑料注射模零件技术条件》(GB/T 4170—2006)规定了对塑料注射模零件的要求、检验、标志、包装、运输和贮存，适用于《塑料注射模零件》(GB/T 4169)规定的塑料注射模零件。

1. 要求

《塑料注射模零件技术条件》(GB/T 4170—2006)规定的对塑料注射模零件的要求见附表1。

附表1　对塑料注射模零件的要求

标准条目编号	内　容
3.1	图样中线性尺寸的一般公差应符合 GB/T 1804—2000 中 m 的规定
3.2	图样中未注形状和位置公差应符合 GB/T 1184—1996 中 H 的规定
3.3	零件均应去毛刺
3.4	图样中螺纹的基本尺寸应符合 GB/T 196 的规定，其偏差符合 GB/T 197 中 6 级的规定
3.5	图样中砂轮越程槽的尺寸应符合 GB/T 6403.5 的规定
3.6	模具零件所选用材料应符合相应牌号的技术标准
3.7	零件经热处理后硬度应均匀，不允许有裂纹、脱碳、氧化斑点等缺陷
3.8	重量超过 25 kg 的板类零件应设置吊装用螺孔
3.9	图样上未注公差角度的极限偏差应符合 GB/T 1804—2000 中 c 的规定
3.10	图样中未注尺寸的中心孔应符合 GB/T 145 的规定
3.11	模板的侧向基准面上应作明显的基准标记

2. 检验

《塑料注射模零件技术条件》(GB/T 4170—2006)规定的对塑料注射模零件的检验见附表2。

附表2　塑料注射模零件的检验

标准条目编号	内　容
4.1	零件应按 GB/T 4169.1~4169.23—2000 和本标准 3.3.3 的第 1~2 项的规定进行检验
4.2	检验合格后应做出检验合格标志，标志应包含以下内容：检验部门、检验员、检验日期

3. 标志、包装、运输、贮存

《塑料注射模零件技术条件》(GB/T 4170—2006)规定的对塑料注射模零件的标志、包装、运输、贮存见附表3。

附表 3　塑料注射模零件的标志、包装、运输、贮存

标准条目编号	内　容
5.1	在零件的非工作表面应做出零件的规格和材质标志
5.2	检验合格的零件应清理干净，经防锈处理后入库贮存
5.3	零件应根据运输要求进行包装，应防潮、防止磕碰，保证在正常运输中完好无损

二、塑料注射模技术条件(GB/T 12554—2006)

《塑料注射模技术条件》(GB/T 12554—2006)标准规定了塑料注射模的要求、验收、标志、包装、运输和贮存，适用于塑料注射模的设计、制造和验收。

1. 零件要求

《塑料注射模技术条件》(GB/T 12554—2006)标准规定的对塑料注射模的零件要求见附表 4。

附表 4　塑料注射模的零件要求

标准条目编号	内　容
3.1	设计塑料注射模宜选用 GB/T 12555、GB/T 4169.1~4169.23 规定的塑料注射模标准模架和塑料注射模零件
3.2	模具成型零件和浇注系统零件所选用材料应符合相应牌号的技术标准
3.3	模具成型零件和浇注系统零件推荐材料和热处理硬度见附表 5，允许质量和性能高于附表 5 推荐的材料
3.4	成型对模具易腐蚀的塑料时，成型零件应采用耐腐蚀材料制作，或其成型面应采取防腐蚀措施
3.5	成型对模具易磨损的塑料时，成型零件硬度应不低于 50HRC，否则成型表面应做表面硬化处理，硬度应高于 600HV
3.6	模具零件的几何形状、尺寸、表面粗糙度应符合图样要求
3.7	模具零件不允许有裂纹，成型表面不允许有划痕、压伤、锈蚀等缺陷
3.8	成型部位位注公差尺寸的极限偏差应符合 GB/T 1804—2000 中 f 的规定
3.9	成型部位转接圆弧未注公差尺寸的极限偏差应符合附表 6 的规定
3.10	成型部位未注角度和锥度公差尺寸的极限偏差应符合附表 7 的规定。锥度公差按锥体母线长度决定值，角度公差按角度短边长度决定
3.11	当成型部位未注脱模斜度时，除本条(1)(2)(3)(4)(5)要求外，单边脱模斜度应不大于附表 8 的规定值，当图中未注脱模斜度方向时，按减小塑件壁厚并符合脱模要求的方向制造。 (1)文字、符号的单边脱模斜度应为 10°~15°； (2)成型部位有装饰纹时，单边脱模斜度允许大于表 3-34 的规定值； (3)塑件上凸起或加强筋单边脱模斜度应大于 2°； (4)塑件上有数个并列圆孔或格状栅孔时，其单边脱模斜度应大于附表 8 的规定值； (5)对于附表 8 中所列的塑料若填充玻璃纤维等增强材质后，其脱模斜度应增加 1°。
3.12	非成型部位未注公差尺寸的极限偏差应符合 GB/T 1804—2000 中的 m 的规定
3.13	成型零件表面应避免有焊接熔痕

271

续表

标准条目编号	内　容
3.14	螺钉安装孔、推杆孔、复位杆孔等为注孔距公差的极限偏差应符合 GB/T 1804 中的 f 的规定
3.15	模具零件图中螺纹的基本尺寸符合 GB/T 196 的规定，选用的公差与配合应符合 GB/T 197 的规定
3.16	模具零件图中未注形位公差应符合 GB/T 1184—1996 中的 H 的规定
3.17	非成型零件外形棱边均应倒角或倒圆。与型芯、推杆相配合的孔在成型面和分型面的交接边缘不允许倒角或倒圆

附表5　模具成型零件和浇注系统零件推荐材料和热处理硬度

零件名称	材料	硬度/HRC
型芯、定模镶块、动模镶块、活动镶块、分流锥、推杆、浇口套	45、40Cr	40～45
	CrWMn、9Mn2V	48～52
	Cr12、Cr12MoV	52～58
	3Cr2Mo	预硬态 35～45
	4Cr5MoSiV1	45～55
	3Cr13	45～55

附表6　成型部位转接圆弧未注公差尺寸的极限偏差　　　　　　　　　　　　　mm

转接圆弧半径		≤6	>6−18	>18−30	>30−120	>120
极限偏差值	凸圆弧	0 −0.15	0 −0.20	0 −0.30	0 −0.45	0 −0.60
	凹圆弧	+0.15 0	+0.20 0	+0.30 0	+0.45 0	+0.60 0

附表7　成型部位未注角度和锥度公差尺寸的极限偏差

锥体母线或角度短边长度/mm	≤6	>6～18	>18～30	>30～120	>120
极限偏差值	±1°	±30′	±20′	±10′	±5

附表8　成型部位未注脱模斜度时的单边脱模斜度

	脱模高度/mm	≤6	>6~10	>10~18	>10~18	>10~18	>10~18	>10~18	>10~18	>10~18
塑料类别	自润性好的塑料(聚甲醛、聚酰胺等)	1°45′	1°30′	1°15′	1°	45′	30′	20′	15′	10′
	软质塑料(例：聚乙烯、聚丙烯等)	2°	1°45′	1°30′	1°15′	1°	45′	30′	20′	15′
	硬质塑料(例：聚乙烯、聚甲基丙烯酸甲酯、丙烯腈—丁二烯—苯乙烯共聚物、聚碳酸酯、注射型酚醛塑料等)	2°30′	2°15′	2°	1°45′	1°30′	1°15′	1°	45′	30′

2. 装配要求

《塑料注射模技术条件》(GB/T 12554—2006)标准规定的对塑料注射模的装配要求见附表9。

附表 9　塑料注射模的装配要求

标准条目编号	内　容
4.1	定模座板与动模座板安装平面的平行度应符合 GB/T 12556—2006 中的规定
4.2	导柱、导套对模板的垂直度应符合 GB/T 12556—2006 的规定
4.3	在合模位置，复位杆端面应与其接触面贴合，允许有不大于 0.05 mm 的间隙
4.4	模具所有活动部分应保证位置准确，动作可靠，不得有歪斜和卡滞现象，要求固定的零件，不得相对窜动
4.5	塑件的嵌件或机外脱模的成型零件在模具上安装位置应定位准确、安放可靠，应有防错位措施
4.6	流道转接处圆弧连接应平滑，镶接处应密合，未注拔模斜度不小于 5°，表面粗糙度 $Ra \leqslant 0.8 \mu m$
4.7	热流道模具，其浇注系统不允许有塑料渗漏现象
4.8	滑块运动应平稳，合模后滑块与楔紧块应压紧，接触面积不小于设计值的 75%，开模后限位应准确可靠
4.9	合模后分型面应紧密贴合。排气槽除外，成型部分固定镶件的拼合间隙应小于塑料的溢料间隙，详见附表 10 的规定
4.10	通介质的冷却或加热系统应通畅，不应有介质渗漏现象
4.11	气动或液压系统应畅通，不应有介质渗漏现象
4.12	电气系统应绝缘可靠，不允许有漏电或短路现象
4.13	模具应设吊环螺钉，确保安全吊装。起吊时模具应平稳，便于装模。吊环螺钉应符合 GB/T 825 的规定
4.14	分型面上应尽可能避免有螺钉或销钉的通孔，以免积存溢料

附表 10　塑料的溢料间隙　　　　　　　　　　　　　　　　mm

塑料流动性	好	一般	较差
溢料间隙	<0.03	<0.05	<0.08

3. 验收

《塑料注射模技术条件》（GB/T 12554—2006）标准规定的对塑料注射模的验收见附表 11。

附表 11　塑料注射模的验收

标准条目编号	内　容
5.1	验收应包括以下内容： (1)外观检查； (2)尺寸检查； (3)模具材质和热处理要求检查； (4)冷却或加热系统、气动或液压系统、电气系统检查； (5)试模和塑件检查； (6)质量稳定性检查
5.2	模具供方应按模具图和本技术条件对模具零件和整套模具进行外观与尺寸检查

续表

标准条目编号	内　　容
5.3	模具供方应对冷却或加热系统、气动或液压系统、电气系统进行检查。 (1)对冷却或加热系统加0.5 MPa的压力试压,保压时间不少于5 min,不得有渗漏现象; (2)对气动或液压系统按设计额定压力值的1.2倍试压,保压时间不少于5 min,不得有渗漏现象; (3)对电气系统应先用500 V摇表检查其绝缘电阻,应不低于10 MΩ,然后按设计额定参数通电检查
5.4	完成3.4.5第2、3项目检查并确认合格后,可进行试模。试模应严格遵守如下要求: (1)试模应严格遵守注射工艺规程,按正常生产条件试模; (2)试模所用材质应符合图样的规定,采用代用塑料时应经顾客同意; (3)所用注射机及附件应符合技术要求,模具装机后应空载运行,确认模具活动部分动作灵活、稳定、准确、可靠
5.5	试模工艺稳定后,应连续提取5～15模塑件进行检查。模具供方和顾客确认塑件合格后,由供方开具模具合格证并随模具交付顾客
5.6	模具质量稳定性检验方法为在正常生产条件下连续生产不少于8 h,或有模具供方与顾客协商确定
5.7	模具顾客在验收期间,应按图样和技术条件对模具主要零件的材质、热处理、表面处理情况进行检查或抽查

4. 标志、包装、运输、贮存

《塑料注射模技术条件》(GB/T 12554—2006)标准规定的对塑料注射模的标志、包装、运输和贮存见附表12。

附表12　塑料注射模的标志、包装、运输和贮存

标准条目编号	内　　容
6.1	在模具外表面的明显处应做出标志。标志一般包括以下内容:模具号、出厂日期、供方名称
6.2	对冷却或加热系统应标记进口和出口。对气动或液压系统应标记进口和出口,并在进口处标记额定压力值。对电气系统接口处应标记额定电气参数值
6.3	交付模具应干净整洁,表面应涂覆防锈剂
6.4	动模、定模尽可能整体包装。对于水嘴、油嘴、油缸,气缸、电器零件允许分体包装。水、液、气进出口处和电路接口应采用封口措施防止异物进入
6.5	模具应根据运输要求进行包装,应防潮、防止磕碰,保证在正常运输中模具完好无损

三、塑料注射模模架技术条件(GB/T 12556—2006)

《塑料注射模模架技术条件》(GB/T 12556—2006)标准规定了塑料注射模模架(本节简称模架)的要求、检验、标志、包装、运输和贮存,适用于塑料注射模模架。

1. 要求

《塑料注射模模架技术条件》(GB/T 12556—2006)标准规定的塑料注射模模架的要求见附表13。

附表 13　塑料注射模模架的要求

标准条目编号	内　　容
3.1	组成模架的零件应符合 GB/T 4169.1～4169.23—2006 和 GB/T 4170—2006 的规定
3.2	组合后的模架表面不应有毛刺、擦伤、压痕、裂纹、锈斑
3.3	组合后的模架，导柱与导套及复位杆沿轴向移动应平稳，无卡滞现象，其紧固部分应牢固可靠
3.4	模架组装用紧固螺钉的机械性能应达到 GB/T 3098.1—2000 的 8.8 级
3.5	组合后的模架，模板的基准面应一致，并做明显的基准标记
3.6	组合后的模架在水平自重条件下，定模座板与动模座板的安装平面的平行度应符合 GB/T 1184—1996 中的 7 级的规定
3.7	组合后的模架在水平自重条件下，其分型面的贴合间隙为： (1)模板长 400 mm 以下≤0.03 mm (2)模板长 400～630 mm≤0.04 mm (3)模板长 630～1 000 mm≤0.06 mm (4)模板长 1 000～2 000 mm≤0.08 mm
3.8	模架中导柱、导套的轴线对模板的垂直度应符合 GB/T 1184—1996 中的 5 级规定
3.9	模架在闭合状态时，导柱的导向端面应凹入它所通过的最终模板孔端面。螺钉不得高于定模座板与动模座板的安装平面
3.10	模架组装后复位杆端面应平齐一致，或按顾客的特殊要求制作
3.11	模架应设置吊装用镙孔，确保安全吊装。

2. 检验

《塑料注射模模架技术条件》(GB/T 12556—2006)标准规定的塑料注射模模架的检验见附表14。

附表 14　塑料注射模模架的检验

标准条目编号	内　　容
4.1	组合后的模架应按 3.1～3.11 的要求进行检查
4.2	检验合格后应做出检验合格标志，标志应包括以下内容：检验部门、检验员、检验日期

3. 标志、包装、运输、贮存

《塑料注射模模架技术条件》(GB/T 12556—2006)标准规定的塑料注射模模架的标志、包装、运输和贮存见附表15。

附表 15　塑料注射模模架的标志、包装、运输和贮存

标准条目编号	内　　容
5.1	模架应挂、贴标志，标志应包括以下内容：模架品种、规格、生产日期、供方名称
5.2	检验合格的模架应清理干净，经防锈处理有人库贮存
5.3	模架应根据运输要求进行包装，应防潮、防止磕碰，保证在正常运输中完好无损

参 考 文 献

[1] 杨占尧. 模具设计与制造[M]. 3 版. 北京：人民邮电出版社，2017.
[2] 杨占尧. 塑料成型工艺与模具设计[M]. 北京：航空工业出版社，2015.
[3] 杨占尧. 塑料成型工艺与模具设计[M]. 北京：航空工业出版社，2012.
[4] 杨占尧，王高平. 塑料注射模结构与设计[M]. 北京：高等教育出版社，2008.
[5] 杨占尧. 塑料注塑模结构与设计[M]. 北京：清华大学出版社，2004.
[6] 杨占尧. 最新模具标准应用手册[M]. 北京：机械工业出版社，2011.
[7] 杨占尧. 模具设计与制造[M]. 北京：人民邮电出版社，2009.
[8] 杨占尧. 模具导论[M]. 北京：高等教育出版社，2010.
[9] 杨占尧. 现代模具工手册[M]. 北京：化学工业出版社，2007.
[10] 黄晓燕. 注塑成型工艺与模具设计[M]. 哈尔滨：哈尔滨工程大学出版社，2010.
[11] 申开智. 塑料成型模[M]. 北京：中国轻工业出版社，2013.
[12] 孙凤勤，阎亚林. 冲压与塑压成型设备[M]. 北京：高等教育出版社，2005.
[13] 屈华昌. 塑料成型工艺与模具设计[M]. 北京：高等教育出版社，2006.
[14] 杨占尧. 塑料注塑模典型结构图册[M]. 北京：化学工业出版社，2005.
[15] 齐卫东. 塑料模具设计与制造[M]. 北京：高等教育出版社，2004.
[16] 曹宏深，赵中治. 塑料成型工艺与模具设计[M]. 北京：机械工业出版社，1993.
[17] 张克慧. 注塑模设计[M]. 西安：西北工业大学出版社，2001.
[18] 刘彦国. 塑料成型工艺与模具设计[M]. 北京：人民邮电出版社，2009.